科学哲学

科学家的视角

Philosophy of Science
Perspectives from Scientists

［美］宋　普（Paul Song）著
朱玉彬　刘　洋　译

时代出版传媒股份有限公司
安徽科学技术出版社

[皖]版贸登记号:12222079

图书在版编目(CIP)数据

科学哲学:科学家的视角/(美)宋普(Paul Song)著;
朱玉彬,刘洋译. —合肥:安徽科学技术出版社,2024.5
ISBN 978-7-5337-8909-1

Ⅰ.①科… Ⅱ.①宋…②朱…③刘… Ⅲ.①科学哲学-研究 Ⅳ.①N02

中国国家版本馆 CIP 数据核字(2023)第 235376 号

Copyright @ 2022 by World Scientific Publishing Co Pte Ltd
All rights reserved. This book, or parts thereof, may not be reproduced in any form or by any means, electronic or mechanical, including photocopying, recording or any information storage and retrieval system now known or to be invented, without written permission from the Publisher.
Simplified Chinese translation arranged with World Scientific Publishing Co Pte Ltd, Singapore.

[美]宋普(Paul Song) 著
科学哲学:科学家的视角　　　　朱玉彬　刘 洋 译

出 版 人:王筱文　　选题策划:陈芳芳　　责任编辑:陈芳芳
责任校对:李 茜　　责任印制:廖小青　　装帧设计:王 艳
出版发行:安徽科学技术出版社　　http://www.ahstp.net
　　　　(合肥市政务文化新区翡翠路 1118 号出版传媒广场,邮编:230071)
　　电话:(0551)63533330
印　　制:安徽新华印刷股份有限公司　　电话:(0551)65859178
(如发现印装质量问题,影响阅读,请与印刷厂商联系调换)

开本:710×1010　1/16　　印张:20.25　　字数:282 千
版次:2024 年 5 月第 1 版　　2024 年 5 月第 1 次印刷

ISBN 978-7-5337-8909-1　　　　　　　　　　　　定价:78.00 元

版权所有,侵权必究

献给我的妻子郭芃和女儿洛娜

序

宋普教授是美国马萨诸塞大学洛厄尔分校(University of Mass-Lowell)物理系及环境地球与大气科学系双聘教授、空间科学实验室主任。他在空间物理领域有着广泛的科研经历,涵盖从太阳、太阳风到地球磁层、电离层和日球层等诸多领域,还是空间天气领域的开拓者之一。宋普教授给我留下最独特的印象就是物理理论功底深厚,知识面广,勇于涉足不同的研究领域,不迷信所谓的学术权威,敢于质疑,具备了一名优秀科学家的所有特质。和他交流要做好充分的思想准备,因为他会不断制造"惊奇"。但最大的惊奇还是近来他出版了一本英文专著 *Philosophy of Science: Perspectives from Scientists*(《科学哲学:科学家的视角》),从一个科学家的角度来回答"什么是科学?""科学是否客观?""何为科学推理?"等系列科学哲学问题。

科学和科学家在当代中国已经提升到前所未来的高度,科教兴国已经成为国家战略。但"什么是科学?"是看起来容易,其实很难回答的一个问题。科学哲学家波普尔曾提出一个科学与伪科学的判据———"证伪学":所有的科学规律都是无法被真正完全"证实"的,这就是科学理论的"可证伪性",也可以理解为科学理论的"可检验性"。比如说你抓再多的黑乌鸦也不能证明"天下乌鸦一般黑"理论的正确性,你每多抓到一只也仅仅增加一分可信度,直到有一天我们发现了一只白乌鸦,这个理论就不成立了。科学理论之所以可以称为科学,首先它要能够做出预言,同时这些预言是可以通过检验被"证伪"的。这也许是当今最广为大家接受的一个"科学"定义。宋普教授认为,科学主要是发明新知识,是发展中的知识,而科学家有别于非科学家群体,他们是新知识和新思想的发明者,对他们来说,在事件发生的时候,什么是对的,什么是错的并没那么清楚。科学家提出一个想法,要做好别人从各个方面反对的准备,彭真同志曾以"八面树敌"(见《彭真市长》,山西人民出版社,2003)来形容问题解决的过程:不但要看好的、有利的方面,还要有意识地从反面考虑,看到不利的方面,充分研究各种不同意见是否有道理,这就是宋普教授在书中强调的科学辩证法的要义,是每个科学家天天都会用到的思想方法和工作方法。科学家必须面对"如何找到正确的方向"和"如何知晓没有错"这样的问题,这也是本书讨论的科学哲学的核心问题。

  本书言简意赅、深入浅出,从一位长期从事科学研究的科学家的视角出发,思考和解释了科学的本质与科学推理,具有自己独特的见解,书中观点让人耳目一新,对提高科学工作者的科学思维能力和提升广大读者的科学素养将起到积极的促进作用。

王 赤

中国科学院院士

中国科学院国家空间科学中心主任

目录

第一章 引 言	1.1 科学哲学中的不同视角 …………………… 1
	1.2 初始之问 …………………………………… 6
	1.3 乌鸦悖论 …………………………………… 11
	1.4 行星运动的地心说与日心说 …………… 12
	1.5 科学革命:量子理论的发明*(选读) ……… 20
	思考题 …………………………………………… 23

第二章 哲学是什么?	2.1 优秀的科学家为什么应该学习哲学? …… 24
	2.2 哲学的起源 ………………………………… 26
	2.3 其他文化中的哲学思想 ………………… 29
	2.4 哲学研究什么? …………………………… 32
	2.5 认识论是什么? …………………………… 37
	2.6 科学哲学是什么? ………………………… 42
	思考题 …………………………………………… 46

第三章 人们如何获取知识?	3.1 知识是什么? ……………………………… 47
	3.2 学习 ………………………………………… 52
	3.3 如何提高学习能力? ……………………… 54
	3.4 如何创造新知识? ………………………… 60

	3.5	创造力对创造新知识而言重要吗？	66
		思考题	71

第四章	4.1	经验主义、理性主义和超越理性主义	72
科学哲学的基础	4.2	演绎逻辑	79
	4.3	归纳逻辑	85
	4.4	逻辑实证主义与逻辑经验主义	87
	4.5	证伪主义	98
		思考题	108

第五章	5.1	理性革命	109
科学革命与范式	5.2	科学革命	113
	5.3	科学范式	116
	5.4	为什么了解范式很重要？	124
	5.5	科学范式的等级体系	126
		思考题	129

第六章	6.1	常规科学	130
科学进程的阶段	6.2	常规科学中的科学家	136
	6.3	没有范式的科学领域	140
	6.4	科学革命的进程	143
	6.5	空间物理学的科学革命*	152
		思考题	155

第七章	7.1	寻找科学方法	156
科学方法——	7.2	推理	165
失败的尝试	7.3	直接推广模式	174
	7.4	假设-演绎模式	175
	7.5	因果关系	178

	7.6 解释性推理	183
	7.7 反对科学方法	187
	思考题	189

第八章 什么是科学？		
	8.1 科学的定义	190
	8.2 科学的组织结构	196
	8.3 科学家之间如何交流？	201
	8.4 我能成为科学家吗？	205
	8.5 科学研究的类型	211
	8.6 科学家与哲学家的不同视角	214
	8.7 传统科学哲学理论的成功与失败	217
	思考题	222

第九章 科学理论		
	9.1 科学的整体结构	223
	9.2 科学演绎推理	225
	9.3 科学归纳推理	230
	9.4 科学辩证推理	237
	9.5 奥卡姆剃刀原理	241
	9.6 科学推理体系	242
	思考题	248

第十章 科学哲学的其他理论		
	10.1 自然主义	249
	10.2 科学现实主义	254
	10.3 科学社会学	257
	10.4 概率论和贝叶斯主义	265
	10.5 关于双盲法与中医的评述*	272
	10.6 归纳法之新谜*	277
	10.7 科学哲学在未来科学中的作用	282
	思考题	285

3

第十一章 挑战现有知识	11.1 心智检测（Sanity Check） ········· 287
	11.2 新意是什么及如何获得新意？ ······ 289
	11.3 可接受的证据是什么？ ············· 294
	11.4 结束语 ···························· 299

参考文献 ································· 302
英汉术语对照表 ························· 306
译后记 ································· 312

第一章 引言

1.1 科学哲学中的不同视角

有哲学家喜爱科学,也有科学家喜爱哲学,但是他们对科学哲学这一领域的贡献却不尽相同。在过去的百年中,科学哲学的核心问题和主流理论大多是由哲学家、语言学家和历史学家提出的,科学家的贡献并不大。只有托马斯·库恩(Thomas Kuhn)是个例外,他虽然不是一名科学家,却接受过严格的入门级科学训练,后来对科学哲学做出了重要贡献。此外,还有几位科学家对科学哲学的一些边缘话题或特定问题做了研究与解答。通过研究科学哲学的传统理论和科学方法①,我发现,哲学家和科学家在科学哲学领域有着迥然不同的视角。这些视角上的差异一部分是由于他们各自接受的科学训练和拥有的经验阅历不同,更重要的则是由于他们在哲学层面对基本问题的看法不同。

这些差异始于对基本问题的看法,即科学是什么,科学家要做什么。一方面,对哲学家而言,"科学就是努力去理解、解释和预测我们生活的世界""科学家的工作就是运用特定方法去探究世界"(Okasha, 2016)。因此,科学哲学的目标就是要找到这些哲学家称为"科学方法"的"特定方法",从而让科学家在科学研究中遵循这

---

① 在本书中,scientific methods 被译为"科学方法",而 scientific approaches 被译为"科学的方法",以示区分。——译者注

些方法。另一方面,对科学家而言,从哲学层面来看,科学是发现新知识的过程,科学家的工作就是创造新知识、滤除伪知识。这一过程有个难点,就是创造的知识可能是错误的,而滤除的知识却可能是正确的!科学家需要解决的重要问题之一,就是如何防止这种错误发生。

科学哲学的现有理论大多是哲学体系中认识论的自然延展。但是,认识论关注一般知识,而科学哲学则主要关注创造和发现新知识,较少关注特殊领域知识的本质与范围。科学哲学研究的问题应当是认识论中的一组焦点问题。几个世纪以来,科学家构建了一个系统来解释科学中的具体情形,但是这个系统的理论化还有待于进一步完善。该系统并不完全遵循认识论的标准理论,然而,遗憾的是,科学哲学家对它却了解甚少。本书旨在把这一系统理论化,并将其介绍给读者。这一理论化的系统虽然还不是科学哲学中的一个完整理论,但却是科学哲学中的一种新科学理论。

许多人认为,科学,简而言之,就是"探寻问题的根源",也就是"刨根问底"。对那些富有好奇心的人来说这是很有魔力的,也是激励他们继续前行的动力,但是,"探源"只是科学家从事的一小部分工作。哲学家会提出深层次的问题,其中的一些问题因太过深奥而无人能解。科学家除了提出问题,还需要给实际问题找出答案,而找出了答案又立刻会产生一个新问题,即待解问题的答案是否正确。

科学哲学的传统观念告诉我们,科学家应遵从理性思维,用证据证明观点。科学哲学的理论援引了数世纪前的诸多历史事件,像评论员那样告诉普通人是何原因导致的孰对孰错。他们解释了科学为何能成功地创造新知识,同样其他探索性学科也应该积极效仿这种成功做法。根据这些理论,如果科学发展中的某件事不合乎理性,我们就应该认为我们搞错了。科学哲学的传统理论可以为我们提供"理性重构"的科学历史,从而保证我们的理论、信息、逻辑和批判性推理是"正确的"。尽管有人可能对"重构历史"

持保留态度,但对大多数人,特别是对科学爱好者而言,理性与证据会引导我们走向真理。果真如此吗?

除了"探源",科学家要创造新知识、提出新观点。对他们而言,在事件发生之时,是非对错经常并不明确,这是因为他们通常要面对这样的情形,即其他科学家也在研究同一个问题,他们也会提出自己的看法。从哲学层面来看,如果所有的科学家都遵从理性思维,都运用经过验证的证据来证明他们的观点,那么针对同一个问题,他们应该得出同样的答案或找到同样的解决方法,就像为数学中的一个方程式求得相同解答一样。但是,人们发现科学家有不同的观点,对同一个问题给出了不同的答案,甚至彼此之间还有争论。如果他们争论激烈,说明某些理论解释一定有误,或者证据本身不完整,或者证据内容模棱两可。因此,科学家的根本任务就是找出那些更可能是正确的理论解释与证据。究竟是什么原因让科学家去证明一种理论解释的正确性如此富有挑战性呢?那些富有好奇心的人不禁会问,难道证据不是不容置疑的铁的事实吗?遗憾的是,证据在现实中从来都不是铁的事实,它经常依靠看似合理的理论解释或观点,去阐释信息与事实。不同的理论解释或观点对作为证据的同一信息与观察结果进行阐释,从而建立起互相对立的理论,这也是常有之事。

科学的发展史表明,科学最终会选择正确的观点,并据此形成合理的理论解释。但这通常需要很长时间,而我们每个人在人类文明的悠长历史中只拥有短暂的生命。每位科学家都需要确定某个问题是否仍有争议,还是这个问题已成为公认的信息和知识,可以从课本等渠道学得。没有科学家愿意浪费精力,围绕一个错误的想法开展工作。人人都想做出正确的抉择,要么提出新观点,为社会做出积极贡献,造福社会;要么遵循并进一步发展一个新观点,但愿这一观点被证明是正确的。但是,做出正确抉择并不容易,因为在事件发生时,我们所了解的知识和掌握的信息,依旧是不完整的甚至是错误的,这与科学哲学领域的历史学家和哲学家事后所拥有的完整视角大不相同。因此,当科学家不得不面对这些问题时,他们会形成不同于历史学家和哲学家的视角,我将在本书后面内容详细讨论这些不同的视角。

本书面向的读者是理工专业的科学家、学生和教师及对哲学和科学哲学感兴趣的普通大众。我将在本书简述一个新的科学理论,这一理论与现有理论截然不同。这个新理论建立在我本人30多年深入研究空间物理学基本问题的基础之上。36年前,我在克里斯托弗·T. 罗素(Christopher T. Russell)博士的指导下读研究生时,就开始思考如何去理解科学系统,进而形成关于科学的理论。罗素博士给了我很多启发,这些启发构成了我对科学哲学的实际认知及对科学结构的核心认识。

1994年,尤金·帕克(Eugene Parker)博士提出空间物理学需要进行理论框架的根本性转变,这一转变将在本书6.5节详细讨论。我非常荣幸,从2001年开始,就与维特尼斯·瓦希流纳斯(Vytenis Vasyliūnas)博士合作,致力于这项根本性变革的研究。尽管这一研究项目涉及很多物理学和数学知识,但我发现我们俩花了大量时间去讨论如何找到正确的方向及如何知晓我们没有错等诸如此类的问题,这也是本书讨论的科学哲学的核心问题。对科学家而言,若他们能够完全解决一项研究所涉及的各种技术层面的问题,且这项研究旨在挑战既有理论框架,那么上述诸如此类的问题就变得异常重要了。我的这一亲身经历深刻地影响了本书中提出的理论。

大部分科学读者与哲学家的兴趣点和关注点有着巨大差异。首先,哲学家要求他们使用的术语在历史上、在词典中与这些术语各方面的意义在用法上保持一致。而在科学上,一个术语表示常识意义,并在发表的语境中得到界定。我们的讨论与政治、宗教和形而上学无关,因为在这些领域中,可能会出现一些术语阐释的含混问题。为了阐明一个理论,我们可能会选用社会科学中的一些案例,但是在科学讨论中,政治正确性不能作为判定理论正确性的论据。

其次,许多历史事件的阐释,例如本书1.4节讨论的哥白尼理论事件,可能不同科学家的阐述会迥然不同。通过阅读本书,你会发现,科学家允许其他多种解释存在,但这些阐释要与无可争辩的事实和任何适用的科学规则、定理不相矛盾,且阐释要前后一致。本书提出的多种可能性阐释可能与科学哲学传统理论对某个事实的主流阐释不一致。如前所述,在某一理念或理论基础上,我们对某一观察现象进行阐释,进而生成可靠的证据。将对事实的阐释(证据)作为事实本身,常常是科学或其他类型研究(如科学哲学)中偏见与错误的起点。

再次,在传统的科学哲学领域,理论经常要求具有一般性和普遍性,这主要是因为传统科学哲学要求遵循演绎逻辑,这种演绎方法将在本书4.2节、第七章和第九章阐述。对遵循这样的指导思想发展出的理论,任何反例都是致命一击。然而,科学包括许多不同性质的学科,且它们的发展状态也各不相同。一些学科更倾向于使用量化方法,对事实的可能阐释主要依据预测结果与观察结果的量化比较。但是,许多学科仍主要是描述性的,它们对事实或观察结果可能提供多种阐释。提出一种定性理论或模式通常相对容易一些,但是这种理论或模式的不确定性和模糊性也更大。针对某一描述性理论,人们很容易要么找出支持例证,要么找出反例。甚至,即使主要的观察结果与事实能被一种理论作为证据来阐释,人们也可能找出一些细节,根据一种不同的理论阐释去反对这一理论。在科学哲学中,想仅仅依靠演绎逻辑,且不允许出现任何例外,找到一种具有普遍适用性的理论,这是不可能的。因此,原则上,我们在发展科学理论的时候,要关注主要的观察结果,而且允许例外存在。我们会看到,这一观念与科学哲学中盛行的卡尔·波普尔(Karl Popper)的证伪思想相悖。

由于本书旨在提高我们对科学的理解水平,所以一种理论,特别是那种被普遍接受的理论,为何无法解释有关现象比它为何能够解释有关现象更为重要。因此,在本书中读者将发现,对于某一理论的负面评价要明显多于正面评价。他们可能对此感到不悦,但这恰恰是科学的基本精神:科学家花费大量时间去证伪一种观点,其中大部分时间还要去证伪自己的观点。

1.2 初始之问

科学家通常从探究性或者引人深思的问题出发来开展研究,但是,许多科学哲学的传统理论告诉我们科学始于假设或猜想。因此,我们一开始就与之不同。现在,就让我们作为科学家提出几个问题,然后再看一下这些问题将把我们引向何处。

我们如何知道地球是球体而不是平面?

这个问题的答案可以简述如下:我小时候就学过;我有一个地球仪;老师告诉我的;我看过从太空拍摄到的地球照片……

如果你这样回答,你是将这个作为知识(knowledge)问题(很多人都认可的事物,本书将在第三章详尽地界定和讨论这个科学哲学的概念)。具体说,你是将它作为科学哲学的事实知识(knowledge-that)问题,即很多人了解并认为真实的事物。然而,在科学哲学领域,人们可以对被告知或者学到的知识是真是假提出质疑。而运用证据和推理回答问题的方法在科学哲学领域被称为"理解知识(knowledge-understanding)"。具体来说,就是人们不仅知道,还要理解。很显然,根据我们日常的生活经验,地球似乎是平面的!有人可能会争辩说,他们在海滩(或者在邮轮)上曾看到过横向弯曲的海平面,而且沿着他们眺望的方向向远处望去,远处的轮船会逐渐驶入眼帘。这表明海洋表面纵向也呈弧线形。所以,地球是球体。这的确可以被看成一条非常令人信服的证据。然而,对那些久居内陆、从没见过海洋的人(如居住在山区的人们)而言,他们即使远眺也只能看到高低不平的天际。由于水在高山峡谷中变成了湖泊河流,他们难道不会据此得出"地球基本上是个平面"的结论吗?至少湖泊的水面无疑是平面,不是吗?

另外,作为科学家,你需要发现新知识。已知的事物没什么意思,除非科学家用它发现新事物或者发明新物件,或者证明这个知识本身可能有误。在此,你可以设想自己生活在人们不知道地球是球体的时代,或者生活在两组人近来就地球是平面还是球体展开辩论的时期。根据那时你掌握的信息和知识,在这场辩论中你会站在哪一方呢?你如何证明地球是球体呢?假如你是"地球平面说"的坚定支持者,并赌上自己的名声,想努力证明这一点,毫无疑问,你可以想象得到现在人们会如何谈论你的这一发现。古代人凭借极其有限的能力,经过科学观测推理,实际上在公元前5世纪就证明了地球是球体。他们是如何做到的呢?对此,我将在本书第四章详细讨论。

知识是什么?

接着上面的问题继续探究,你应该已经注意到"知识"是非常有价值的事物。如果有人用确凿的证据证明地球是球体,你就不需要再通过展示证据、运用逻辑推理来重复证明这一知识,也就是说,现在地球是球体已经成为人类的常识了。但是此处也有一个问题:知识会不会有谬误?我们回想起在有人充分证明地球是球体之前,人们一直相信地球是个平面,况且我们已经证明许多之前被认为是常识的知识实际上是错误的。那么,我们如何确定今天的常识没有错误,或者这些常识能够在很长一段时间内依旧保持正确?比如这种正确状态可以维持在我们的有生之年甚至延续到子孙后代而保持不被证伪。对此,我将在本书第三章详细讨论。

科学是什么?我们怎么判定,就像人们通常认定的那样,科学会给我们带来正确的答案吗?

"科学(science)"这一术语来自拉丁文"scientia",意指"逻辑论证的结果",即能够揭示出普遍必然真理的东西。这一定义仅仅涉及今天真正科学的一小部分内容。科学是创造新知识和滤除伪知识的过程,本书后面章节将对这一定义开展进一步讨论。普通公众及科学哲学界对科学的认识都存在着迥异和普遍的误解。在公开的讨论中,例如在报告、演讲和辩论中,如果有事物被认定是科学的,它就不需要经过进一步讨论与辩论而被视为真理,尽管也会有一种反对"科学"的潜在倾向,认为"科学"意味着失去人性。那么,为何科学如此强大,它是否真的如此强大,科学结果会不会有错误呢?如前所述,许多人认为科学如此强大是因为它是理性的,是基于证据的。这种推理看似非常有说服力,但是我们要意识到还存在着不同的观点和差异化的理论解释途径。况且在科学上,证据并不总是事实或者直接观察的结果,它很可能是对事实或观察结果的一种阐释(本书1.1节已讨论)。例如,带着凶手指纹的凶器似乎是没人可以反驳或否认的证据。但就是这样一个简单的事实或者观察结果,也可以有多种解释,而且每种解释都可能依据某种特定理论或者理论解释。①那么,哪一种阐释是正确的或者更为可靠呢?本书特别是第九章将围绕这些问题展开深入探讨。

科学方法存在吗?

对于这一问题,大多数人会回答:"当然存在!"毕竟在高中甚至更早的时候,我们就已经学过科学方法了。我们中的很多人都能够详细阐明好几种方法,比如假设-演绎模式。具体而言,这种模式要求首先提出假设,接着搜集证据,然后通过演绎的方式证明

① 在美国辛普森(O. J. Simpson)杀妻案中,在辛普森的住宅后面发现了一只高尔夫球手套,这只引人瞩目的手套似乎与他的手尺码相同。众所周知,辛普森是名优秀的高尔夫球手。这只手套原先沾满了血迹,后来在法庭上呈供时血迹是干的。手套上的DNA样本与辛普森和被害人一致。它能够作为证据证明辛普森就是凶手吗?在整个审判过程中最富戏剧性的一幕是,检察官要求辛普森戴上手套,辛普森照做了,可是戴不上。你能从中得出什么结论呢?

这些证据支持提出的假设，最后就此完成验证。但是正如本小节开头指出的那样，科学家开始提出的不是假设而是问题。牛顿开始研究的时候没有提出那个需要被证明的重力假说，而是像传说中的那样，他提出了一个问题："为什么苹果会落到地上？"

我将在本书质疑这种科学中有所谓的科学方法的观点。如果你严格遵循流行的科学方法，不幸的是，你可能会得出错误的结论，或者发现自己处在辩论中的错误一方，本书1.4节的案例会谈及这种现象。不同的方法与推理方式，不管科学与否，将在本书第七章深入讨论。与此相反，科学家遵循科学推理得到结论，这是所有科学家彼此之间互相沟通时有意识和下意识使用的语言。尽管他们在辩论中对具体的科学观点存在分歧，但是他们都遵循同样的科学推理体系。如果你想成为科学家，那么学习科学推理非常有必要。本书第九章将详论这一体系。

如何找到正确的方向？如何知晓我没有错？

这两个问题密切相关，但是第二个问题更难回答。根据古代科学的定义，"逻辑论证"可以避免差错。因此，如何"找到正确的方向"，或者说如何有理有据地证明某研究是正确的，成为认识论者和科学哲学家的中心议题。但是，如果每个人都知道如何找到正确的方向，他们就会得到相同的结果，难道不是吗？如果他们都拥有完整的信息，就会得到同样的结果。可是在科学中的大多数情况下，信息都是不完整的；不完整的信息可能造成多种不同的逻辑论证方式，就像未知数多于方程式时有多组解的道理一样。我如何确定哪种逻辑论证是正确的呢？也许更为糟糕的是，这个问题涉及的因素过于复杂以至于无法解决（也许我无法确定有多少个未知数和方程式），或者涉及复杂的数学计算而无法解决。如何找到正确的方向？我将在本书第九章进行更为细致的讨论。

如果我足够幸运，用我认为正确的方法或推理得到一个结果，我还会出错吗？如何知晓我没有错？换句话说，我怎么知道我使用的方法或推理是正确的、没有错误呢？如果这些问题的答案是我们和别人使用了完全一致的方法得出的，那么我还会出错吗？若两位科学家对同一个现象得出了两种对立的结论，这个问题就无法避免了。其中的一人会不会出错？或者两人都正确，还是都出错了？我如何知道自己不是那个出错的人呢？这些问题对一个人的科学生涯至关重要！一个人怎样才能既保持自信，同时又能克服个人的偏见呢？一位优秀的科学家不可以犯重大错误，因为这会让自己的科学声望遭到严重损害。如何避免这种情况发生，本书的第十一章将进行阐述。

哲学博士是什么？

对于这个问题，你也许会回答，哲学博士的英文缩写为 Ph.D.，全称为"Doctor of Philosophy"，是许多学者和专业人员渴望得到的学位。那我为什么要问这个问题呢？你可能会想，这是一个奇怪的问题。除哲学博士学位外，还有其他博士学位，如医学博士学位（Medical Doctorate, M.D.）和工程学博士学位（Doctor of Engineering, Eng. D.）等。那么，哲学博士有何特殊之处呢，为何它更难获得，为何哲学如此重要？

历史上，哲学博士学位主要是为那些希望成为（教会中）教师的人士而设计的。可是为何教师如此特别，需要这样一种学位呢？这种学位与其他博士学位的区别是什么呢？在回答最后这个问题时，很多人都认识到教师要拥有这门学科的知识，并且能够教授这些知识。比如教师在备课和讲授时，必须条理清晰；他们不惧怕且擅长公开讲授，能够用简洁明了、易于理解的语言解释复杂的概念；等等。当然也别忘了教师还是给你布置家庭作业、让你考试的人！"什么？这是他们的特权，不是他们的能力。"你可能会这么回答。不过，教师知道作业和考试中所有问题的答案！"那又怎样？他们本来就该知道。"你可能还会继续坚持自己的看法。设想如果一位教师给了错误答案，导致你没能通过考试，那该怎么办？

你会不会去质疑这位教师的能力？为了避免这种情况,教师需要知道如何获得正确的答案,并且证明这些答案没有错误,这也是本节上一个话题涉及的两个问题。

毕业之后,不会再有教师告诉你哪个答案正确、哪个答案错误,你只能依靠自己判定对错。哲学博士的与众不同之处就在于,无论他们的专业领域是什么,他们都具有能够找出正确答案并做出正确决定的能力。当然,人们能够通过实践获得这种能力,不一定非得去攻读哲学博士学位。就算你不在学术圈而是选择在商界或企业中担任领导,你的下属仍然会向你寻求指导。你能够带领他们取得成功吗？我将在本书的后面部分进一步探讨。

在接下来的三小节中,我将讨论科学哲学传统理论论辩中反复提到的三个案例。

1.3 乌鸦悖论

这个悖论最初由卡尔·亨普尔(Carl Hempel)于1945年提出,是科学哲学领域最有名的悖论之一。正如下面描述的那样,你可以不同意这种逻辑,但是我们现在在讨论的目的就是告诉你是什么导致了这一悖论,而不是如何去解决它。

假设我们见过很多黑色的乌鸦,并且没有发现有其他颜色的乌鸦。按照典型的思维方式,我们认为所有乌鸦都是黑色的。由于这是我们观察得到的结果,因此这个观点为真,毕竟我们晴天观察时没有戴墨镜,而且我们也检查了乌鸦身上的黑色不是涂上去的。根据这一信息,我们可以做出一个(科学)假设,即"所有乌鸦都是黑色的"。而科学方法告诉我们,我们应该开始用科学证据来证明这一假设。最简单的做法是,我们找到更多的黑色乌鸦,从而减少这一假设出错的可能性。但是,我们只能根据前面提到的假设-演绎方法(演绎作为一种形式逻辑将在本书4.2节讨论),"演绎"地证实这个假设的合理性。既然所有乌鸦都是黑色的,我们据此推理非黑色的东西就不是乌鸦。我们接着去寻找支持这一新假设的证据,结果发现一只白色的天鹅。因为这只天鹅不是黑色的,所以它不是乌鸦,我们的假设仍旧成立。我们又发现了身边许多其他的东西,例如红色的衣服和蓝色的裤子,它们既不是黑色的也不是乌鸦。这些东西都能用来作为证据支持我们的假设:所有乌鸦都是黑色的。因此,我们可以宣称我们发现了大量证据支持我们的假设,假设因而成立。因为我们是认真的科学家,我们继续寻找所有黑色的东西,在它们中间果然找到了乌鸦。这又证实了我们的假设。

到现在为止,我们的每一步推理都符合严谨的演绎逻辑。现在,我们准备向世界宣布,我们的假设"所有乌鸦都是黑色的"被证实或证明成立。然而,此时却出现了意外:我们找到了(患有白化病的)非黑色乌鸦。现在问题成了"我们论证中的缺陷在哪里?",我们已经尽可能忠实地遵循了有关科学和科学方法的一切规定,但是我们的假设仍有争议,甚至被证伪了。因此,这个例子成了一个悖论,因为有关它的假设可以被证实,却又存在争议。这表明,假设-演绎这一科学方法在这个案例中容易出现错误。你可以在互联网上找到这一方法的各种修订版本,旨在避免这一谬误。但是它们是不是也容易出错?像这样的谬误在科学中是不允许的。如果你开始质疑自己学过的科学方法,那么科学家是如何避免这种问题的呢?是否是这个问题仅仅局限于这个具体的个案?还是这种方法有根本性缺陷?本书第四章和第七章将谈及这一问题,并详细讨论乌鸦悖论问题。

1.4 行星运动的地心说与日心说

乌鸦悖论可以作为示范性案例展现科学哲学的实用价值,而哥白尼的日心说理论则描绘出科学家日常研究时所面对的困难。这是一个广为人知且在科学哲学领域经常被提及的故事,可能你之前就听到过。不过,你听过的版本可能受科学哲学传统理论的影响而被扭曲了。由于从科学家的视角理解科学哲学十分重要,我将在本节对这个案例进行详细描述,后面的章节也会经常讨论和引证这个案例。你会发现,需要时还得重读一遍这个案例。

根据天体运动的地心说理论,地球位于宇宙的中心,其他天体都围绕地球旋转。每天人们都会看到日出日落、月升月没,因此这个理论直觉上看是正确的。据了解,这个理论是由罗马统治下埃及天文学家托勒密(Claudius Ptolemaeus)提出的。这一理论经过多次修订与改进,长期以来没有受到过严重的挑战与质疑。直到1543年,哥白尼(Nicolaus Copernicus)出版了《天球运行论》(*De Revolutionibus Orbium Coelestinm*)一书,详细论述了日心说理论,认为所有的行星,包括地球,都围绕太阳旋转。在科学哲学领域,这一事件标志着科学革命的开端,因为日心说理论更加科学,超越了地心说理论。不幸的是,这种总体评估和推理对科学家来说是不合适的,或者至少是有问题的。

我们先不用管哪种理论正确哪种理论错误。作为科学家,我们谈论科学哲学中的历史事件时,要把自己想象成生活在事件发生的时代的人,不要考虑现在的观点。这是因为我们现在针对某个理论开展科学研究与辩论,可能在我们的有生之年我们都不会知道哪个理论在几个世纪后最终会是正确的。许多流行的科学哲学理论是根据未来科学发展的结果而发展起来的,而这些科学发展在当时并不为人知晓。如果有人使用当时可获得的证据,遵循当今的科学方法理论,那么他们在几个世纪后就会发现自己错了。哥白尼时代的科学家没法预知未来,只能自己去判断究竟是地心说理论正确(这种看法当时更具可能性)还是日心说理论正确。我们都希望做出正确的判断,这样我们的贡献在未来或历史的研究中会得到认可。另外,如果我做出错误判断,特别是这个判断在我退休之前被证明是错误的,那么我的科学事业和声誉都会遭受严重影响。因此,无论当时的知识和信息多么不完整,我都会利用能够掌握的最新知识和最佳信息,但这些知识和信息可能不够准确,甚至存在谬误。这就是科学家和哲学家迥然不同的视角,因为哲学家可以将自己的理论建立在几个世纪后可用的信息之上。

现在,我们使用科学方法来审视当年哥白尼日心说理论的相关事件。我们面前现有两个假设:地心说和日心说。尽管我们可能会偏向其中一种学说,但是作为科学家,我们开始审视这两个选项时必须保持不偏不倚,这是非常困难的。此刻倒是讨论个人偏见影响我们科学判断的好机会。如果有人发表重大声明,其他人会很自然地提出质疑:"那个人是谁?""我们为什么要相信他?"而要回答这些问题,我们需要更好地了解哥白尼。哥白尼曾是教会和政府官员,还是一些达官显贵的私人医生。根据今天的标准,他只是个业余的天文爱好者,因为他既没有教授过天文学,也没有找到一份观测天体位置的全职工作,但是他却用自制的仪器,观测了一些行星的运动情况。这些事实不应影响人们的科学判断,但是人们却容易被这些事实影响,特别是当研究者做出了违背传统观念的断言时。如果一位业余爱好者提出的理论与诺贝尔奖得主或者来自知名学府的著名科学家提出的理论相左,你会相信这位业余爱好者吗?如果你那时是专业的天文学家,你会选择相信还是干脆抛弃哥白尼的新理论呢?既然你认识或者共事的重要天文学家都已告诉你不同于哥白尼的理论,你还会相信哥白尼和他的理论吗?[①]

[①] 类似的例子还有G.J.孟德尔(Gregor Johann Mendel)(引自Moore,2001)。他也不是一名科学家,而是一名牧师,在他供职的修道院教物理学。他在修道院的花园里开展了植物杂交实验。不过,他没有哥白尼那么幸运,因为他不是科学家,所以他在1865年至1866年公布的研究成果没有得到当时科学界的关注。他于1884年去世,直到他死后多年,他的研究成果才在1900年被3个不同国家的科学家重新发现,他们通过各自的复制实验,证实了他发现的定律。这些定律最终成为现代遗传学的基础,而孟德尔现在也被称为"现代遗传学之父"。

接下来，我们来看看是什么让哥白尼提出了这一观点。日心说理论源自古希腊，它不是哥白尼的个人创造。哥白尼引用这个古老的观点，是要证明他不是完全没有依据的，只不过这个古老的观点在他之前并没有受到人们广泛而认真的关注。根据《历代历法》(Calendars through the Ages)，哥白尼于1514年开始初步传播自己的理论。历史记录显示，到1533年，他的理论已受到教会管理人员的充分认可，其中包括当时的教皇克雷芒七世(Pope Clement Ⅶ)。据历史学家推测，教皇保罗三世(Pope Paul Ⅲ)于1534年在克雷芒七世之后接任教皇，情况可能发生了变化。但是，哥白尼仍然在1536年受尼古拉斯·冯·舍恩伯格(Nikolaus von Schönberg)邀请，来交流他的发现。哥白尼于1543年去世，他去世前出版的著作《天球运行论》收录了他的理论。这些细节非常重要，因为一些历史学家和科学哲学家把这些歪曲成了他把这本书留在了遗嘱中，给人造成的印象是，哥白尼预计因为这本书的出版将发生一场"革命(revolution)"。顺便说一下，哥白尼在书名中使用了"revolution"一词，他想表达的是"环绕"，而不是颠覆社会秩序。大约70年后，当开普勒(Kepler)和伽利略(Galileo)的著作问世时，他的理论才引起争议，因为那时新教改革和天主教反宗教改革正影响宗教保守主义。因此，这场争论更可能是由政治和宗教变革而不是由科学革命引起的。围绕这一理论的争论可能不是一个纯粹的科学问题，甚至不是一个科学哲学问题。

现在问题是这样的：如果你是生活在那个时代的科学家，你会怎么做？你可以通过研究、发表公开演讲来支持或反对哥白尼的理论。哥白尼的理论是在哥伦布(Christopher Columbus)向西航行(1492—1504)和费迪南德·麦哲伦-胡安·埃尔卡诺(Ferdinand Magellan-Juan Elcano)环球航行(1519—1522)之后提出来的。在这两次航行中，由于当时人们在大片海洋区域不知道地磁场的方向，于是天文观测被用作基本的导航方法。因此，在这些航行中，人们对太阳、地球、月球和一些行星的位置与运动都做了观测。如果地心说理论是完全错误的,人们应该会注意到这一点。那时,由于地心说理论在这些和其他航行中得到了广泛的检测与验证,你可以认为这一理论能够做出令人满意的预测。因此,那时的你可能会得出结论:没有多少观测证据能让哥白尼提出反对地心说的新观点。

为什么哥白尼会认为人们普遍接受的观点是错误的呢?他的证据是什么?地心说的预测是错误的吗?还是日心说的预测更准确呢?让我们检查一下他的理由。他在《天球运行论》的序言中指出,他提出的新理论的基础不是地心说预测不准确(正如我上面解释的那样,没有证据证明这一点),也不是日心说预测更准确。相反,他质疑了用于完善地心说预测的那些"修改"。这听起来可能不像是挑战一个长期公认理论的基础的充分理由,因为在科学中,通过观察修改模型以提升其理论预测水平是一种常见的做法。例如,当有人提出一个模型时,其他人可能会觉得这个模型很有趣,并用它来进行其他预测。如果模型的预测结果不是十分准确,他们可能会找一些方法或机制来提升其预测能力。经过一些修改后,预测结果可能会变得非常准确。然后,人们会得出结论,这个初始模型(与那些有助于提升预测水平的修改)一定是基本正确的,也就是说,它描述了现实。这就是哥白尼所面临的情形。随着时间的推移,人们出于各种原因对地心说进行了修改,这些修改提高了地心说理论的预测水平,哥白尼对这些修改却提出了质疑,他认为一些修改的理由是相互矛盾的,也就是说,在哥白尼看来,这些修改是不一致的。在描述这些修改背后不同的假设时,他有一句名言:"它们组合起来的不是一个人而是一只怪物,"因为手、脚、胳膊和腿都是以随机的方式组合在一起的。人们可能会对将这一论点作为科学研究发展的基础而感到困惑,毕竟许多有价值的模型,特别是应用科学中或者工程学中的模型,都是以这种方式发展起来的。这正是科学前进的方式;可能有些人会据此反对哥白尼。按照传统的科学哲学理论,难道哥白尼的理论不是应该建立在科学证据、减少误差或改进预测等的基础之上吗?

然而,哥白尼认为,人们应该把一个理论建立在一组假设的基础之上,来预测他那个时代已知的所有五颗行星的运动轨迹。我们将在本书后面了解到,这是对科学的正确要求。哥白尼认为这些基本假设应该是:①行星的观测应该使用同心方法,而不是使用偏心轮或本轮;②行星遵循匀速运动原理。今天,我们知道这两种假设都是不正确的,因为所有的行星都沿着椭圆形轨道运动,轨道速度在每个轨道的不同部分会发生变化,正如开普勒定律所描述的那样。他的理论基于七个具体的假设(虽然是一组假设,但七也不是一个小数字)。他对一系列恒星、一些行星、太阳、月球和一些天文现象的位置进行了详细的分析。需要注意的是,牛顿运动定律当时还不存在。

鉴于如此多的信息,现在轮到你来判断哪种理论——地心说还是日心说,会让你站在未来未知历史的正确一边。

作为一名科学家,你可能首先会质疑"地球是运动的"这一假设或假说,并寻找支持或反对"地球是运动的"的相关证据。你也许可以"演绎地"这样做。如果地球每年绕太阳一周,你会发现,使用当前的天文单位,地球以大约30千米/秒的速度绕太阳运行。然而,太阳和地球之间的距离当时似乎被低估了,只有现在的1/62。因此,如果日心说理论是正确的,地球将需要以480米/秒的速度运行。这是一个非常快的速度!有证据证明地球运动的速度如此之快吗?也许有,也许没有。

让我们测试一下。虽然伽利略在比萨斜塔上做著名的自由落体实验是在70多年之后,但是你可以想到一个类似的实验。让我们以自由落体实验为例来检验地球是否在高速运动,这是在讲授日心说或伽利略研究成果相关知识时,多半会被人忽略的遗憾之处。如果比萨斜塔有56米高,你让球从八层中的第七层落下,那么高度大约是50米。在你放开球以后,球在落地之前会在空中下落3秒钟。伽利略将记录下这3秒时间,作为他实验的一部分。在这

3秒之内，如果地球以480米/秒的速度在水平方向上运动，该塔将围绕太阳水平移动1.45千米或约0.9英里。这就意味着球应该落在距离下落点垂直下方地面近1英里之外的地面上。这是可以测量的。然而，众所周知，正如地心说理论所预测的那样，球会垂直地落在下落点的正下方。如果你当时是一个没有偏见的科学家，并严格地遵循科学方法，你应该得出结论：没有证据表明地球围绕太阳转。因此，哥白尼的理论是错误的。

此外，(修改后的)地心说理论当时比日心说理论更准确地预测了行星的位置，因为哥白尼假设行星都以恒定速度沿着一个个圆形轨道运行，正如我们现在所知，这些都是错误的。如果你当时是科学家，你会相信哪个理论？你能够做出正确的判断吗？你知道有个日心说的新假设，你的证据是根据假设-演绎方法得出的。最后结果是不容置疑的：①自由落体实验没有显示地球是运动的；②日心说理论没有更准确地预测行星的位置。如果你遵循传统科学哲学理论提供的有关科学方法的建议，你反对哥白尼的理论也就不足为奇了，因为他的假设没有得到现有证据[①]的支持，预测结果也不够理想。记得前面提到，哥白尼论点的证据是地心说理论修改之处不一致，而这并不是一个强有力的科学论点，因为对理论进行改进是科学领域广泛使用的一种做法。因此，如果你遵循"科学方法"，你将站在历史的错误一边。这是一个至今仍困扰着所有

---

① 哥白尼的理论面临着另外一个挑战，叫"恒星视差"，当观测者移动时就会出现这种情况。在这种情况之下，人们会看到一个较近的物体相对于一个较远的物体运动。如果地球绕着太阳转，人们应该看到一颗近处的恒星相对于一颗远处的恒星在位置上发生了变化。这种视差效应在哥白尼和伽利略时代没有被观测到，因为这种变化太小了，无法用当时现有的仪器测量。弗里德里希·贝塞尔(Friedrich Bessel)在1838年首次观测到这种效应。然而，视差缺失被认为是对哥白尼理论的反证。

科学哲学理论的噩梦。(Feyerabend,1975)

幸运的是,伽利略没有遵循所谓的科学方法。伽利略在《两大世界体系》(*Two Chief World Systems*)①一书中有一段著名的论述,他通过主人公萨尔维亚蒂(Salviati)之口说,我们应该让理性战胜感性:

> 你会奇怪毕达哥拉斯的观点"地球是运动的"的追随者是如此之少,而我很吃惊,直到今天还有人会信奉并遵循它。对于那些掌握这一观点(哥白尼学说)并接受它为真理的人所表现出的杰出与敏锐,我再怎么表达钦佩都不为过。他们以纯粹的智力力量而表现出对自己的感官的极端不敬,以至于他们更喜欢理性告知的东西,而不是感性经验清楚地展现出的相反的东西。(Galileo,1967)

伽利略认识到,来自经验的证据并不支持地球在运动。相反,他发展的伽利略相对性原理和惯性理论,最终成为牛顿第一运动定律。按照上面提出的逻辑思路,当论证地球不动时,假设球被放开后,它在空中不会水平移动。根据伽利略的新想法,当一个人从比萨斜塔上丢下球时,球带着地球运动的惯性水平速度。因此,球与塔以相同的速度水平移动。所以,即使地球在运动,球仍然应该落在下落点正下方的地面上。

在这个例子中,你会发现这样一个确凿的事实,即球落在下落点正下方的地面上。它既可以作为地球运动的证据,也可以作为

---

① 该书是意大利物理学家伽利略所著意大利语天文学和物理学著作,全名为《关于托勒密和哥白尼两大世界体系的对话》(*Dialogue Concerning the Two Chief World Systems—Ptolemaic and Copernican*),简称为《两大世界体系》或《对话》,1632年3月在意大利佛罗伦萨出版。——译者注

其不动的证据。正如我将在整本书中讨论的那样,即使用证据对一个想法做出最终判断,证据本身也需要依赖阐释,而证据本身不一定就是确凿的事实本身。

这个事件的最后反转或结论可能更会让大多数传统科学哲学家感到惊讶。伽利略说:"自然界是否有这样的中心,我可以非常理性地提出这个问题供人们讨论。"也就是说,根本没有"中心",既没有地心,也没有日心!换句话说,地心说和日心说孰对孰错不是一个真正的科学问题,而是一个宗教或政治问题,因为根据未来牛顿的理论,这两种理论都是正确的。根据牛顿的理论,这只是一个选择特定"参照系"的问题,即假设一个中心不动,你可以选择任何想选的中心!当大多数人认为日心说正确、地心说错误的时候,上面的这个结论却被科学哲学界和整个社会所忽视。对于一个科学家来说,要回答是否有证据支持地心说或日心说的问题,他需要一种不同的思维方式。正如本书第九章将讨论的那样,科学家们把日心说作为一个"更好"的理论,因为它更简单。科学家和科学哲学家在此处又展现出不同的视角。

1.5　科学革命:量子理论的发明*

量子理论的发明是了解科学革命如何发生的一个著名而有趣的例子。因为科学哲学中的许多理论都错误地描述了这一事件的过程,所以我将提供一个更加详细的描述,让你了解一场科学革命发生的原因。在本书第六章,本节讨论到的科学哲学中的一些概念可能会变得更加明了易懂。

有一个所谓的黑体辐射问题:人们根据来自太空辐射的波长构成的函数来测量太阳光强度时,会得到一条平滑的曲线,在可见光波段没有尖峰或凹槽,类似于图1.1中的实线 A。这种光谱被称

---

* 选读,下同。

为"黑体辐射"。"黑体"这个术语需要更精准的定义,但就我们的目的而言,如果只是从地面上观测它,只要忽略尖峰和凹槽就足够了。斯蒂芬-玻尔兹曼定律(1879—1884)指出,黑体辐射只取决于黑体的温度。因此,测量一个物体的辐射光谱可以用来推导它的温度。威廉·维恩(Wilhelm Wien)基于基尔霍夫定律(1859)提出了一种描述黑体辐射光谱的数学形式(1895),今天称为"维恩近似"。图1.1显示了几个温度的辐射曲线。该公式很好地描述了黑体辐射,特别是在峰值功率波长处,它作为黑体温度的函数,被称为"维恩位移"。维恩位移已经被观测证实,并被视为一个自然法则。例如,太阳光最高功率的频率处于绿色波段,如本书10.6节所述,黑体温度约为5800 K,我们据此推导出太阳的表面温度。但是这个公式在处理更长的波长时效果不好。在长波长中,可以用瑞利-金斯定律(1900—1905)更好地描述辐射,该定律基于瑞利(1869)提出的理论,解释了天空为什么是蓝色的。马克斯·普朗克(Max Planck)于1900年提出一个不同的公式,将能较好解释较长波长的瑞利-金斯定律和能较好解释较短波长的维恩近似联系起来。我在图1.1中提供了维恩近似、普朗克公式和瑞利-金斯定律

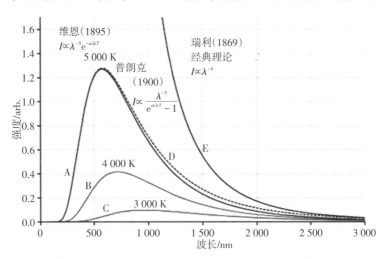

图1.1 黑体辐射。实线C、实线B和实线A分别是基于维恩近似值的3000 K、4000 K和5000 K的辐射强度。实线E由瑞利-金斯定律给出。虚线D是普朗克提出的公式,它连接了维恩近似和瑞利-金斯定律。图中给出了每种模式的数学表达式。

的数学表达式。人们也许能够通过数学计算说服自己,即普朗克公式在长波长下接近瑞利-金斯定律,在短波长下接近维恩近似。

我来总结一下这时的情况:我们只有一个观测结果(黑体辐射),却有两种理论可以用来解释它。每种理论都有确凿的观测证据。然而,这两种理论都不能很好地描述整个波长范围内的黑体辐射,即每种理论只适用于描述某一端位置的波长辐射。有人(普朗克)引入了一个数学表达式来描述整个波长范围内的辐射,虽然它既没有从理论上也没有从观测证据上对其原因进行充分解释,但该表达式却很好地弥合了两种理论。从表面上看,它与其说是科学上的巨大震撼,不如说是数学上的巧妙操作!它没有引人注目的理由,即没有科学哲学传统理论那样的理论解释,只认为新的数学表达式描述了现实或经验。不过,这似乎也并不重要。

然而,科学家在找出一个似乎有趣的新数学函数后不会停止求索。相反,他们会试图理解这个表达式能告诉他们什么。比如普朗克定律中的常数怎么确定?对于普通人来说,这似乎需要特别的努力;而对于一个提出新观点的科学家来说,这是很常见的。这项研究导致了同年普朗克常数①的发现。普朗克常数被发现之后,很明显普朗克定律分母中的指数是辐射携带的能量(密度)与黑体热能的比值。辐射的能量于是通过普朗克常数与辐射频率相关联。

只是这带来了一个新问题。当频率变为零时,辐射变为无穷大。这是一个严重问题,在维恩近似或瑞利-金斯定律中都不会出现。如果频率不允许为零,这个问题就可以避免发生,就意味着存在所需的最小波能量。在这种情况下,辐射可以被理解为包括许多小能量包。这些光的能量包被称为"光子",这是爱因斯坦在

---

① 普朗克常数是 $h=6.6\times10^{-34}$ 焦耳·秒。光子的能量是 $E=hv$,其中 v 是光子的频率。可见光的频率集中在550毫米左右。在这个频率范围内,一个光子的能量约为 10^{-19} 焦耳,这是一个极其微小的能量!

1905年提出的。最小的能量包现在被称为"量子（quanta）"（量子英文单词的单数为quantum）。

根据这些新观点，人们在20世纪20年代形成了一个完整的理论框架——量子力学。如上所述，它可以解释黑体辐射；然而，黑体辐射只描述了一个"平滑"的辐射光谱。还有辐射值表现为凹槽和尖峰，它们分别被称为吸收线和发射线。量子理论可以轻松地将发射线解释为来自相同类型原子的相同能量的光子发射。在地面上更容易观测到的是太阳光谱的吸收线，它是由于太阳光穿过大气层时发生了分子吸收。发射线和吸收线都依赖于材料，并且自19世纪早期就已为人所知。光谱中的细线应该被看作是光子能量离散性的暗示。回想起来，线发射和线吸收应该促使研究太阳光谱的科学家先提出量子理论。

量子理论的影响是深远的。半导体和半导体技术的发明可能是量子理论应用的最著名案例。你能把电脑或智能手机和黑体辐射光谱联系起来吗？

■ 思考题

1. 每个人都有一个关于自己的故事和事件集合。想一想过去你曾做出判断的事情，请仔细考虑，既不要匆忙，也不要有压力。在不知道事情的后果和当前观点的情况下，你认为迄今为止你一生中最难忘的正确决定是什么？现在，评估你对其后果的了解和你目前的观点：你会做出不同的判断吗？你从中学到了什么？
2. 像回答上一个问题一样，说说你最后悔的决定。
3. 乌鸦悖论有什么逻辑缺陷吗？
4. 你如何评价那个时代哥白尼的理论？
5. 关于做出判断时的个人偏见，你从地心说与日心说的例子中学到了什么？你如何判断是否应该相信一个网站上的内容？

第二章 哲学是什么？

2.1 优秀的科学家为什么应该学习哲学？

阿尔伯特·爱因斯坦（Albert Einstein）曾说过（1944）：

> "在我看来，现在许多人，甚至专业领域的科学家，都像见过成千上万棵树但却从未见过一片森林的人一样……由哲学洞察力所创造的、摆脱偏见的独立性，正是纯粹的工匠或专家与真正的真理探索者之间的根本区别。"

科学家应该是真理探索者，而不仅仅是专家！科学界普遍认为哲学思维，即看到森林的能力，不可或缺，对引领每门科学学科发展的顶尖科学家而言尤其如此。

就其本质而言，科学研究涉及分散的不完整信息。科学家必须从堆积如山的但对某个问题可能有潜在关联的信息中，找到有用且相关的只言片语，并通过推理使其合理化。由于观察、理论、数学和技术等方面的问题交织在一起，整个问题可能会变得十分复杂，没有人会知道正确的答案应该是什么，甚至在研究之前根本不知道是否有答案。科学家如何知道应该做什么（如何找到正确的方向）？科学家如何知道所得到的结果是否正确（如何知晓我没有错）？每个科学家都会在一定程度上遇到以上两个问题。那些不打算面对这两个问题的人,则需要在耐心且乐于助人的导师的指导下度过他们的整个职业生涯。他们不是科学家,而是爱因斯坦所说的工匠或专家。

人们普遍观察到的一个现象是,伟大的科学家,如爱因斯坦和斯蒂芬·霍金(Stephen Hawking),都会转向哲学。许多科学家在参与构建一个全新的理论或对现有理论做出重大修正时,即当科学学科处于危机(Kuhn,2012)之中时,都会对哲学更感兴趣。正如我们将在本书中了解到的那样,这是因为科学家遇到了两个问题:如何找到正确的方向及如何知晓自己没有错。他们必须花费很多时间来说服自己:在他们这个时代之前存在的理论是有问题的,而他们提出的新理论没有实质性的缺陷。

优秀的科学家需要在各学科领域都具有渊博的技术知识和深刻的理解能力,并能够批判性地评估什么是最重要的问题,以及什么问题在特定时间内有可能被解决。顶尖科学家需要能够确定缺失的关键信息是什么,以及在现有的知识水平、资金和技术支持的情况下,是否可以获得这些信息。他们必须拥有能够引领科学界前行的远见卓识。在进行这样的评估和对未来定义时,如果顶尖科学家意识到每个技术细节所发挥的作用(不一定是细节本身)以及每位科学家在解决这些技术问题时所表现出的智力潜能,详细的技术参数或数学知识就变得不那么重要了,而针对关键技术问题的知识和正确理解则至关重要。一个非某一领域的专家,比如哲学家,几乎不可能完成这样的任务。一位目光狭隘、只重视技术细节的简洁美观的科学家,可能也很难从各种可供选择的方法中做出正确判断。因此,这项任务要求某一领域的顶尖科学家不仅要懂技术,还要懂哲学。在本书中,我提出了与科学家和科学研究相关的科学哲学观点,同时提供了如何解决爱因斯坦所提出问题的指导方针。

2.2 哲学的起源

研究科学哲学，首先要了解哲学是什么，了解哲学从何发展而来。哲学对不同的人而言，可能有不同的含义。对许多人而言，哲学是充斥着某某主义或某某学说的辩论。哲学如今被定义为"对基本观念的依据所进行的批判性审查，以及对表达这些观念时运用的基本概念所进行的分析"（《大英百科全书》），或"对关于存在、知识、价值、理性、心灵和语言等的一般问题和基本问题的研究"（维基百科）。《大英百科全书》的定义较为笼统，但由于该定义可能过于笼统，包含了许多人无法理解的专业术语，普通人可能无法基于该定义理解哲学的内涵。维基百科的定义则比较具体，就像一张罗列的清单，但是人们仍然很难根据其定义来确定哲学的具体内涵。卡塞尔（Kasser, 2006）对哲学的定义挺有趣："哲学是运用律师的工作方法来解答孩子提出的问题的一门艺术"[①]。按照卡塞尔的观点，哲学首先提出一个大问题，随后将其切分成许多待解答的小问题。这个定义较好地刻画出哲学某个方面的特点，但是还是未能充分解答哲学到底是什么，以及它从何发展而来。

现在让我来为你解答这个问题。在互联网上的许多地方，人们可以发现"哲学（philosophy）"一词源于希腊语，意即"热爱（philo）智慧（sophy）"。令人奇怪的是，世界上会有人不热爱智慧吗？通过进一步阅读，你会发现两个希腊语单词"sophia"和"sophist"。它们的字面含义分别是"智慧"和"智者"。通过进一步调研（科学家和哲学家不仅只是阅读写出的观点，还会质疑为什么这么写或尚未

[①] 伯特兰·罗素（1918）认为"哲学的意义在于从简单到似乎不值得陈述的东西开始，到矛盾到没有人会相信的东西结束"。尽管文中卡塞尔的定义与罗素的定义有一些相似之处，但是卡塞尔的定义及其结论比罗素的更为合理。

写明的观点),你会对以下这一事实感到困惑:这些"智者"实际上正是与古代哲学家争论和辩论之人。因此,将哲学简单地阐释为"热爱智慧"颇有问题,因为哲学家经常与已经拥有智慧的"智者"意见相左。并且,根据文献资料,似乎在哲学发展时期,"智者"是更受尊敬、更有声望的学者,哲学家则处于下风。这可能就是柏拉图(Plato)在古代哲学家苏格拉底(Socrates)战胜"智者"的每次辩论后都大书特书的主要原因。根据这些事实和论据,像我这样的科学家就可以理解这种情况了:"智者"和哲学家是两所不同类型的学校,他们对传授内容和讲授方式持有不同的观点。这两所学校都在试图吸引最有才华的学生。"智者"传授"智慧"显然是为了让学生变得更加聪明、赢得更多尊重,并能找到更好或更重要的工作。当然,他们也会收取更高昂的学费。而哲学家,顾名思义,似乎处于劣势,因为他们似乎并不"拥有"智慧,而只是"热爱"智慧,或者用今天的话说,是"想成为"智者的人。如果学费不是问题,如今谁会想去一所"想成为好学校"的学校,而不直接去一所好学校呢?所以,这是个更难回答的新问题,需要进一步的探究。

人们普遍认为,西方哲学实践始于古希腊哲学家泰勒斯(Thales of Miletus),而"哲学"一词最早是由古希腊哲学家毕达哥拉斯(Pythagoras of Samos)提出的。古希腊哲学家柏拉图笔下的苏格拉底是古希腊著名的哲学家,苏格拉底与当时著名的"智者"进行过多次辩论。这些辩论展现了哲学家的全部特征。在这些辩论中,苏格拉底首先在所辩问题上表现出无知,让"智者"展现他们的智慧。然后,他开始质疑"智者"陈述的每一个观点,发现这些观点自相矛盾或存在缺陷,并最终推翻他们的理论。你现在可能明白了"热爱智慧"的真正含义,即保持谦虚,从不声称已知晓任何事物。这种方法被称为"苏格拉底式方法",也被称为"辩证探究法"。正如将在本书第七章和第九章解释与讨论的,这种类型的推理是进行科学研究的基础。

此外,这些古代哲学家似乎更关注自然界,或者我们今天所说的自然科学,而"智者"强调语言或修辞的艺术。我将"哲学"解释为包括自然科学知识的教授与学习,而"智者"更倾向于传授和学习语言及语言的使用技能,这些技能对于获得政府职位而言更为重要。在哲学家统治了24个世纪之后,这段历史被改写了,哲学失去了最初的含义,在字面上被解释为"热爱智慧"。可以说,法学院如今仍在传授"智者"之道①,尽管没有人愿意承认其与这种"智者"之道有关,但这却是事实。

苏格拉底很幸运,他有一位名叫柏拉图的学生,而柏拉图又有一位名叫亚里士多德的学生。这三位伟大的思想家共同奠定了西方哲学的基础。苏格拉底、柏拉图和亚里士多德讨论了一系列有趣的主题(Bartlett,2008)。例如,他们认为理想的政府应该由哲人王②统治,而不是实施民主统治。洞穴之喻是关于社会知识的著名隐喻。根据该隐喻,我们(在古代)的知识可能既非常有限又极易被曲解,甚至可能与事实无关。他们深入讨论了公正、美德(何为美德?美德可以被教授吗?)、伦理、政治("人是政治动物"就是一个著名论点)、法律、幸福(当你拥有金钱和名声时,你感到幸福吗?)、友情(如何知晓谁是自己真正的朋友?)等。按照今天的定义,亚里士多德是物理学、天文学、地质学、生物学和心理学领域的科学家,是历史上最有影响力的哲学家。感兴趣的读者应该能找到很多关于这些哲学家及其哲学观点的有趣图书,这些图书非常值得人们一读。

古人认为雷电是神灵愤怒的结果,苏格拉底对神的力量以及他们产生雷电的能力提出了颇为合理的质疑。细致的观察表明,

---

① 在中国,"智者"之道(sophism)被译为诡辩学是一个严重的错误。——原文译者宋普教授的批注
② 哲人王作为一个古老的概念,由古希腊哲学家柏拉图提出,并在他的鸿篇巨制《理想国》中进行了详细阐述。简言之,就是在柏拉图意图建构的政治秩序中,哲人和王者的身份是重合的。
——译者注

雷鸣和闪电通常与厚厚的云层相关,这些云层阻挡了来自天空和看向天空的视线。掌握了这些信息,苏格拉底运用我们现在所说的科学中的相关性研究方法,质疑神灵用雷电惩罚人的不端行为的说法。令人遗憾的是,质疑神灵这样不虔诚的言行在当时被视为一种犯罪行为。由于这个和另一个原因,苏格拉底被判处死刑。我认为,像这样的观察,再加上与自然界(或今天定义的科学)之间的联系,将哲学与"智者"之道区分开来。

人们普遍认为,哲学和"智者"之道的核心区别在于探究方式的不同,即涉及批评和自我批评的苏格拉底式方法或辩证法。苏格拉底有句名言:"未经审视的人生不值得一过",但是这句话对我们而言有些过于激进了。这种探究不是关于研究的主题,不是关于某个主题的特定观点,也不是关于谁是正确的。在哲学辩论中,学生可以质疑和挑战老师的观点。当一个人可以质疑一切时,没有什么可以凌驾于理性之上。如上所述,结果就是,人可以质疑上帝或上帝的存在。然而,对于科学家而言,有些奇怪的是,根据记载,除被判决有罪并被投票判处死刑的最后一场辩论之外,苏格拉底赢得了人生中的每一场辩论。科学家会怀疑,这段历史似乎是被有选择性地记录下来的。

2.3 其他文化中的哲学思想

有趣的是,在西方哲学发展的同一时期,其他文明发展出东方哲学思想,比如印度和中国。例如,《奥义书》(*Upanishads*)(印度哲学的吠陀梵语文本)撰写于公元前600年至公元前300年,佛教创始人释迦牟尼生活在公元前558年至公元前491年,孔子生活在公元前551年至公元前479年。他们与生活在公元前570年至公元前495年的古希腊哲学家毕达哥拉斯处于同一时代,但在苏格拉底所处的时代之前。当然,当时的信息传播速度非常缓慢,这些哲学思想应该是独立发展的。正如西方哲学一样,中国和印度的哲学发展也是基于公开辩论。

我曾经和一位开悟的佛教得道高僧有过一次有趣的互动。他告诉我为了达到开悟状态,最有悟性的僧人必须经过五年的个人闭关修行(仁波切①),这在美国相当于获得博士学位的平均时间。我们在这位得道高僧担任住持的寺庙里,在一大群佛教学生面前讨论了未来的可预测性和转世等问题。你可能会好奇,当一个科学家遇到一个开悟的得道高僧,会出现什么样的情形呢?总的来说,我们能够顺畅地交流;然而,我们得出了不同的结论。例如,他不相信我们能够预测出明天是否会下雨或下雪。尽管天气预报是现代生活的必需,鉴于高海拔山区的天气恶劣且难以预测,他的怀疑是可以理解的。这位高僧不止一次地问过我一个问题:"你不担心下辈子变成一只蚂蚁吗?"蚂蚁是最糟糕的转世投胎物种之一。当他听到我对这个问题反复且坚定的否定回答时,这位高僧似乎非常困惑,不相信我的回答。

中国的哲学发展史十分有趣。在孔子时期,中央政府要么极其软弱,要么根本不存在,因此允许各种思想蓬勃发展。这个时代被称为百家争鸣时期。孔子学说,又称为儒学,主要涉及行为问题和治理问题,较少涉及知识问题。这三个哲学问题将在本书2.4节重点讨论。孔子认为关于自然界的知识,即科学,涉及技能或者技巧。这对工匠而言可能是有用的,但不值得学者研究。当时,除了孔子学说,还有"智者"之道(以惠子为宗)、军事理论流派(以如今商学院热门读物《孙子兵法》的作者孙子为宗)、法学(以韩非子为宗)、自然科学流派(以墨子为宗)及道家哲学(与孔子学说相对立

---

① 仁波切是藏语音译,本意指珍宝、宝贝。藏传佛教信徒在拜见或谈论某活佛时,通常称其为仁波切,而不称活佛,更不直呼其名。——译者注

的另一种哲学,以老子①和庄子为创始人)。人们会去参加他们的公开演说,向演说者学习并向其发起挑战,演说者可能在现场受到欢呼喝彩,也可能获得嘘声一片。孔子的哲学最具影响力,因为它为人们在家庭和社会中的行为模式及政府的统治方式,奠定了伦理和规则的基础。中国历史上的杰出人物秦始皇(在位时间为公元前246—前210年),类似于欧洲历史上的亚历山大大帝,建立了秦朝。他不仅征服了其他王国,还统一了全国的文字,并标准化了重量和长度的衡量标准。然而,由于思想自由使政府难以控制社会,秦始皇控告了许多孔子的追随者,并烧毁了大多数书籍,结束了百家争鸣的繁荣时期。秦朝是建立在法学或法家的基本思想之上的。

在紧随秦朝之后的汉朝,皇帝意识到孔子的理论实际上可以用来帮助政府治理天下,因为该理论教导人们要温和、服从命令、减少冲突。出于这个原因,汉朝皇帝禁止了除孔子学说以外的所有其他思想学派。孔子轻视自然科学,因为它被孔子认为仅是工匠需要掌握的知识,因此,汉朝的这一政策并没有促进科学的发展。这种情况因由汉朝创立并被后世改编沿用的科举制度而进一步加剧。科举分为三级,最后一级殿试由皇帝亲自主持。很显然,

---

① 与苏格拉底同时代的老子,被西方哲学界广泛认为是一位中国哲学家。他提出了高度抽象的"道"的概念,通常英译为"Tao",其含义为自然界和人类社会如何运行的基本原则和相互联系。"道"类似于本书2.5节中讨论的哲学中的"真理"这一概念。同样,他还提出了"德"的概念,即人们所愿意效仿的一系列行为特征。"德"类似于哲学中"美德(virtue)"这一概念。西方哲学家通常认为苏格拉底—柏拉图—亚里士多德在希腊创造了"美德"、"真理"和"公正(justice)"的概念,从而使哲学在希腊得到了更快的发展。老子也提出了"公正"的"正(不偏不倚)"这一概念。所以老子一人就提出了这三个哲学概念。可以说,老子甚至意识到演绎推理。

皇帝不会测试入围者的数学或物理知识与应用能力。为了向皇帝推荐最好的候选人,第二级省试侧重孔子学说、国策和方略。因此,近两千年来,年轻人将大部分时间用于学习孔子学说、国策与方略。在我看来,直到20世纪初的最后一个王朝结束,这种考试制度和考试内容转移了中国最有才华的年轻人对于科学发展的注意力,最终减缓了中国科学的进步。因此,尽管中国古代有许多杰出的科学发明,但早期的科学革命并没有发生在中国。

其他历史悠久的文明,如埃及、巴比伦和波斯,其哲学发展比西方文明和东方文明更早,但发展速度相较而言更为缓慢。令人奇怪的是,在这些文明的早期阶段中,很少出现拥有涵盖广泛问题和系统的哲学思想的杰出哲学家。基于这种相关性,我们可以提出这样一个观点:虽然文明的进步可能受到其他许多因素的影响,但是哲学的发展,尤其是系统的哲学理论的发展,可以推动文明的进步。当然,这些文化中书面语言的发展(缺失或缓慢)也可能在其中发挥着作用。然而,有人会争辩,如果统治者能从哲学视角看问题,那么他们应该会意识到有必要发明一种书面语言。①

本书所讨论的哲学主要基于西方哲学,这是因为西方哲学更系统化,更符合现代科学推理。

2.4 哲学研究什么?

哲学主要涉及三个问题:知识问题,行为问题和治理问题(Robinson,2004)。你可能会发现这一定义与大多数哲学家的传统

---

① 有种文化发明了使用不同颜色的绳子和绳结来记录各种物品的方法。这种文化会把这些彩色的绳子和绳结印在石头上,这表明该文化认识到有必要将这些记录存档,因为它们会随着时间的推移而变化。但不幸的是,这种文化仍然没有创制出一种书面语言或编号系统,来完成这项相对简单但明显需要完成的任务。这种文化最终消失了。

学说截然不同,比如本书2.2节开头所讨论的那些定义。

你可能会意识到这三个问题的出现与文明的发展大致同步。知识问题涉及知识可能包括什么及如何获取知识。古代人积累了大量的知识:某些果子具有毒性;老虎、狮子和蛇具有危险性;疾病可以致死等。在很多情况下,人们不需要理解事情发生的原因,尽管人们通常将其归结为不当行为。但是知识是任何理性决策的基础。知识通常具有决定性的作用——反对知识的人可能更容易死亡。这是有关真理与谬误的问题。与行为问题和治理问题相比,科学家更关心知识问题。

随着文明的发展,越来越多的人开始住得很近。行为开始成为问题,因为一个人的行为会影响他人。与知识问题不同,行为问题是关于做出选择的问题。当有选择时,问题不在于选择的是否是真理,而在于哪个决定是好的或更好的,哪个决定是坏的或更坏的。这可以延伸至关于什么是美的、什么是丑的,或什么是更经济有效的问题。因为人们看待事物的方式不同,所以个人做出的选择并不是决定性的。

当人口越来越多且越来越集中时,如何治理就成为一个更大的问题,因为人们可能有不同的行为和利益。为了避免社会因冲突升级而走向自我毁灭,必须制定规则、做出裁决。对于何种行为对个人和社会更可取、更好,人们可能会持不同的看法,因此,裁决的公平性可能会受到质疑。还有一些与治理相关的常见支出,包括用于国防、基础设施、大型水利或灌溉项目及公共服务的费用。治理有多种形式,每种形式都各有优缺点。理论上,有三种公认的治理类型:由一个人(独裁)治理、由一群人(贵族)治理和由很多人或整个社会(民主)治理。

如今,这三个问题中的每一个都已演变成了几个相对专业的研究领域。自然科学等学科关注第一个问题,即知识问题。许多发展中的科学学科,比如经济学和心理学,主要涉及行为问题。工程学评估的大多数问题不是关于发现真理,而是质疑各种系统及其构成的效率、经济效益、安全性和可靠性。这里提出科学和工程学之间的区别，是因为一些现有的科学哲学理论以工程实例为基础推演科学哲学理论，从而导致这些理论之间的根本混乱。工程师可能会用科学思维来解决他们的问题，尽管其问题主要涉及如何在多个选择中做出决策，即行为问题。在这些情况下，只有更好的选择，但没有最佳或正确的选择，因为人们根据一套或多或少带有主观性的标准，并结合个人意见和利益，来评估不同的选择。与之相反，由于科学的目标是创造新知识和纠正现有知识中的错误，因而科学家必须在与问题相关的备选方案之间做出判断，检查每个知识点的有效性。然而，这并不是行为问题，因为知识本身最终是具有决定性的。

本书所介绍的科学理论侧重于知识问题。因为如今许多行为问题正发展成科学领域的问题，因此，本书中提及的理论适用于关于知识问题的学科或分支学科，并不适用于主要关注行为问题的学科或分支学科。尽管书中经常用心理学中的例子阐述推理中一些容易犯的错误，但书中的科学理论是否适用于行为问题还需要进一步探究。

对大多数人而言，哲学中最引人注目的现象可能是给某一思想贴上"某某主义"的标签。这种标签化行为应该是在辩论中澄清和区分某一思想的方式。然而，这种标签似乎具有某种魔力，使该思想具有排他性和普遍性；人们要么认同它，要么整体上反对它。有了这些标签，所涉及的哲学家可能会激进地或毫不妥协地在任何时间和任何条件下将这个思想全面推广到任何地方，直到他们做出有缺陷的推论。每种理论都有其局限性和适用条件；简单的标签化行为往往会导致否定有价值的思想或曲解最初的想法。我将在本书中讨论一些这样的实例。这种标签化行为可能已经偏离了哲学的初始理想。从科学家的角度来看，标签化行为会误导人们去争论初始理论之外的东西。这一行为可能是使得许多科学家远离哲学的主要原因。通常情况下，科学问题非常复杂，人们甚至可能不知道完整的问题是什么,也不知道是否有解决方案。在这样的情况下,某一思想是否是普遍的真理可能就不是一个问题。

对于科学家而言,哲学通常意味着遵循爱因斯坦的想法,即着眼于大局,要看到森林,而不仅仅着眼于细节,只看到树木。根据罗宾森(Robinson, 2004)的观点,哲学是关于"如何找到正确的方向"的科学。我非常赞同他对哲学这一简单明了的定义。有人可能会说,这个问题在过去的两千年里理论上已经得到了解答,而当今哲学正试图回答具体的问题。然而事实并非如此。在大多数哲学理论中,本应得到解决却未被讨论的问题或难题是"如何使每个人都找到正确的方向",因为如果人们持有不同的观点,那么可能根本就没有唯一的答案。当人们对如何找到正确的方向意见不一时,应该如何做出判断呢?应该由国民投票或委员会投票做出这些判断,还是由总统来决定?即使由投票或总统决定,仍然有一个更普遍的问题,即我们如何知晓这个选择是正确的。一种得到正确方向的方法是通过辩论或逻辑论证,正如苏格拉底所做的那样。然而,据我所知,哲学中没有广为接受的理论能解答这个问题,尤其是如何保持逻辑论证的有效性和可控性。

不过,我发现哲学已经普遍偏离了它的初始理想。哲学往往更关注"什么是正确的"或者"谁是正确的",而不是弄清楚"如何"找到正确的方向。对哲学家而言,前者是更加具体的问题。当一个人发现一个问题的答案时,他如何知晓这个答案是正确的?或者,一个人会被自己愚弄吗?这才是哲学家需要回答的更加重要的问题。如果不解决"如何知晓我没有错"这个更普遍的问题,讨论具体或实际的哲学问题对科学家而言可能毫无用处,除非能够确定准确识别了具体的问题,并且解决方案确实可信。寻找关于这两个问题的答案,即如何找到正确的方向和如何知晓答案无误,将是本书的主题。

在哲学中,形而上学一直是与科学相关的重要争论。形而上学由亚里士多德提出。他撰写《物理学》(*Physics*)一书后,又撰写了《形而上学》(Metaphysics)一书。前缀"meta"的希腊语原意是"之后"或者"超越"。在《形而上学》中,亚里士多德试图理解自然界背后的规律,以回答以下问题:"大自然必须遵循规律吗?""每个结果或现象都必须有原因吗?"这些讨论涉及三个主题:本体论(ontology)、宇宙论(cosmology)和认识论(epistemology)。从科学家的角度来看,本体论①通常要求人们从"唯物主义"或"唯心主义"这两个相互矛盾的公理中做出选择。公理(axiom)即被普遍认为是正确的陈述。人们基于一个哲学公理,可以推导出一个没有自相矛盾的自洽理论。这种情况相当于科学中的一些情况。例如,人们可以问两条平行的直线是否会相交,继而得到两个截然不同的公理。基于前者可以推导出欧几里得(平面)几何,而基于后者可以推导出非欧几里得(非欧几里得空间,如球面或双曲抛物面)几何。科学哲学通常不讨论本体论和形而上学的问题,这是一个明智的决定。宇宙论研究宇宙形成和发展的过程顺序,如今已成为物理学的一门学科。科学哲学是认识论的一个分支,而认识论将在本书2.5节中探讨。

哲学中有许多有争议的问题,它们对科学家而言更加模棱两可,更主观。例如,科学能解释一切吗?科学能回答所有问题吗?因为事物和问题是无限的,而未来将有无数的科学研究,所以辩论这样的问题徒劳无功。至少,"所有的问题"应该被"所有的科学问题"所取代。那么,还有一个问题,即什么是科学问题。因此,从科学家的角度来看,最初的问题是一个错误的问题。

---

① 从词源学上看,英语 ontology(本体论)一词从拉丁词语 ontologia 演化而来,而这个拉丁词语又源自希腊语,以希腊语 ον 的变式"ont"以及希腊语中与逻各斯(logos)相对应的后缀"–ology(学问)"组合而成。因此,它的字面含义是关于 on(英语 being〈存在,本体〉)的学问。——译者注

2.5 认识论是什么?

在哲学中,涉及知识问题的理论和讨论被称为认识论。英语"epistemology(认识论)"一词源自希腊语,意即"关于知识或理解的研究"。认识论是哲学的一个主要学科,也被称为"知识理论"。认识论涉及知识的本质、起源和范围,侧重于认识的证实和观念的合理性。

认识论中一个热点问题是人们如何获取知识。如今,这个问题似乎很容易回答——上网就能搜索到一些知识。的确,人们几乎可以在互联网上找到一切。然而,我们如何知道在互联网上找到的内容是否正确,是否可以被称为知识,而不仅仅是个人观点?是否有更可靠的获取知识的方法呢?要回答这些问题,我们首先要弄清楚知识是什么。

知识(knowledge):知识虽然类型多样,却难以分类。关于这个问题有很多争论,我们就不多说了。按照惯例,知识有三种类型:*事实知识(knowledge-that)、技能知识(knowledge-how)和理解知识(knowledge-understanding)*。事实知识指关于事实的知识,比如关于地理、历史和新奇动物等的事实。这些都是孤立的知识片段,不一定需要理解这些片段之间的关系。人们可以简单地背诵它们,而不需要回答关于为什么的问题。请注意,第一次对某事物的观察,即发现,通常是事实知识。例如,一种新动物物种或者一种新现象。除非许多事实知识以可理解的方式联系在一起,否则难以用孤立的事实知识来预测或解释事物为何会这样。例如,到目前为止,太阳每天早上都升起,这一事实本身不能被用来预测明天太阳是否会升起。

技能知识指和游泳、打球、滑雪或骑自行车等技能相关的知识。一个人可以拥有这些技能而不必理解其原理,尽管对其原理的理解可能有助于习得该技能。

理解知识与前两类知识不同,是我们通常所说的"知识"。这类知识不仅是多个事实的记录,而且还包含了各事实(或者事实知识)之间的合理安排与互相联系(如它们之间的因果关系)。这类知识也不仅仅是关于某一简单技能的知识。理解知识可以很容易地实现跨学科共享,并可作为推断其他事物和预测未来的基础。科学主要关注这类知识。除非另有说明,本书中的"知识"一词均指理解知识。然而,知识和科学并不相同;在本书的后半部分,我们会更好地详细讨论它们之间的关系。现在,只要说明科学是创造新知识和滤除伪知识的过程就足够了。科学是发展中的知识。

一些哲学家认为人际交往技能是另一类知识。我认为单独区分这一类别是没有必要的,因为人际交往技能是基于对普遍人性和特定情况下特定相关人的个性的理解知识。有了这种理解,人们可能仍然很难制定和实施正确的策略来解决人际关系问题,因为它可能还涉及技能知识。

我们注意到,我们的重点是"知识问题",而不是"行为问题"。因为在知识问题上没有选择,所以我们不处理"规定性的(prescriptive)"或"规范性的(normative)"问题。在涉及"规范性的"问题上,科学家必须对什么是"应该的"做出道德或价值判断,而这属于行为问题。

知识是人类想要获得的东西,也是大多数智慧的基础。知识可以通过多种方式和手段获得。除直接经验和经历以外,获取知识的有效途径还包括在学校学习和阅读书籍。书籍是知识的一个主要来源;老师和教授帮助你理解书本上的知识,督促你做家庭作业,并最终测试你是否掌握了这门学科的复杂知识。如今,你会发现互联网可能是更方便的获取知识的渠道,因为你可以很容易地找到关于几乎所有知识的表述。通过互联网学习,存在一个特殊问题:互联网上的信息并非都是知识。互联网上的信息可能是虚假陈述、偏见,甚至是谣言和谎言。当然,互联网上也有电子书和同行评审的期刊论文,这些都应该区别于一般网站的内容。不过,上述观点只涉及个人对现有知识的学习。

创造新知识：在科学中获取知识指创造尚不存在的新知识，即在任何地方都找不到的新知识。作为知识理论，认识论是比科学哲学更广泛的研究领域，因为科学只是人们创造新知识的途径之一。科学哲学主要关注知识最初是如何走进科学书籍的，也就是新知识是如何被创造的。

对于科学家而言，关键问题是获取或创造的新知识可能是错误的或有问题的。我们怎么知道新知识是正确的呢？当信息不完整时，这个问题就特别难以回答。我们可以肯定的是，古代的许多知识大多是错误的。我们怎么知道未来的人不会对今天的知识做出同样的评价？我们将在整本书中详细讨论这些问题，因为它们对于科学和想要发现或创造新知识的人而言十分重要。为了理解这些问题，在回答这些问题之前，我们需要首先定义认识论中涉及的一些概念。

真理（truth）是认识论的核心概念之一，数千年来哲学家们一直在争论真理，但没有达成共识。我将从科学家的视角来定义真理：真理是已知存在的东西，不可能是假的。对科学研究而言，事实和现实是真理。但对事实和现实的阐释不是真理，尽管其往往与真理相混淆。真理是客观的，独立于人类的认知、观念和知识。事实之间可能存在着潜在联系。这些已知或未知的潜在联系也是真理，它激励人类去理解和描述。科学探索就是描述这种潜在联系的过程。请注意，认识论中的"真理"不同于人们在日常生活中所指的"真相"，例如，人们说"真相是……"或"犯罪的真相是……"，大多数情况下，它们指个人的阐释或观念。

自然法则是人类对自然界潜在联系的描述。当描述一个孤立的现象时，自然法则是事实知识；当描述不同现象之间的潜在联系时，自然法则是理解知识。例如，自由落体运动是事实或真理，而重力和重力加速度的概念是事实知识。万有引力定律是人类对该真理的描述，即万有引力定律是理解知识。同样，从远处接收光信号也是事实知识。其潜在真理是电磁波的传播。涉及几个定律的电磁理论是人类对真理的描述。在科学中，如果一个自然法则在各种情况下都能在不严苛的条件下准确地反映和符合一般事实和现实，那么该自然法则也可以被称为真理，尽管它们是人类的描述和观念。

真理是外在的，独立于个人的意见、观点、经历、教育水平、财富或声誉。真理可能相对独立于时间，如独立于人类文明的时间维度。

真理通常意味着两个不同层面的概念：相对真理和绝对真理。绝对真理，或称为"真理(the truth)"，是一个理想化的概念：我们知道绝对真理的存在，但对其具体内容不得而知；它是我们所追求的，如许多自然现象的潜在联系。绝对真理是科学研究的目标或动力。相对真理是我们根据直接经验或间接经验知道为真的东西。相对真理可能涉及我们的(但不是个人的)知识和理解，如电子的形状。

我曾经听过一门哲学课程，教授说哲学的目标之一是寻找真理，人们需要用理性来推导真理。教授继续说，当一个人由于知识匮乏而无法从推理中得出真理时，他应该向专家寻求真理。这些关于真理的陈述非常令人困惑。他所指的真理似乎是相对真理。然而，一般而言，人们不能纯粹凭理性获得真理，因为真理是客观的，独立于人类。人们通常可以从专家那里学习知识。但知识不是真理，因为知识可能是错的，而真理不可能是错的。尽管如此，向专家请教知识(不是我们所定义的真理)对普通人而言可能是个好建议，但对科学家而言却没有意义。所有科学家都是通过推理得出他们的结论(注意，这也不是我们所定义的真理)，但他们的结论可能会相互矛盾。如果众多专家对一个问题持有不同的观点，那么普通人应该问谁或听谁的呢？

观念(belief) 与真理相反，指一个人或一群人认为是真的而不是假的东西。观念涉及个人观点，具有主观性。哲学中的"观念"

这一概念不同于日常生活中常用的"信念"这一概念,它不是宗教信仰。虽然"共同观念"具有主观性,但是它们却可以被广泛认同。正如本书前面第一章和将在后面第三章讨论的内容,知识是共同观念,而不是真理。

在科学中,区分真理和个人观念至关重要,因为后者往往带有偏见,而科学家希望不惜一切代价避免偏见。另一方面,"承载真理的观念"对于科学家继续追求某种想法或方法也很重要。例如,在人们知道地球是一个球体之前,地球是平面的被认为是没有偏见的正确观念。在人们发现地球是一个球体后,"地球是平面的"观念是错误的。然而,"地球是平面的"的想法仍然反映了这样一个事实,即地球是如此之大,以至于我们在日常生活中不容易觉察到它的曲率。当一个人正在创造一条新知识,尤其是一条重要的知识时,其他科学家会在接受它之前试图去证伪它。轻易放弃承载真理的观念也是科学家的敌人,尤其是当其他人都争相反对它的时候。有时,观念是直觉或以直觉的形式出现,而不是科学哲学家经常运用理论推理方式得到的假说。

对于科学家而言,观念是可以改变的,而且有时它改变得非常快,尤其是当强有力的证据明确推翻某一观念时。优秀科学家的一个重要特征是能在不同的(或新的)观念下开始工作,而不忘记他们刚刚放弃的观念。例如,像在本书1.4节所讨论的那样,自由落体实验的结果违背了日心说。然而,伽利略并没有放弃日心说。相反,他质疑针对自由落体实验结果的阐释,并提出了"惯性"这一概念。随着研究的进展,理解也在变化。通常,被否定的想法可以被修改,从而获得第二次生命。

证实(justification)和证伪(falsification)分别表明某一观念与真理一致和不一致。在科学中,我们经常用"验证(verification)"或"证明(proof)"这两个词来代替"证实"。在科学中最需要注意的是,证实可能与真理有关,也可能与真理无关。我们在本书1.3节讨论的乌鸦悖论的例子中,用白色的天鹅或红色的衣服来证明所有乌鸦都是黑色的,即使这是基于演绎逻辑,也与问题无关。

在科学中,证伪至少和证实一样重要。通常,证实或证伪可能取决于个人的理解水平;一个人的证实或证伪可能包含缺陷,可以被推翻。它们也可能取决于个人的经验、方法和环境条件。就此刻来说,最好记住:一个人的证实可能是另一个人的证伪。你可能会开始思考,科学如何在产生可靠知识的同时,应对如此复杂多样的可能性。我们将在本书的许多章节中讨论这个问题,这样我们就不会被自己和别人所愚弄了。

2.6 科学哲学是什么?

科学哲学可以被认为是认识论的一个分支,是哲学中一个相对较新的学科。科学哲学是由一群我称之为"爱好科学的"[①]的哲学家或语言学家,在第一次世界大战和第二次世界大战之间相对和平的时期创立的。这些学者的目标是弥合科学和哲学之间的鸿沟。这个学者团体的最初构成和他们的专业知识以好的和坏的方式塑造了这一领域。他们生活在激动人心的物理学革命时期,当时爱因斯坦的相对论和量子力学刚刚诞生。大多数"热爱智慧的"人,无论是科学家还是非科学家,当时都非常困惑。牛顿的理论一度被认为可以提供对自然界的全面理解,但当一个物体的运动或大小接近极限时,例如当物体异常大或异常小时,牛顿的理论似乎遇到了无法解决的基本问题。科学哲学家经常将这种不足称为牛顿理论的"垮台"(Godfrey-Smith,2003);这是一种非常错误但又广为流传的描述。同样,在一些传统的科学哲学理论中,光的波动理论经常作为一个错误理论的例子而被引用(Kasser,2006)。然而,这些"爱好科学的"哲学家认为,想象中的经典物理学的巨大失败

[①] 书中原文 philo—scientia 为拉丁语,philo 意为"热爱",scientia 意为"科学"。——译者注

是由于缺乏"科学方法"。这导致这些"爱好科学的"哲学家试图定义和建立一种更好的放之四海皆准的科学方法。

大多数科学家不同意这样的总体评价，因为牛顿的理论和麦克斯韦的电磁波理论仍然是大学阶段科学和工程学课程中最重要的部分，事实也证明了这一点。这些科学哲学的传统理论本应该解释如果牛顿的理论"垮台"了，为什么高层建筑仍然屹立不倒，为什么飞机仍然成功地将人和物品运送到世界各地，以及科学家如何能够在牛顿的理论和光的波动理论的基础上继续发明新技术。

令人遗憾的是，最有影响力的科学哲学基本理论是由"爱好科学的"哲学家或语言学家发展起来的，而不是由物理学家或科学家基于对这些问题的评价发展起来的。显然，科学哲学是在科学界没有重大参与的情况下发展起来的，本书将在第四章进一步探讨这一问题。例如，在维基百科上，有人说："科学哲学是哲学的一个子领域，涉及科学的基本原理、方法和含义。科学哲学的中心问题涉及什么是科学，科学理论的可靠性，以及科学的最终目的。这门学科与形而上学、本体论和认识论相重叠，例如，当它探索科学与真理之间的关系时。"这个定义可以很好地描述我将在整本书中批判的传统科学哲学的基本原理问题：在这些列出的问题中，许多问题与科学家无关，而大多数与科学家有关的问题都不在清单上。令人有些惊讶的是，爱因斯坦所讨论的科学和科学研究的一般哲学观点，即既看到森林又看到树木，在现有的科学哲学理论中很少被提及。

相反，关于地心说和日心说的争论常被用作例证，来说明科学是如何正确发展的。哲学家达成了选择后者的共识。然而，正如在本书1.4节末尾所说的那样，他们的理论都没有提到伽利略挑战"自然界有一个中心这一假设"是否明智。对于像这样的辩论，没有绝对的对或错，因为这与科学无关。换句话说，讨论"中心"的存在本身是不科学的，因为这主要是关于形而上学而不是物理学的问题。

由于这一新领域是由逻辑学家和语言学家推动的,所以科学哲学并没有关注与科学家有关的最重要问题。科学哲学家从这种情况中得出的结论是"今天许多科学家对科学哲学不感兴趣,而且对它知之甚少"(Okasha,2016)。这是一个基于职业偏见的令人遗憾的结论;科学哲学家没有质疑这种情况的可能原因是否由于:科学哲学的理论发展可能已经走上了一条错误的道路。我前面说过,对于科学家而言,要问的两个基本问题之一是如何知晓我没有错。科学哲学家应该问自己这个问题。

尽管他们的动机很合理,但几十年后,著名物理学家、诺贝尔奖获得者理查德·费曼(Richard Feynman)在一篇被广泛引用和讨论的评论中说道:"科学哲学对科学家的用处就像鸟类学对鸟的用处一样。"这是一个非常奇怪的评论。人们对它的确切含义意见不一。一些人认为鸟类学对鸟很有用,因为它可以帮助保护鸟类,其他人则认为费曼对哲学的了解不够。然而,对于科学家而言,这一评论已经足够清楚了。当我第一次读到这个评论时,我惊叹于费曼简明扼要地描述问题的能力。首先,这个评论关注的是科学哲学,而不是哲学本身。其次,科学哲学当时的理论并没有解决与科学家相关的问题。这个类比很清楚:鸟类过着它们的生活,并不关心鸟类学家(研究鸟类的人类)如何看待它们。那些认为鸟类学家有助于保护濒危鸟类物种的人则认为,科学哲学可以保护濒危科学领域。否则,在这些领域获得的知识将付诸东流。即使一些科学领域濒临灭绝,科学哲学家也不应该或者不可能保护它们。与灭绝的鸟类物种无法复活不同,由于知识的累积性,灭绝的科学领域的文献仍然可以保存在档案之中。当需要的时候,即如果某一灭绝的科学领域对科学研究有真正的价值,一定会有科学家非常好奇,进而从历史纪录中找到有用的信息,正如我们如何从历史和考古学中了解我们的过去一样。这些想法可以再次活跃起来,就像哥白尼对古老的日心说思想所做的发展那样,日心说在他那个时代是一个完全"灭绝"了的想法。

但是,有人可能会问,如果科学哲学对科学家如此无用,其理论又有如此大的缺陷,为什么我要浪费时间写这本书呢?正如我在前面几节中所讨论的那样,科学哲学对于优秀科学家而言至关重要,优秀科学家需要看到更大的图景,或者正如爱因斯坦所说,既要看到树木又要看到森林。然而,科学哲学的理论需要通过纳入科学家的视角来进行彻底革新。科学家和科学哲学家之间的一个根本区别,尤其是在讨论科学哲学中的例子时,就是:哲学家假定问题的正确答案是已知的,这个假设要等争论结束很久之后,已经成为知识了,才成立。例如,地心说与日心说相对立的例子(但他们仍然想方设法得到了错误的答案——正如我们所知,不应该有中心)。另一方面,科学家在当时信息不完整或不准确的情况下,在科学问题的多个潜在答案中寻找最有可能正确的答案。换句话说,科学家生活在辩论正在进行的时代,而大多数科学哲学家生活在辩论结束后的未来。每个科学家都必须结合不完整的知识和不完整的信息做出判断,就像鸟儿要找虫子或筑巢,却不关心鸟类学家是否认为它们的行为是正确的。如果科学哲学能够指导这一决策过程,那么它就是有用的。在学习科学哲学理论时,读者的脑海中应该始终有其他选择和其他可能性。

科学哲学应该研究在反思科学时所产生的哲学问题。这些问题应该在科学的多个分支或学科之间共享,其答案不应该仅限于科学的某一个子领域。科学哲学(如果"能找到正确的方向")可以帮助科学实现创造新知识的目标,从而使我们更加接近真理,少犯系统性错误。科学哲学至少应该能够解释,科学如何不断产生新知识来更新或滤除过时的知识。科学哲学的理论应该为科学家提供指导原则,以便在只有部分信息的多个潜在理论中做出判断。不同于哲学和宗教,我们不关心自然界是否有未来的目标、目的和结局。

除对科学哲学的介绍之外,我在本节中花了更多的时间提出问题,并评论现有的科学哲学理论,而不仅仅是回答各章节标题中列出的问题。这些问题和评论可能会激励本书的读者去研究科学哲学中的问题。在学习了知识、科学及其差异之后,我将在本书第九章讨论上述问题的一些答案。

■ 思考题
1. 我们能够完全理解和描述自然界吗?
2. 在你看来,什么是科学?
3. 你如何知道自己所获得或发现的知识是正确的或可信的?
4. 苏格拉底曾说过:"未经审视的人生不值得一过。"保持理性有多重要?拥有激情又有多重要?
5. 真理和寻求真理有多重要?很多时候,真理,尤其是绝对真理,可能无论如何都无法获得,那为什么要费力去寻求真理呢?

第三章 人们如何获取知识?

3.1 知识是什么?

通过以上讨论,我们可以将知识定义为"被社会大部分人所持有的、被证明的,并经受了证伪检验的信念的集合"。

第一,知识是一种信念,而不是真理。本书中的"知识"通常指理解知识。知识是人类的发明,用于描述和反映自然界与真理之间的潜在联系。在某种意义上,知识和真理有一个共同特征,即它们都是独立于个体的概念。其关键区别在于:真理是客观的,而知识是主观的;真理是现实,而知识是对现实的描述。知识更像是现实世界的图像。图像的质量取决于拍摄时使用的相机质量及拍摄后的图像处理质量。低质量的镜头或不准确的色彩传感器可能会歪曲现实。虽然知识可以在不发生重大变化的情况下传承多代人,但知识不同于真理,真理完全不受人类的影响。

在本书2.5节所讨论的例子中,哲学课教授混淆了知识和真理这两个概念。许多人和这位教授一样,认为知识等同于真理。于是出现了知识是被"发现"的还是被"创造"的争论。主张知识只能被人类"发现"的观点认为,知识本身就是真理。知识和真理一样,都是客观的,都独立于人类的认知而存在,因此知识只能被发现或揭示,而无法被创造。然而,这种观点的缺陷是显而易见的,因为一些知识在不同的历史时期已经被证明是错误的。但是真理是不变的,而且不可能是错误的。我们不知道自己目前掌握的知识在两千年后是否仍然是正确的。因此,知识本身不可能是真理。

为了消除这种混淆,我们需要区分"事实知识"和"理解知识"。在大多数情况下,事实知识可能类似于真理。因为事实知识不涉及人类推理,所以人们通常认为事实知识是被发现的。然而,理解知识更多地涉及人类推理,这些推理提供了若干条事实知识之间的联系。一些推理是基于不完整的信息,可能会歪曲真理。因此,创造理解知识是为了反映真理。有些哲学家造成的混淆,或许是由于他们对"知识"概念的过度简化,即哲学家经常用"事实知识"的例子来探讨知识和真理之间的关系,但却用"理解知识"的例子来讨论知识和科学之间的关系。因此,一些理论得出结论:科学等于知识,知识等于真理,科学就是真理。科学家更感兴趣的则是创造出新的正确的"理解知识",而不是回答关于真理概念的哲学问题,这个哲学问题在形而上学中已经被广泛讨论了数千年,但尚未达成太多共识。本书将不再进一步讨论真理的概念。①

第二,知识不同于科学。正如本书8.1节将要探讨的,科学是创造知识的过程;科学成果是知识。我们可以将"科学"理解为发展中的知识,但科学只是人类获得知识的途径之一。一项科学成果在成为知识之前,是由少数科学家和专家所掌握与理解的。如今,由于有关新科学成果的信息很容易获得,人们对于最新科学成果的了解越来越多,并将科学等同于知识。

然而,我们每个人不可能是每门学科的专家,也只能记住有限的知识。知识必须是高度凝练的,并且适用于许多不同的学科和情况。因此,科学成果必须经过抽象化和简化,才能成为知识。例如,日心说最初是哥白尼时代和伽利略时代的一种科学观点,牛顿的理论将其抽象化为理解知识。然后,通过简化,日心说和地心说的对立不再重要,而成为一个方便人们选择的问题。除太阳系的

---

① 形而上学在中国被广泛误解为与辩证法对立的方法论,而辩证法被广泛误解为矛盾的对立统一理论。——原文作者宋普教授的批注

概念草图之外,哥白尼理论和假设的大部分细节都是不正确的,并没有成为知识。同样,很大一部分科学成果是中间过渡性的,只是部分正确的;其细节实际上最有可能是错误的。在许多关于科学哲学问题的辩论中,由于没有区分知识和科学,因而所用的例子往往都是科学和知识的混合体,但这些例子被用来得出了有缺陷的结论。

第三,知识的一个重要特征是其社会属性。即使知识在特定时期可能是错误或有缺陷的,但知识是共享的、被普遍接受的,并被传递给后代。个人信念不是知识。从这个意义上说,虽然知识是一种信念,但独立于个人。不管一个人是否相信或是生是死,都与知识无关。如上所述,知识独立于个人可能会导致一些人错误地认为知识是客观的。个人信念、想法和看法必须在社会层面上得到证实和接受之后,才能成为知识。

科学成果是处于发展阶段的知识,有些人可能相信,但有些人可能不相信。社会上大多数人甚至不知道这些成果。当这些成果在推广过程中被检验时,可能会被修改或部分否定。由此可见,未出版的书籍或在某人墓穴中发现的笔记,在其内容未经过辩论、验证和被社会接受之前,并不是知识。例如,当达尔文进化论被首次提出时,它还不是知识。在社会层面的辩论推动下,发现了更多的证据后,它才成为知识。少数专家的信念是处在科学阶段的知识,其中一些信念最终可能会成为知识。对此,本书将在第八章进一步讨论。

知识是社会上大部分人所持有的信念,而不是那些仅仅由少数专家所持有的信念,尽管它已经过检验并获得支持性结果,反之则不然。并不是每一个被广泛接受的信念都是知识,比如"巨大"谎言和谣言。许多广告商试图让其产品的某些特征听起来像知识。但一般来说,广告不是知识。

既然我们已经谈到了社会,那么有必要澄清的是,"Society"并不一定意味着包含普通大众的"社会"。"Society"还可以指科学学会或科学学科,但不能指由某一特定科学课题的专家组成的专题小组。有一个问题是:一小群人持有的一些可能具有一定预测能力的区域性信念是否是知识。例如,一些不发达区域的某些信念是基于一些罕见的巧合事件形成的。因为这些事件是真实的,但很少发生,因此区域性信念无法被充分证伪或证实。这些区域性信念可以被视为区域内知识的一部分。

第四,知识的真实性必须经过经验的检验,并能经得起所有实质性的证伪检验。例如,基于超自然和精神的理论(比如宗教)无法被验证或经不起证伪。因此,这些理论不是知识。此外,许多科学观点无法被直接验证,或者其理论可能存在一些缺陷,无法通过所有的证伪检验。这些观点都还不是知识。本书将在第八章详尽地界定科学时探讨这个问题。

知识必须基于经验,描述经验,即使它是主观的,可能在社会特定时期正确或错误地描述或反映了真理。然而,由于社会上的人们有着不同的经验,要让他们在类似的知识方面达成一致,显然并非易事。在古代,知识通过"常言道"或"古人云"之类的警句口头传播。今天,知识的标准形式可能是书籍。因为我们的社会已经并仍在出版大量不同质量的书籍供人们阅读,所以目前的知识被纳入常用的权威书籍和教材中,而不是任意一本书中。常用教材之所以是"理解知识"的客观形式,是因为这些教材经过了社会层面的教师和学生的仔细检验与证实。相比之下,科学成果经常被发表在期刊上,并常常被新闻媒体报道,但它们还不是知识。比如麦克斯韦的电磁理论在其原始论文中是科学,而教材中的麦克斯韦方程组是知识。尽管如此,从事原创性研究的科学家必须阅读科学论文原文,以理解其思维、推理和关于结论推导过程的灵感。

只能在教材中发现知识吗?可以从讲座或讲稿中发现知识吗?我的经验可能有些令人惊讶:也许可以,也许不可以。有一次,在做一个项目时,一位教授把他关于这个主题的讲稿发给了我。这些讲稿已经被这位著名教授使用了十多年,但我发现其中有许多明显的根本性错误。因此,我认为即使是名牌大学的著名教授的讲稿,也可能未必是好的知识来源,这主要是因为检验讲稿内容的智力库很小(可能只有教授本人,但令我不解的是,他的学生要么都没认真学,要么都没学懂),关于一个主题的讲稿不一定是高质量的。在另一个例子中,我观看了另一所著名大学的讲座视频,发现报告人做出了一些明显错误的陈述。令我惊讶的是,在这种情况下,一名学生举手向报告人提出了质疑。很明显,这位报告人已经多次使用这些讲稿都没有遇到问题,但偶尔也有出类拔萃的学生能发现教授的错误!我相信下次讲稿中的这个错误会被删除。

我们也可以在可信的网站上找到知识。然而,当这些网站的内容与教材内容相矛盾时,应该以后者为准,因为教材接受了社会更广泛的审查。很大一部分网站不符合知识的要求,尤其是那些具有商业或政治动机的网站。

第五,知识具有累积性。知识最能反映或描述人类在某一特定时期可能获得的真理,是最接近真理的认识和理解。尽管有些知识后来可能被修改或证伪,新知识总是在整个历史中不断累积的。当新知识与已有知识发生冲突时,新知识必须展现出更深刻的理解力和更强的预测能力,并能兼容已有知识的成功之处——能解释已有知识能解释的一切及通过的所有证伪检验。

需要注意的是,以这种方式定义的知识在证实过程中存在时间延迟。一般来说,科学新闻本身通常不是知识,因为社会上大部分人尚未接受它。与成为新知识相比,一项科学成果更容易成为科学新闻。新闻经常报道一些所谓的最新科学进展,而其结果是错误的,然后就不了了之了。对于任何一位科学家而言,如果他的重要科学成果在其去世前成了知识,那么他是非常幸运的。因此,科学家不应该在其有生之年期望自己的科学成果成为知识。他要有耐心,要享受正在做的事情,享受他对人类知识所做出的贡献。

如前所述，知识是理性决策的基础，而我们通常需要相对快速地做出决策。因此，最好的知识是易于理解和记忆的知识。尽管这不是对知识的要求，但当科学家的成果成为知识时，这一点就十分重要。如果在陈述成果时，采用简单的叙述方式，或者通过使用简单实例或类比与使用者建立起联系，那就更好了。例如，达尔文理论的知识是"适者生存"。高度专业化的科学成果通常达不到这一水平，因此，"新知识"可能会在合成或简化过程之后出现，而这一过程往往涉及多个知识领域的合作。

总之，我们的知识，即使是社会普遍接受的最佳描述，也只是特定时期对现实的描述，在未来最终可能是对的，但也可能是不对的。在科学中，我们会质疑某一描述是否与现实相一致，如果相一致，那么在多大程度上是一致的。从理论上讲，大多数科学家相信人类最终可以提出与自然现实相一致的描述；否则，我们不会选择科学作为我们的职业。

3.2 学习

学习是心理学和神经科学的研究课题之一。在心理学中，"学习"被定义为"获得理解、知识、行为、技能、价值观、态度和偏好的过程"（Gross，2001）。在心理学中，理解和知识的获取主要涉及如何获得个人未知的已有知识。这与创造任何人都不知道的新知识形成了对比。我们将讨论心理学和神经科学中一些关于学习的成果。然而，正如本书4.5节将讨论的，心理学仍是一门正在发展的且具有发展潜力的科学学科；心理学中有许多不同的理论。尽管其中一些成果可能被认为是科学的，但另一些成果显然存在缺陷。我挑选了自认为合理的观点。因为这些成果加上我的评论，仍然是发展中的知识，因此读者阅读本节和接下来三节的内容时，应该保持谨慎。

在古代，事实知识可以直接从观察和经验中获得。事实知识首先要求仔细记录现象发生的地点和条件，其次需要仔细观察和记忆该现象以及其他相继或同时发生的现象。另一方面，理解知识建立在不同类型的观察结果与探索任务及理论解释之间的联系和关联之上。因果关系是一种可能的关系。当古人找不到明显的相关性时，他们引入了精神或超自然的原因来解释许多观察结果。重要的是要记住：由于人类世代交替，事实知识可以被传承给下一代。对于彗星、地震和火山爆发等发生频率较低的突发现象，相关观点可能无法在每一代人的社会中得到验证。来自遥远地区的旅行者的故事或来自祖先的事实知识片段，在人与人之间传递时可能会被歪曲，这些歪曲使得这些事实知识与真理相差甚远。例如，"有一种叫作鲸鱼的大型海洋动物"既是真理，也是事实知识。但当鲸鱼变成故事里的海怪时，它就不再是真理了。

现象之间的一些相关性可能非常高、非常明显。在这些情况下，现象之间的关系作为古老警句或民间传说流传下来。如果预测屡次不准确，这些警句就不会流传很久，或者最终成为神话。理解知识不同于人类基因和基本本能等生物信息，即使有世代间断也能代代相传。如果人类像一些昆虫或一年生植物一样，有完全的世代间断，那么任何理解知识都无法传递给下一代。有人可能会说，信息可以被写下来，但是书面语言又如何被发明的呢？下一代如何能理解所写的内容呢？知识可以在历史中累积，文明可以因为世代交替而发展。我之所以提到这个问题，是因为科学哲学中的一些理论和对科学实验的解释竟然忘记了这一基本事实！

今天，我们从书籍和学校获取知识。这种学习过程使我们远离了直接经验，但我们可以在相对较短的时间内学会大量知识。例如，一本科学图书可能描述了许多实验和观察结果。虽然我们一生中没有直接进行过这些实验或观察，比如球从比萨斜塔上落下，但我们可以运用它们作为例子来解释许多事物。书籍和教师帮助将这些知识组织成系统的形式，以便各种读者和受众理解。

这一学习过程有很多因素。听众或读者可能会从相同的讲座或阅读中获得不同的收获,这取决于他们的学科知识、个性、个人经验、习惯和智力。另一方面,如果由不同的演说者讲述同一个主题,人们可能会对其有不同的理解。此外,同学也可能对一个人的学习经历产生重大影响。例如,许多老师都注意到了一个有趣的现象:优秀的学生经常聚集在某一年,即使其他的一切年复一年都是一样的。我的解释是:当几个优秀的学生在同一个班级时,他们可以有效地提升学习过程的活力。

互联网上的信息包含大量的个人观点和隐藏动机,因此通过网络获取信息来学习时,需要付出巨大的努力来筛选出不合适或不可靠的内容。我经常使用信噪比来评估网站的价值,信噪比是有用且正确的信息与包含问题的信息之间的比率,是无线电和光学科学或工程学中广泛使用的概念。信噪比较低的网站不值得花时间去阅读或筛选。

从值得信赖的网站上,人们可能会发现互联网是学习"事实知识"的有效途径,但学习"理解知识"的效率比较低。大多数网站上的"理解知识"在本质上往往是零散或零星的。人们必须将这些零散的理解知识组合或整合到自己已有的知识结构中。书籍和学校教育仍然是建立坚实且系统的知识结构的最有效途径。学校作业和考试是教育不可或缺的一部分。其产生的压力可能会迫使或激励学生建立坚实的知识基础。如果只是通过上网来学习,就不会有这种在学校学习的重要体验。

3.3 如何提高学习能力?

我们都想提高自己的智力和能力。但是,如何衡量智力和能力呢?关于智力的理论有很多种,其中最流行的是所谓的通用智力因素,或朗德 g 因子理论(Carroll,1997)。根据该理论,智力可以通过 g 因子来测量,g 因子是流体智力、晶体智力、一般记忆和学习、广泛的视觉感知和听觉感知、全面的提取能力、快速的认知速度和处理速度等因素的组合。显然,在这些因素中,许多因素是由人类遗传和所处环境决定的。这些概念可能有助于提高你的记忆力、学习效果和能力。这些因素应该如何相互平衡?这仍然是一个问题。

心理学家已经进行了许多实验,分析学习过程中的不同效应。他们发现,人类有许多种学习方式,如无意识(内隐)学习、有意识(外显)学习、长期学习和短期(工作)学习。他们还发现,与文字相比,人们更容易基于图片进行记忆和学习,尤其是引人注目或出乎意料的图片。这与"一图胜千言"的说法相一致。图片和文字似乎储存在大脑的不同部位。但是,在数学领域呢?方程式是图片还是文字?物理定律通常由数学表达式和文字叙述组成。例如,牛顿第二运动定律 $a=F/m$,其文字叙述是:物体的加速度与力成正比,与物体的质量成反比。很明显,数学表达式非常简洁,在大脑中占用的记忆更少,尽管如何使用可能不那么直观。虽然文字叙述较长,但直接告知了如何确定加速度。例如,在爱因斯坦相对论被提出之后,人们进行反思时才意识到牛顿定律忽略了一个重要问题,即物体的"质量"是如何确定的。直觉上,物体的质量可能是恒定的,比如说,如果物体的质量被定义为物体中包含的粒子总数。但事实上,根据爱因斯坦相对论,质量也可能取决于物体的运动速度。因此,牛顿定律存在逻辑跳跃。结果,人们由于这个逻辑跳跃,错过了在爱因斯坦之前提出相对论的机会。这个问题可能更容易从它的文字叙述中被识别出来。在一些科学哲学理论中,这被用作需要进行语言分析的例子。

根据我的教学经验,学生因其背景、经历和记忆知识的习惯而有所不同。有些人可能喜欢数学表达式,因为它简单清楚,出错的可能性更小;而其他人可能会认为数学表达式毫无意义,更喜欢文字叙述。此外,同一个数学符号在不同的自然法则中可能有不同的含义,这可能会令一些学生感到困惑。因此,对每个人而言,没有一种形式绝对比另一种更好。优秀的科学家可能会记住这两种形式中的任何一种,并且知道如何在需要时从一种形式转化成另一种形式。例如,人们可以记住一个直觉上正确的文字叙述,随后根据这个叙述写下方程式。有些方程式可能很复杂,涉及多个条件和因子,但大多数科学家都能轻而易举地将有用的公式推导出来。

心理学家所做的实验表明,记忆首先将一条信息纳入暂时记忆,随后将其"编码"到长时记忆中,需要时再从长时记忆中提取信息。在一些热门研究中,心理学家尤其关注在这种提取过程中可能出现的错误。这些错误可能是由提取过程中的种种暗示引起的,并可能产生歧义,例如在证人证词中的错误。

记忆与提取(memorizing and retrieving):关于人们记忆和提取知识的过程,目前在知识层面尚无已有理论,尽管在科学层面有一些相关结论。根据上述背景信息,现在让我们来推测一下如何提高学习能力,使人们变得更聪明。在科学和日常生活中,除理解深度之外,还经常用信息或知识的提取速度、准确性与总量来评估一个人是否具有知识和智慧;这不是由一个人记忆中储存的信息和知识总量或 g 因子所决定的。可提取信息或知识的提取速度和细节很可能取决于知识的领悟与储存方式。因此,准确找到所需信息的速度关键取决于信息最初是如何储存的。

如果大脑像一个非常大的仓库,储存着一个人所学的所有知识和长期以来经历的所有故事,那么提取一条有用且相关的特定知识就像大海捞针一样。更糟糕的是,一个人一生中可能学过好几次同一专业的知识,比如物理和化学。这些知识可能分散在大脑的多个部位。如果仓库经过很好的分类、组织和适当的索引,提取速度会更快。我们注意到,我们经常根据关键词、叙述或一个人的照片来回忆知识。因此,我们的大脑可能有一种天生的潜意识,能对信息和知识进行索引或分类,这种潜意识是基于人天生的逻辑或推理。

然而,我们无法有意识地控制储存每条知识和信息的方式和位置。我们能找出储存和组织大脑中信息的位置与方式吗？编码过程可能与这个问题有关。在一些模型中，记忆从感官记忆开始，然后进入短时记忆，最后进入长时记忆。尽管这些模型可以解释一些记忆过程，但可能无法用于解释与科学活动相关的过程，因为这些实验大多基于简单任务，无法描述创造新知识的过程。例如，最常见的情况是，科学家从一个问题开始，这个问题不一定是由特定的感官记忆直接引发的，而是由长时记忆直接引发的。科学家会想到各种可能的解决方案，涉及许多理论和数学知识，其中一些可能源自长时记忆，一些来自思考的瞬间。人们会得出并记住这个问题的解决方案，例如，在关键步骤上增补一些提示或特别注意事项，而关键步骤的细节会随着时间的推移逐渐被遗忘。

实验表明，编码过程不仅仅是对所学内容的记录或复制过程。相反，当信息内容足够多时，大脑倾向于通过概述形式产生信息，并在被称为记忆凝聚的过程中将其编码到长时记忆中。同样，人们会分段记忆一张图片。随着时间的推移，记忆中不太重要的部分和图片的颜色可能会渐渐被遗忘（因为黑白图片所需的存储记忆要少得多）。一些颜色可能会被概述或标签所替代，比如"红色的毛衣"。此外，有证据表明，从短时记忆或工作记忆到长时记忆的编码发生在睡眠期间，这解释了人类为什么需要睡眠①。这可能相当于将信息从计算机内存复制到硬盘。梦是这一过程的副产品，产生于大脑信息传递过程。尽管人们记忆事物的方式可能不同，但编码过程可以凝聚和修改信息的事实，对我们的问题而言十分有趣。

记忆协调（reconciliation of memory）：对每个人而言，学习或

---

① 在古代，如果没有住所，睡觉是最危险的活动之一，因为人在睡觉时可能会被动物吃掉或被蛇咬伤。许多动物不像人类那样需要睡眠。一些理论据此提问：既然人类在睡眠时会受到威胁，那为什么还要睡觉呢？这是个十分有趣的问题。

记忆知识是贯穿一生的累积过程。然而,有一个新问题:如果一条新信息与大脑中的一些已有信息相关,大脑如何确定这条新信息的储存位置和方式?大脑会自动在它们之间建立联系吗?如果同一事件有不同的记录储存在大脑的不同部位,我们提取到的是哪个记录?如果有一个连续的故事,新情节会附在以前哪段故事的记录上?更有可能的是,人们必须将多个记录协调成一个记录,或者至少在记录之间建立联系。如果一个人在记录故事的每一部分时没有有意识地这样做,那么这个人会被视为一个思维混乱的人,因为即使他能够找到每一个记录,也必须在提取时进行协调。这个人不太可能成为一位优秀的科学家。因此,如果一个人在记忆时有意识地进行协调,那就更好了。

如果涉及的不是故事而是知识,那么在生活中后来学到的知识与早先学到的、已在大脑中编码的知识相冲突时,会发生什么呢?科学家可能会遇到这种情况,因为他们一生中可能已经学过几次他们专攻的学科。他们在高中学到的版本很可能与其在大学或研究生院学到的版本不一致。在学习过程中,人们必须有意识地将新知识与已储存在大脑中的记录进行比较。新知识和已有知识之间的冲突必须得到协调。

鉴于上述讨论,更优秀的学习者会将新信息与其已有的知识结构联系起来,并协调冲突,使新信息成为理解知识,并与已有的知识记录联系起来储存。由于尚无正式的理论来描述这个复杂的学习过程,所以在编码前必须有意识地进行协调,而这一过程超出了我们能控制的范围。在学习过程中,我们可以通过深入且彻底的思考来主动唤起协调。人们可能会仔细地回顾所学内容。在复习过程中,人们可能会有意识地唤起新知识和大脑中已有知识之间的联系。对于与已有知识相一致的新信息,人们几乎不需要付出额外的努力来使新信息适应已有的知识结构。对于那些与自身已有的知识结构相偏离或不一致的新信息,人们需要给予更多关注,这与记忆英语不规则动词变化的方式类似。如果不一致之处只涉及事实知识,那么简单的重写就可以纠正它。然而,如果不一致之处涉及先前编码的理解知识,人们可能需要深入思考已有的知识结构,以便适应新信息。如果人们能够协调不一致,新信息就会被整合并一起储存为已有知识,这就减少了下次提取时出现错误的可能性。

我进一步建议,就像我在大学里做的那样,在学习新知识的同一天进行复习和协调。这样一来,有条理的新知识可能会从已有知识中自然延伸出必要的联系,并解决冲突。这将减少提取时可能出现的混淆。这个知识库将在当天晚上被编码到长时记忆中。如果一个人在睡觉前不复习所学的知识,新知识可能无法与大脑中的已有知识联系起来,也就不能进行消化或协调。未经处理的信息很可能在人们睡觉时被编码到长时记忆中。如果没有消化和协调过程,新知识可能会被复制到大脑的不同部位,而没有与相关的已有知识建立起适当的联系。一个人提取这些知识时,必须对未经处理的杂乱信息进行分类,这些信息也许来自大脑中分散的部位;这样一来,这个人会看起来更迟钝,没有条理,或者不那么聪明。这种建议当天复习和记忆协调的常规学习做法,与心理学家进行的大多数关于记忆理论的实验结果相一致,这可能使我们可以更快速、更准确地提取有条理的知识,并加深对这些知识的理解。

建立知识联系:如上所述,在心理学中,学习主要涉及获取已有知识的过程。对科学家而言,学习不仅仅是习得知识。学习也是滤除社会上流传的伪知识或假知识的过程。这种滤除对成熟的科学家而言尤其重要,他们在接受知识时,要根据证据和推理进行仔细审查。这一过程不仅适用于一个人的专业学科,也适用于其他学科,如日常新闻或不同领域的研讨会。我怎么强调都不为过的事实是,科学家不会在没有首先质疑的情况下,相信他们听到的任何事情。在日常生活中,科学家可能会令人讨厌,甚至在某种程度上令人无法忍受。科学哲学家在阅读这本书时可能会有这种感觉:科学家不会百分之百地相信一本书、讲座、研讨会和新闻中的所有内容或任何基于解释或统计的结论。什么都不可以与科学家已获取的知识相冲突。如果新信息在直觉上与已有的知识结构相一致,但实际上与一些已有知识相冲突,那么科学家不得不调整他们的知识网络,以适应新知识。如果新信息超出了科学家的专业范围,但直觉上是可疑的,那么科学家会通过提问寻求解释。当没机会提问时,他们会继续怀疑,再用这个问题作为例子在将来进行检验。如果这个问题很重要,他们可能会坚持之前的怀疑,并就这个问题向将来的其他报告人提问。

听报告时提高学习能力的一个好方法是,计划在报告结束时向报告人提出一两个问题。这种动机可能会让你更专注地听报告。在听报告的过程中,你可能会不断修改和完善自己的问题。在报告结束时,你可能要么已经被说服,要么无法提出有价值的问题。但是,因为你已经尝试在报告和你的已有知识之间建立联系,你会学到更多,且在将来能够更快地回忆出相关信息。许多优秀的科学家实际上都采用了这种方法。

3.4　如何创造新知识?

在本书3.2节至3.3节,我只讨论了人们获取已知知识的过程,即使这种知识对个人而言尚是未知的,或者无法仅仅基于个人的已有知识推导出来。这种知识获取过程十分重要,一直是大多数心理学研究的焦点。它在社会上广受关注,被教育家广泛讨论。然而,这并不是科学中"获得知识"的定义。科学的意义在于发现事实知识,创造对人类而言是全新的理解知识。发现一种新的昆虫或细菌物种,可能不总是一个简单的事实知识问题,因为它往往涉及理解知识或需要理解知识为组成部分。新知识必须有在任何教材中都无法找到或从任何教授那里也无法学到的内容。因此,科学哲学应该关注新知识是如何产生的,以及如何知晓新知识无误。这不像许多人所描述的科学,并非简单地破解拼图游戏。无论这个拼图游戏多么复杂,都不能与科学进行类比,因为拼图游戏通常有一个已知的、绝对正确的答案。如果有人喜欢用拼图游戏进行类比,那么科学可能是多个拼图游戏的混合体,其中有一些组件缺失了,并且没有任何关于最终图形的提示。我很高兴看到一些最新的智力游戏包含许多类似于科学的特点。很明显,我们在上面两节中讨论的内容大多不适用于创造新知识。

科学家如何创造新知识?仅仅学习大量知识,然后应用这些知识来解决问题,并不能保证创造出新知识,因为这种创造性行为很可能已经有人做过了。当开始一个真正的科学项目时,人们不知道答案会是什么,也不知道是否有答案。我们甚至经常不知道问题是什么。例如,如果你生活在牛顿的万有引力定律被提出之前,你被要求解释鸟为什么会飞,那么你可能对问题是什么毫无头绪。要回答科学家如何创造新知识这一问题并不简单。

让我们先来看看科学家是如何工作的。如果你问一位科学家,他们最重要的共同特征是什么,答案最有可能是好奇心。虽然许多研究生可能会从教授布置的任务开始一个科学项目,而不是从好奇心开始,但他们很快会被自己的好奇心和对自然界的惊奇所驱使,以了解世界为何会是这样的。如果你想成为一位科学家,但却没有那么强的好奇心,那就试着更仔细地观察这个世界,提出更多的问题。问题可能不是像关于牛顿的故事中所提到的"苹果为什么掉在地上呢?",而可能是"苹果为什么不能飞上天空或水平地飞行?"这两个问题听起来很类似,但前者已经隐含地假设并接受了"苹果会掉在地上"这一既定的已知(事实)知识。在本书1.2节,我提出了几个问题来激发读者的好奇心。例如,你如何知道地球是一个球体?好奇心既来自对自然界的观察,也来自纯粹的智力练习。

即使你确实已经有了一个答案,也不要试图回答问题。你可以试着运用你的答案,看看它是否站得住脚;或者你可以试着解释你的答案,看看它在逻辑上是否合理。例如,因为A,所以B;因为B,所以C。逻辑学家会分析这个逻辑是与其"形式"相一致,还是存在缺陷。你仅仅通过这种分析,无法创造出新知识。在苹果掉落的例子中,在牛顿的理论为人所知之前,你的答案可能是苹果和地球之间有爱。于是,苹果坠入爱河。更有可能是,在这个简单明了的过程中,你会发现更多的问题。为什么从A得出了B,而不是B'或B''? 同样地,为什么从B得出了C,而不是C'? 你可能会问鸟为什么会飞。鸟和地球之间不是也有爱吗? 如果不是这样,鸟为什么会站在树枝上筑巢? 有人可能会这样回答:因为鸟会扇动翅膀。但是飞机的机翼无法扇动,它是如何飞行的呢? 是机翼还是扇动对飞行而言更重要呢? 此外,飞机非常重,无法像船漂浮在水面上那样漂浮在稀薄的空气中。你知道这是事实,因为飞机坠海时会沉入水底。你可能会对每个可能的答案提出更多的问题。关键在于一系列可能性——你不要在同一个问题或可能性上停留并寻找答案。正如本书后面章节将讨论的科学理论(注意,不是科学方法),意识到不同可能方案的能力对科学家而言不可或缺。回答这些环环相扣又向外扩散的问题最终能够激发你的好奇心。我反复强调,不是像科学方法理论所描述的那样,首先,科学家不会从一个理论或假设开始研究(而是会带着好奇心和很多问题);接下来,科学家也不会通过演绎法来证明这个理论或假设(而是会为了理解问题而不断改变想法)。让我们继续谈一谈科学家所经历的过程。

　　好奇心是大多数科学想法的起点,且人们发现有太多的事情和问题令人好奇。我们不可能找到所有问题的答案,甚至找到其中一小部分的答案都不可能。正如本书第二章所讨论的,理解知识是基于若干条"事实知识"之间的联系或关联。人们会发现一些问题或现象是相关的,例如,股市波动、城市交通和海浪模式这三个现象极可能是相关的。换句话说,一些好奇心可以发展为想法。这时,科学家开始考虑证实或检验这个想法是否正确。

检验和证实的复杂程度取决于学科或科学领域。科学要求科学的严谨性或定量的评估，本书将在第八章中探讨这一点。现在，你决定运用类比来证明"我认为股市波动、城市交通和海浪模式是相关的"这一观点。你从互联网上获得一些股票市场的数据，统计一段时间内的交通流量后制成图表，并拍摄海滩上的海浪照片。通过筛选许多数据实例，你能够在每一种现象中找到一个看起来似乎与其他两种现象相关联的实例。你已经发现了每个现象的周期和振幅。然后，你在一次科学会议上提出你的想法、论证过程和结论，并提出：用于描述海浪的波的理论，可以描述股票市场和交通。你甚至写了一篇论文提交至科学期刊。你一定非常兴奋，因为你非常有创造力（顺便说一下，这种感受非常正常，你不需要为此感到害羞；作为一位科学家，你应该为自己感到骄傲）。你提出了一个精彩的想法，并用证据证明了它，就像你所学的科学方法所描述的那样（如所谓的假设-演绎方法）。科学方法是有效的！你得出了结论。

　　但你很快就会发现很多科学家持有不同的观点！他们会在你做报告的会议上，在你所提交论文的评审报告中，用他们的反证和推理证伪你的新想法或观点，质疑你的类比法。你会更惊讶地发现：他们的一些观点或评论实际上更成熟、更先进、更复杂，在某些情况下，他们甚至之前就考虑过你的想法，但后来放弃了。我前面说过，哥白尼发明的日心说，在他写书的时候，已有将近两千年的历史。在这两千年里，大多数专业天文学家一定有一些证据或充分的理由来否定日心说，尽管他们的一些理由可能并不科学。如果你生活在哥白尼之前的时代，你聪明、富有创造力、雄心勃勃且对天文学颇有研究，难道你不会发明日心说吗？为什么不会呢？你应该注意到，金星和水星从未在午夜前后出现，这意味着它们从未离太阳很远。人们必须记住这样一个事实：在每一代人中都出现了极具天赋的学者和科学家，从托勒密到哥白尼时期都是如此。如果有一个秘诀（如所谓的科学方法）可以保证人们得到正确的结论,日心说恐怕早就被发明、重新发明和检验很多次了。

虽然你认为自己有一个精彩的想法,并收集了一些支持性的证据,但却发现同行科学家挑战并证伪了这一想法。好消息是,在科学领域,你有机会为自己的观点辩护。根据你的想法的本质和你所在的领域,证伪与辩护-反驳过程所需的时间可能与提出想法所需的时间一样(或长得多)。例如,小行星撞击地球导致恐龙灭绝的假说花了30年才被人们接受。在证伪-反驳过程中,如果这个想法确有道理,科学家可以学到很多关于他最初想法的知识,并将其明确化。他也可能会意识到一些其他观察结果或理论可以被视为支持或否定的证据。很多时候,最初的想法可能会被大幅修改,而有时候,这一想法反而朝着与最初相反的方向发展。

现在,如果你的想法通过了证伪,论文发表了,值得注意的是,更多的时候,它已经不是你最初的想法或假设了。然而,除了极少数即刻引起轰动的研究成果,你所在领域的大多数科学家都没有时间去阅读你的高见。这是因为现在出版物太多了,还不包括更多的未经同行评审的公开出版物。很少有人会想到应用你的想法来解释其他相关问题。例如,哥白尼的伟大思想等了几十年才被伽利略采纳,甚至等了更长时间才被牛顿提出的理论证明。

这可能被认为是科学中的知识消化时间。你的想法仍属于科学阶段,在我们的定义中还不是"知识",因为社会上很多人,甚至在你的专业领域中,都不知道你的想法。一个成功的理论需要花费更长的时间,才能得到广泛认可,从而最终成为社会知识,如常用教材中所讨论的内容。在通常情况下,一条知识是通过抽象化、提炼和简化,由经过证实且符合事实的观念和理论集合在一起形成的。对于你提出的波的类比这一想法,你或其他人可能会在许多年或几十年后写一本书或一本书的一个章节,来描述这些过程。这包括在三个不同现象中将波的相似性与巧妙的数学处理相结合。这些知识在解释类比的同时,还能解释股市波动、城市交通以及风暴或海啸期间发生的破坏性海浪。

如果这个复杂又长期的过程阻碍了你选择科学作为职业,那也大可不必。你选择成为一位科学家,其原因不应该是你、你的父母或你周围的其他人认为你很聪明或擅长数学。相反,这应该是因为你富有好奇心,并试图提出一些有益的想法来造福人类。你会享受到用自己的智慧来解决问题或回答别人无法回答的问题的满足感,这种体验是你从任何其他职业中都无法获得的。成为牛顿或爱因斯坦那样的人或获得诺贝尔奖的机会,比成为著名歌手的机会要少得多,因为我们知道在每个国家的每个城市,每晚都有许多歌手在舞台上表演,但是全世界每年颁发的诺贝尔奖却寥寥无几。

根据以上讨论,你可能会注意到:即使运用得当,假设-演绎方法可能也只描述了过程的一小部分。牛顿曾提出"不做假设"[1]。所有的科学家都应该遵循自然界引导我们的方向。如果一个人从一个假设开始去证明,他更多的时候会被这个假设误导。例如,在我最近参与的一个重大项目中,我们在太空中进行了复杂的实验,实验结果十分令人费解。在这个项目中,一些科学家遵循假设-演绎模式,提出了相同的假设,但运用了不同的技术处理来证实这一假设。当假设遇到困难时,每位科学家都引入了一个具体的潜在应用场景,使自己的想法绕过困难。由于这些想法的细节相互冲突,他们进行了激烈的辩论。然而,其他科学家关注的是问题而不是假设;他们能够证明该假设是不可能的或与问题无关,于是他们必须考虑其他的潜在机制。因此,基于一个假设开始研究,可能具

---

[1] 英国科学家艾萨克·牛顿的名言"不做假设"出自其科学著作《自然哲学的数学原理》(修订版),1687年该书以拉丁语版本首次出版发行,其拉丁语全名为 *Philosophiæ Naturalis Principia Mathematica*。现今流传最广的版本是1729年由安德鲁·莫特(Andrew Motte)翻译的英文版本。这一名言的拉丁语原文是"hypotheses non fingo"。
——译者注

有潜在危害,因为这可能会使个人偏见占据主导地位。记住,科学研究的结论可能与最初的假设正好相反。

3.5 创造力对创造新知识而言重要吗?

根据字典上的定义,**创造力**指创造或发明新事物的能力。因为科学的意义在于创造新知识,所以从事科学需要创造力。然而,社交媒体和大众过分强调了科学中创造力或想象力的重要性。这可能会导致人们对科学产生错误的印象。爱因斯坦曾说过,"天才是百分之一的天赋加上百分之九十九的努力",这意味着创造力并不像人们所描述的那样重要。一个人是否有创造力,取决于如何定义创造力。例如,创造力可以被定义为"发现不同知识领域之间相关性的能力,尤其是那些最初看起来完全不相关的领域"(Foster, 2015)。这个看似合理的定义可能更适用于艺术或文学,但不适用于科学。当我们审视创造力有多重要时,我们立刻会注意到艺术和科学中对创造力的评估是完全不同的。艺术中对创造力的判断更加主观,并高度依赖于文化与时间,没有绝对的标准。然而,科学中的创造力必须得到现实的验证。这个标准是客观的,而且几乎与时间无关。

当一位科学家遇到一个非常难的问题,他会把这个问题和所有与之相关或不相关的知识领域联系起来。许多联想起初是完全不相关的(或按照普通大众的定义,是创造性的),直到最后也无法解决这个问题,于是被抛弃了。另一方面,正如本书1.5节和6.4节所解释的,最终的想法很多时候并不像外人描述的那样出人意料。例如,爱因斯坦狭义相对论这一伟大思想,即"光速与光源或观察者的相对运动无关"这一假说,正是由迈克尔逊-莫雷实验观察到的,这一点将在本书6.4节中进一步讨论。困难在于如何解决问题。因此,普通大众所推崇的创造力并不是科学中的创造力。

"创造力不仅是提出新想法的能力,而且能缩小这些想法的范围,使之集中在一个可以阐述的想法上。任何领域富有创造力的人都会提出看待世界的新方法。换句话说,他们会不断地问'如果……,会怎么样?'"(Bickmore,2010)。这个定义更好地描述了科学中的创造力。正如本书9.4节将讨论的,"如果……,会怎么样"被称为"辩证推理"的科学推理,辩证推理是一种受限制形式的苏格拉底式方法。在科学中,一项观察可能会产生数不尽的解释或阐释。新想法和想象力从不缺乏。我的一个同行曾声称,他每天都有十多个精彩的想法。另一位同行回应说,对他而言,问题在于他不知道这十多个想法中哪些是正确的。因为在检验过程中,一个想法很容易产生十多个新想法,全面检验这十多个想法可能需要十年。原则上,这种扩散的递推过程没有止境。对科学家而言,最困难的任务不是想象和提出一个精彩的想法,而是否定100个精彩想法中的99个想法,这就是爱因斯坦所说的"百分之一的天赋加上百分之九十九的努力"的真实含义。人们在否定大量可能性的过程中认清了问题。虽然有些想法可能看起来明显是错误或毫不相关的,但我们应该否定它们吗?谁会想到一个掉落的苹果会与行星的运动和日心说有关?也许最精彩的想法就隐藏在明显矛盾的下一层(牛顿没有试图回答为什么苹果会掉落在他的头上;他试图理解宇宙万物之间的"爱")。创造力实际上是认识到一些看似不可能的想法,或因其明显不可能而被他人否定的想法的能力。这不是社交媒体所描述的创造力。

此外,为每个观察结果制定一个单独的理论不能被视为科学,因为理解知识需要联系若干条事实知识。科学的目标之一是减少可能的解释和理论的数量。这就是本章开头提到的滤除过程。有些人认为科学就是怀疑一切。这种观点可能是正确的,但仅仅怀疑是远远不够的。科学必须提供更明确的知识来指导人们的决策过程,必须能提高人类解决问题和进行预测的能力。

科学中的哲学思维:让我来描述一下我在创造新知识方面的经历。在本书6.5节将探讨的科学问题中,我们的目标是为空间物理学建立一个大框架。这个问题可能涉及几个科学学科知识的应用,如等离子体物理学、流体力学、空间物理学、天文学、光学、原子物理学和光化学。从数学角度看,这个大框架涉及求解很多控制方程,即很多偏微分方程。要解决这一问题,你当然需要富有创造力。但是,这个问题已经被许多空间物理学家研究了50多年。然而,随着新观察结果的出现,更多的新想法不断被提出。

当我们开始研究一个问题时,我们会有很多想法,没必要专门"创造"更多的新想法。我们对其中一些想法进行了检验,但它们都没有成功通过验证。这些失败的尝试帮助我们理解了该问题的内在联系。但即使我们有这么多富有创造力的想法,这个项目也可能停滞不前。在那段漫无目的的日子里,有些天我会在凌晨三四点醒来,思考前一天晚上没有解决的问题。由于我醒着,又不想在这么早的时间起床,所以在这种情况下,我不得不使用自己的工作记忆,依靠自己储存在长时记忆中的知识(这一过程的细节对科学哲学的理论化而言极其重要,下文将对此进行详细探讨)。我会回想自己遇到的问题和可能描述该问题的方程式,以及方程式中可能对该问题发挥重要作用的每个因子或项。我必须仔细检验每一个效应的物理意义和其与其他效应之间的大小关系,以及各种可能性。在通常情况下,我会回想每个效应的重要性,以便决定保留哪些主要效应。我还会回想自己或其他人试图解决问题时尝试过的一些方法,重点是这些想法之间的可能组合。经过两三个小时的思考和推理,我闭着眼睛什么也不做,可能就会得出一个定性的结论。然后,我会起床写下这个结论,并运用这一结论指导新一天的详细研究。这样的清晨思考通常会带来一些重大进展。然而,目标可能仍未实现。直到项目达成目标之前,同样的循环(产生新想法—半定量评估—批判性审查)将会发生多次。我确信自己不是唯一这样做的科学家。

在创造新知识的整个过程中,创造性想法的灵感是最令人兴奋的,但它似乎不那么重要,因为大多数想法最终都不会成功,也就是说,人们在灵感产生时,无法确定哪种灵感会成功。最重要的是对这些想法进行批判性审查。人们在没有纸笔的情况下进行思考和推理,他们会更加概念化和"哲学化"。这是我在创造新知识时做过的最具创造性的事情吗?是的。难道不应该是灵光一现吗?不是。这更像是爱因斯坦所说的"看到森林"。因此,在我看来,虽然在科学中想象力和创造力很重要,但它们被普通大众神秘化和高估了。我应该强调的是:上述过程和结论对我很适用,也可能适用于其他人。

对我而言,创造新知识的最重要过程(批判性审查)似乎是在"工作记忆"中完成的。认知心理学和神经科学中有一些关于工作记忆的有趣实验和理论。这些实验测试了人们正确完成简单任务所需的短时记忆容量,比如记忆不相关的数字(如电话号码)和字母。结果表明,人们处理信息的能力是$(7±2)$比特[①],这是乔治·A.米勒(George A. Miller)在1956年得出并被引用的最著名的结论。后来的一些理论将短时记忆与工作记忆区分开来,短时记忆指储存不相关信息的功能,而工作记忆除了指信息储存功能外,还指操控信息的功能。在后一种情况下,应该用"组块(chunk)"而不是"比特"来衡量信息。因此,测试对象应该是单词,而不是不相关的字符。他们的结果表明,工作记忆容量为$(4±1)$组块(Cowan,2001)。根据这两种理论中的任何一种理论,当信息量超过容量限制时,大脑就无法处理,并开始出错。如前所述,不管人们如何定义组块,我的批判性审查过程都完全基于工作记忆,它涉及的工作记忆一定远远超过了5个组块(例如,在我的例子中,涉及的工作记忆是13个偏微分方程)。根据心理学理论,我应该因自己工作记忆中的大量信息弄混淆了,犯了很多错误。但对我来说,这显然不成立。因此,已有的工作记忆模型不适用于科学中的创造性思维,我

[①] 比特由英文单词bit音译而来,是二进制数位binary digit的缩写,是最小的信息量单位。——译者注

们需要提出新的工作记忆模型。

批判性思维：很明显，通过以上讨论可知，虽然人们在创造新知识的过程中非常重视创造力，但没有一个公认的理论可以描述创造新知识的过程。不过，创造力只解决了科学中一半的问题，即发明（新理论）或发现（新现象），但发明可能是无稽之谈，发现可能是虚妄之想。人们如何知晓一项发明不是无稽之谈，为什么它不是呢？对科学哲学而言，这才是一个真正的问题；对科学家而言，这可能更困难，也更重要；但对普通大众而言，大多数人却对此一无所知。许多重大发明或发现往往以令人大失所望而告终，但这却是事实。回想一下，你有多少次在新闻中听到，某个著名机构发明了一种可以治愈多种癌症的新药，但仍有更多的人年复一年死于同一类型的癌症。一般来说，除了少数涉及某种丑闻的情况，新闻记者很少关注发明的失败或发现的错误，因为它没有那么多的新闻价值。这种偏见在科学上被称为"选择效应"。如果新闻记者对报道这些重大发明的失败或重大发现的错误给予同样的关注，那么科学家在发布新闻或重大主张时就会更加谨慎。尽管普通公众可能很快就会忘记这些失败的发明，但科学界不会。尽管新闻界或娱乐媒体无法了解到这些失败发明的消息，但同行科学家、朋友、审稿人或竞争对手都会从这些失败中吸取教训。

科学家出错十分正常，但错误不能出现在发表的成果中。如果发表的成果在短时间内被发现有误，那么发布虚假新闻稿的科学家可能会受到巨大的负面影响，因为这会损害他们的信誉。这是为什么呢？难道我们不允许人们犯错吗？正是如此！这是因为一项新发明一定有一些大多数人自己无法做出判断的因素。在新发明被公布之前，该学科的一些权威专家会对其进行审查或评审，以评估其新颖性、真实性和合理性。如果一个人犯了一个重大错误，我们如何知道这个人不会再犯其他错误呢？人们会更加怀疑这个人提出的下一个重大主张。在很多情况下，没有人愿意花宝贵的时间来评估这些主张。毕竟，提出错误的主张也应该是科学家最不愿意做的事情(尽管偶尔有人会出于其他目的而这样做)。

  我们现在了解了,创造力可能被神秘化和高估了,许多被报道的创造性想法可能是错误的。那些随意发表虚假言论、将科学诚信置于个人潜在利益之上的人,可能也应该会付出高昂的代价。这种代价应该是巨大的,尽管在我看来,它还不够大。因此,人们一直在积极寻找一种科学方法,来作为开展科学研究的秘诀,以避免出现失败的发明或错误的发现。另一方面,社会也需要一种可信的科学教育和行政决策理念。

■ 思考题

1. 在日常生活中,人们经常说"真相是……"。日常生活中的"真相"的含义是什么?
2. 在你看来,真理、知识和科学之间有区别吗?
3. 根据你的经验,最有效的学习方法是什么?
4. 你认为自己的"工作记忆"有多大容量? 换句话说,在不出错的情况下,不借助工具,你可以处理的最大信息量是多少? 如果该数值大于5,你会如何解释呢?

第四章 科学哲学的基础

4.1 经验主义、理性主义和超越理性主义

科学哲学不讨论本体论,因此我们不探讨与本体论相关的争论,例如唯物主义和唯心主义之间的争论。我们在探讨科学哲学的理论之前,需要讨论"新知识从何而来"这一问题,这也是认识论的一个基本问题。

正如本书第三章所讨论的,很显然,知识可以来源于直接经验或间接经验。在我们的讨论中,直接经验包括观察结果、实验结果,以及人们在自然界中接收和与之互动的其他信号。民间传说、书籍和学校教育都是基于从他人经验中获得的知识,即间接经验。这些直接经验和间接经验是新知识的唯一来源吗?现在的问题是这样的:尽管人类自古以来就有物体下落的经历,但直到牛顿的出现,我们才知道物体下落是由重力引起的,即物体和我们脚下的每一小块泥土与岩石之间都有吸引力或"爱"。牛顿创造的知识定量地解释了物体之间的引力如何遵循一个精确的计算公式,即物体之间的相互吸引力与两个物体之间距离的平方成反比。这似乎不仅仅是任何个人经验的结果,也不只是牛顿时代之前整个历史上人类所有经验的总和。还有别的东西在发挥作用。人类似乎也可以根据概念化和推理来学习。因此,经验和概念化(或推理)可能是知识的两个来源,它们也是探讨知识起源的认识论的两大阵营。

经验主义（empiricism）：在科学哲学领域，那些认为关于自然界的真正知识的"唯一"或"主要"来源是经验的人，是最有影响力的群体。他们自称为"经验主义者"。他们认为人出生时一无所知，也就是说：人出生时的心灵如同一块"空白"的石板（亦被称为"白板"[①]），人们基于经验学习一切。在"白板说"这一理论中，大脑中没有关于知识或如何获得知识的预先设定的功能。

经验主义可以追溯到许多著名哲学家，通常认为英国哲学家弗朗西斯·培根（Francis Bacon）、英国哲学家约翰·洛克（John Locke）、爱尔兰哲学家乔治·贝克莱（George Berkeley）、苏格兰哲学家大卫·休谟（David Hume）和英国哲学家约翰·斯图亚特·穆勒（John Stuart Mill）开创了经验主义。然而，我有必要提醒一下：在早期，提倡经验主义是为了反对"上帝是包括知识在内的一切的来源"这一宗教信仰。因此，一些早期科学哲学家的一些观点可能被错误地解释为反对科学哲学中的理性主义。对此，本书将在4.2节中讨论。提倡观察和实验的重要性不等同于反对理性或推理。因此，科学哲学中的经验主义不同于一些早期哲学家所提倡的经验主义。例如，培根提倡理性，但在他所处的时代，并没有如今科学哲学中称为"理性主义"的公认理论。

一个更激进的经验主义者团体自称为"感觉论者（sensationalist）"。根据他们的观点，我们所学到的一切都来源于直接感觉，我们思考的目的在于追踪和反映这些感觉中的规律性模式。感觉论者认为，如果没有通过眼睛、耳朵、鼻子和触觉收集到的感官信息，那么没有任何东西存在于人的大脑之中。这种逻辑的缺陷显而易

---

① "白板"译自拉丁词语 tabula rasa，本意指一种洁白无瑕的状态。英国哲学家约翰·洛克（John Locke）基于对天赋观念论的批判，较为系统地阐述了"白板说"理论，即人出生时的心灵如同一块没有任何记号、知识和观念的白板，人的一切观念和知识都来源于经验。——译者注

见:即使我们认同在缺失感官信息的情况下,人的大脑中什么都不存在,这也不意味着人类大脑中的一切都来源于感官。在现代科学中,这种理论存在的问题尤为突出:许多事物可能存在,但这些事物无法被直接感知,比如单个细菌、病毒、分子和电子。或者,一些感官信息可能超出了人类眼睛或耳朵能感知的频率范围,如红外线、X射线、紫外线、超声或亚声频率。此外,人类肉眼无法看见遥远昏暗的物体,比如许多天体。科学仪器可以拓宽人类的感知范围,这样一来,感觉论便无法立足。要是没有科学仪器,感觉是否可靠呢?为什么人们可以根据相同的经验得出不同的结论?例如,一个人对温度的感知是相对的。手指感受到的水温取决于手指在接触水之前所接触的物体,比如热的东西或冰。

尽管如此,在整个历史过程中,经验主义对于推动人类知识和科学的发展起到了重要作用。因为许多宗教所依据的超自然现象无法被直接感知,经验主义否定了宗教作为知识来源的观点。然而,如果经验是知识的唯一来源,经验主义者需要解释牛顿是如何发明万有引力理论的。

理性主义(rationalism)反对经验主义。在哲学中,理性主义认为真理的评判标准不是基于感官,而是基于理性判断和逻辑演绎。极端的理性主义认为人类获得的知识是"先验的"①,或者说,我们通过与生俱来的理性和逻辑学习。例如,理性主义认为当你和婴儿说话时,他们可以对一些话语做出恰当的反应,这意味着在经验产生之前就存在一些固有的理性。与此相反,经验主义认为所有知识都是"后验的",即一切都来源于经验。经验主义者会问,

---

① "先验的"与本段下文出现的"后验的"是一组相对应的哲学概念。"先验的"译自拉丁语 a priori,本意指来自先前的东西,后引申为:无需经验的或先于经验获得的。"后验的"译自拉丁语 a posteriori,本意指由结果追溯到原因,后引申为:以经验为根据的或依赖于经验的。——译者注

婴儿有语言或语法结构的知识吗？如果对这一问题的回答是肯定的，他们会进一步问：先验的固有功能是用什么语言表述的？是英语、法语，还是德语呢？在人们领会语言的语法结构之前，话语可能只是一系列音段，而人并不是一生下来就懂得语法。如果这个例子仍然不足以说明问题，我们再看看牛顿是如何创立万有引力定律的。在牛顿创立万有引力定律之前，人们并不知道这一定律。因此，该定律虽然遵循了理性思维，但不可能是先验的。由此可见，极端的理性主义必须回答不少难题。然而，理性主义认为，理性是知识的主要来源和最终检验依据。

对科学家而言，在进行比较观察以测试一个理论是否正确之前，我们首先要检验这个理论是否包含任何逻辑上的缺陷。然而，这种逻辑思维从何而来？我们如何知晓自己的答案是否正确？难道推理本身不能基于成功的经验吗？难道推理本身不是与生俱来的吗？这种逻辑思维是否有助于通过经验学习知识？

正如本书第二章所讨论的，在哲学中，理论通常是以相互排斥的极端形式呈现的。如果推理是基于成功的经验，那么这与经验主义的观点相一致。然而，极端的理性主义认为，推理不是从经验中获得的，而是与生俱来的；我们一出生就知道一些"真理"，我们的任务是揭示和掌握它们。例如，逻辑和数学是预先存在的真理。一些哲学家或数学家可能会认同这种观点，但科学家却不会认同。每个人的大脑中都有相同的预先存在的真理吗？如果有，这些真理和五千年前的真理一样吗？那么动物的大脑呢？如果人类在出生时都有相同的预先存在的真理，为什么有些人在学习时会犯错，而另一些人则不会呢？是否存在多种形式的逻辑和数学？我们如何知道自己掌握了正确的形式？有没有独立的方法来验证它们？

理性主义的支持者包括一些著名哲学家和数学家，如法国哲学家兼数学家勒内·笛卡儿（René Descartes）、荷兰哲学家巴鲁赫·斯宾诺莎（Baruch Spinoza）和德国哲学家兼数学家戈特弗里德·莱布尼茨(Gottfried Leibniz)。在这里,我应该提到笛卡尔的名言"我思故我在",这一名言有时或经常被曲解。从表面上看,这句话似乎等同于在互联网上可以找到的如下观点:"因为我能思考,所以我存在。"存在的哲学证明基于这样一个事实:"能够进行任何形式思考的人必然存在"或"我的存在取决于我对自身存在的思考"。事实上,这些都是普遍的误解。笛卡尔是在反对怀疑论(skepticism)时提出这一观点的,因为在怀疑论中,没有什么是可信的。当一个人用证据证明某事时,怀疑论者会对证据本身提出质疑。这一连串的质疑可能会永远持续下去,因而无法得出任何结论。笛卡尔运用了一个无可辩驳的起点来阐述自己的逻辑,终结了怀疑论者一连串的质疑,即人们在辩论时不应该否认自己的存在,然后,推理就可以从这里开始。

科学家始终面临着观察结果和理论预测有可能不一致的挑战。我们不断地问自己:是理论出错了,还是观察结果出错了?我们应该相信理论还是相信观察结果?笛卡尔认为:"在我的判断过程中,除呈现在我大脑中的东西之外,什么都不存在。"尽管这种观点并不一定意味着推理和逻辑是人类与生俱来的,但是这种观点可能是相对明确的,意味着笛卡尔将自己的大脑视为最终判断,即理性主义。

我们都知道,我们不一定每次都能做出正确的判断。我们如何才能发现自己出错了?同样,如果每位科学家都有自己的判断,那么这些判断是一致的吗?如果是一致的,解答一个科学问题只需要一位科学家。但事实上,这些科学家的判断并不是一致的。如果科学家们不能就某些事情达成一致,那么今天的科学怎么能取得重大进展呢?如果持有不同观点的科学家可以就某些事情达成一致,那么它们是什么事情呢?这可能是在科学哲学中需要讨论的更为重要的问题,而不是"理性是与生俱来的还是后天习得的"这一类问题。

超越理性主义[①]（transcendental idealism）是德国哲学家伊曼努尔·康德（Immanuel Kant）在其著作《纯粹理性批判》（*Critique of Pure Reason*）（1781）中提出来的；在哲学界，如何解读康德的观点至今仍有争论。鉴于经验主义和理性主义的理念截然相反，了解与之不同的观点总是很有趣的。如上所述，经验主义认为我们所知道的一切都是基于经验，并最终都要通过经验的检验。而理性主义则认为我们所学到的一切最终都要通过逻辑和推理的检验。康德分析了为什么人们可以学习相同的知识或经历相同的事情，却得出不同的结论和理解，这也是科学家大多数时候面临的问题。康德还区分了两种不同类型的实体：作为"主体"关注的人和作为"客体"关注的事物。一个人基于事物（客体）获得的经验取决于这个人（主体）本身。客体是保持不变的，是真实的，但主体从客体中获得的经验或学到的东西是不同的；由此可知，客体独立于人们对客体的理解和认知。因此，康德提出的"超越理性"认为世界是物质的，即世界既是主体又是客体，但关于世界的概念和知识是理性的。这种区分有助于解释人们在学习和经验方面的差异，但不能解释科学家如何为了取得科学进步而就某些事情达成一致。同样，问题是他们在哪些事情上达成了一致。

康德还提出了关于空间、时间和因果关系的问题。这三个概念都不具有物质的属性。我们无法直接看到或触摸它们，但我们在接触和研究任何客体或过程时，都会感受到它们的存在，并受到它们的影响。针对"这些概念是否是实体"这一问题，哲学家们进行了激烈的辩论。例如，尽管牛顿认为空间和时间是实体，但是莱

[①] 我认为将 transcendental idealism 译为"超越理性主义"较好，中国哲学界最大的问题是用"唯"字，因为它是"排他的"，所以争论不休。因此，应该避免用这个字，不宜译为"先验唯心论"。
——原文作者宋普教授的批注

布尼茨认为它们不是①。康德认为我们基于经验和预先存在的大脑结构之间的相互作用来学习这些概念,这些大脑结构具有理解经验的功能。值得注意的是,使用"预先存在的大脑结构"这一概念,避开了理性主义提到的关于"预先存在的真理"的问题。例如,当我们还是婴儿时,我们为了能伸手拿到玩具,学会了空间的概念;我们可能需要尝试很多次才可以拿到玩具,我们通过这些尝试学会了距离和三维空间的概念。

在我们的讨论中,我们认为数字、时间和空间的概念超出了科学哲学讨论的范畴。这些概念属于哲学中的形而上学问题,它们已经足够令人困惑了。本书仅涉及大家熟知的三维均匀空间和一维向前时间,不涉及时空转换的广义相对论。

康德有一句名言,"没有观察(感知)的理论(概念)是空洞的,没有理论(概念)的观察(感知)是盲目的"。这种描述经验和推理之间关系的方式是多么巧妙啊!他认为尽管方法在科学证明过程中可以是有用的,但是科学发现本身没有方法可循。至此,虽然我们对关于科学方法的观点提出了诸多疑问,但我们将在本书5.1节、第七章、第八章和第九章中进一步讨论科学中各种论证方法的重要性。

怀疑论(skepticism):我们在上文讨论理性主义时,提到了怀疑论。怀疑论以一种极端的形式质疑人类理解自然的能力,否认合乎理性的观念和认知的可能性。温和的怀疑论强调批判性审查。因为大部分知识听起来都是合乎理性的,都是与我们的经验相一致的,因此如果科学家不具有一定程度的怀疑精神,他们就很难确定哪些领域可能会需要新知识。在某些人看来,新知识可能

---

① 在牛顿发明了基于导数的微积分方法的同一时期,莱布尼茨独自发明了基于积分的微积分方法。关于"微积分的最初发明者是牛顿还是莱布尼茨"的争论是科学史上很著名的知识产权之争之一。

在一开始就值得怀疑。然而,因为极端的怀疑论质疑任何认知的可能性,过多的质疑可能会导致错过许多潜在的新想法。除有助于创造新知识之外,怀疑论的另一个作用是滤除不太可能解决问题的方案。当找不到完美的解决方案时,我们可以采用当时最好的解决方案,同时记住这些方案的不足之处或缺陷。更重要的是,正如我到目前为止多次强调过的,对于成功的科学家而言,自我批评(质疑自己)是至关重要的。尤其对一个大多数时候都取得成功的人而言,质疑自己就更难了。一位可能在校期间一直成绩优异、一生都被称赞聪明的年轻科学工作者,必须学会如何克服这种过度自信。本书将在第十一章进一步探讨这个问题。

4.2 演绎逻辑

我们已经知道,理解知识是将若干条事实知识联系起来;知识可能有不同的来源,可以通过推理或逻辑将这些事实知识联系起来。让我来简单介绍一下"爱好科学的"逻辑学家和语言学家在科学哲学中经常讨论的逻辑。"logic(逻辑)"一词源自希腊语单词 λόγος,意即"拥有理性、充满才智、善于辩证和辩论"。逻辑是对合乎理性的、没有缺陷的推理规则的系统研究,即如何根据一组命题(前提)得出另一个命题(结论)。从广义上说,逻辑是对推论的分析和评估。与推理相关的基本逻辑形式分为两类:演绎逻辑和归纳逻辑,亚里士多德首先探讨了这两种基本逻辑形式。

一般来说,一个推论的前提和结论之间的关系是有条件的。根据演绎逻辑,如果一个推论的前提为真,那么其结论必定为真,即一种真值保持的逻辑。当已知一个更具普遍性的真实事物时,这种逻辑就会发挥作用;我们可以推断出普遍性中所包含的一个特殊例子的真实性。以下是这种逻辑的一个著名论证:如果所有人都会死(一般陈述),苏格拉底是人(特殊陈述),那么苏格拉底会死。乍一听,这句话的逻辑可能没什么意义,苏格拉底当然会死

(而且已经死了)。但是,当你更仔细地思考这个推论时,你可能会发现一个关键问题:这个一般陈述对于相关范畴中的所有特例都是真的和适用的吗?例如,众所周知,一般陈述"所有乌鸦都是黑色的"不一定为真,该陈述不能用来预测下一次观察到的乌鸦是否是黑色的。另一个关键问题是特殊陈述是否完全蕴涵于一般陈述,换句话说,特殊陈述可能只与一般陈述部分重叠。例如,人们可能想知道苏格拉底是否是人。有些人认为他是神或圣。我们如何知道苏格拉底不是神或圣?或者,苏格拉底的父母不是神吗?在一些文化中,圣或神的儿子可以永生。好消息是,在科学中我们通常不需要处理这样的推论。在科学中,在每个操作和步骤规定的条件下,所有正确的数学推导都是有效的演绎逻辑形式。换句话说,数学家们已经考虑到了所有的细节。让我们感谢数学家们将工作做得如此细致!现在,我们需要看看一般陈述。例如,我们知道牛顿定律适用于许多物理问题,包括将卫星送入太空(作为一般陈述)。所以,我们可以用牛顿定律高精度计算特定卫星的轨道(作为特殊陈述)。这就是演绎逻辑的力量。

三段论:演绎推理是科学中最重要的推理形式,而且它是真值保持的,因此,让我们来更详细地讨论一下这个概念。首先,让我介绍一下三段论。三段论基于两个前提推导出一个结论,其形式如下:

①由三个命题组成:大前提、小前提和基于大前提与小前提推导出的结论。

②包含三个不同的词项。每个命题包含三个词项中的两个词项,每个词项在两个命题中各出现一次。这导致总共有64种可能的排列组合。每一种排列组合都被称为"式"。

③命题中的词项可以是一般的(全称命题)或特殊的(特称命题),命题也可以是肯定的(肯定命题)或否定的(否定命题)。因此,三段论共有四种可能性,即四个不同的"格"。

例如,所有 B 都是 A,所有 C 都是 B;因此,所有 C 都是 A。

三段论有一个固定形式。第一个前提被称为大前提,第二个

前提被称为小前提,最后一个命题被称为结论。在本例中,前提和结论的式是"一般的"且"肯定的"。举一个具体的例子:

所有的人(B)都会死(A),苏格拉底(C)是人(B);因此,苏格拉底(C)会死(A)。(有效推论)

B被称为中项;中项只能出现在两个前提中,但不能出现在结论中。A、B和C之间的关系可以用图4.1中的图1非常直观地表示出来①。如图所示,B完全在A的区域之内,C完全在B的区域之内,A、B和C之间没有相互重叠的区域。因此,C完全在A的区域之内。这证明了演绎逻辑的一个基本特征,即一个有效的推论必须是从一个更为普遍的前提演绎至一个更为具体的前提,换句话说,演绎逻辑是"缩减"过程。如果是根据一个更为具体的情况推断出一个更为普遍的情况,这就不可能是演绎逻辑。

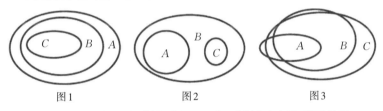

图1　　　　　图2　　　　　图3

图4.1　包含三个词项的演绎逻辑。A、B和C之间存在多种可能的关系。

如果我们改变一下顺序,比如说,"所有A都是B,所有C都是B;因此,所有C都是A",如图4.1中的图2所示,那么该推论无效,因为并非所有C都是A。例如:

---

① 在逻辑学中,可以用文恩图(Venn diagram)表示三段论中三个词项之间可能的复杂关系,即一种运用三个相互重叠的圆圈的标准方法。因为在科学中,我们首先可以将一个复杂问题的解答过程拆分成多个简单明了的步骤,然后在每个步骤中处理涉及两个词项的问题。考虑到文恩图产生了太多的可能性,我们在本书中不讨论文恩图。

月球(A)是球体(B)，地球(C)是球体(B)；因此，地球(C)是月球(A)。（无效推论，即该推论是"不成立的，不合乎理性的"。）

一般来说，如图4.1中的图3所示，如果两个前提"所有A都是B，所有B都是C"可能不满足所需条件，或这两个前提不成立，那么"所有A都是C"的结论可能不成立。例如，所有单身汉(A)都是未婚男性(B)；所有未婚男性(B)都是秃头(C)。因此，所有单身汉(A)都是秃头(C)。显然，该推论并不成立，因为并不是每个未婚男性都是秃头，也就是说，第二个前提不一定为真。所以，得出结论一定要慎重。

如上所述，三段论共有 $64 \times 4 = 256$ 种不同的可能性，即256种不同的形式，其中只有24种有效的形式。虽然三段论可能是有用的知识，但是对于不是逻辑学家的人而言，256种形式可能太多了而无法被记住，人们可能会需要列出所有256种形式的表格。众所周知，即使我们有一个这样的表格，我们也可能会发现：我们需要根据自身的知识储备在瞬间做出决策，可能并没有时间去细看这个表格。幸运的是，科学家只需要考虑几种最简单的类型。最常用的类型是一个前提→一个条件→结论，即只涉及两个词项。

"if-then语句" 在科学和计算机编程中十分有用。其形式是"如果……那么……"。

首先，我们需要说明空缺的前提和结论分别是什么，然后明确每个命题的真值，即空缺的前提或结论是否为真。例如：

"如果P(前提)为真，那么Q(结论)为真。"

关于P/Q和Q/P都为真或都为假，存在2×2=4种可能性，如图4.2所示。这四种可能性如下：

（1）若P为真，则Q为真。（有效推论）

(2)若Q为真,则P为真。(无效推论)

(3)若Q不为真(Q),则P不为真(P)。(有效推论)

(4)若P不为真(P),则Q不为真(Q)。(无效推论)

图4.2展示了所有可能的情况。较小的椭圆表示P,较大的椭圆表示Q。无下划线的字母表示命题为真,有下划线的字母表示命题为假。椭圆中的字母表示结论有效,正圆中的字母表示结论无效。举一个简单的例子:如果我在波士顿(P),那么我在马萨诸塞州(Q)。

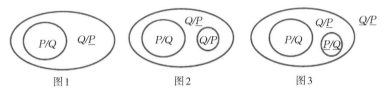

图1　　　　图2　　　　图3

图4.2　演绎逻辑形式"if–then语句"。在用斜线分隔的一对字母中,斜线前的字母表示条件"如果……",斜线后的字母表示结论"那么……"。无下划线的字母表示命题为真,有下划线的字母表示命题为假。例如,P/Q表示如果P为真,那么Q为真。Q/P表示如果Q为真,那么P为真。有下划线的一对字母P/Q表示如果P不为真,那么Q不为真。有下划线的一对字母Q/P表示如果Q不为真,那么P不为真。椭圆及其内外部的字母表示该推论有效,正圆及其内部的字母表示该推论无效。

第一种可能的情况是P/Q,如图4.2中的图1所示,即如果我在波士顿(P),那么我在马萨诸塞州(Q)。因为波士顿是马萨诸塞州的一个城市,P/Q是有效推论。换句话说,P包含Q。

第二种可能的情况是Q/P,即如果我在马萨诸塞州(Q),那么我在波士顿(P)。该结论可能为真,也可能为假。因为我可能在马萨诸塞州的另一个城镇或城市。如图4.2中的图2所示,正圆内的一对字母Q/P表示该推论无效,即Q不包含P。

第三种可能的情况是Q/P,即如果我不在马萨诸塞州(Q),那么我不在波士顿(P)。该推论的结论为真,因此该推论是有效推论。如图4.2中的图3所示,一对字母Q/P在大椭圆之外的区域。

第四种可能的情况是P/Q,即如果我不在波士顿(P),那么我不在马萨诸塞州(Q)。这个结论不一定为真,因为我可能在马萨诸塞州的其他地方，而不在波士顿。如图4.2中的图3中正圆内的一对字母 *P/Q* 所示。

可靠性（soundness）：除了推论的"形式"之外，可靠性是演绎逻辑发挥作用的条件。在科学演绎论证时，可靠性不仅要求命题的逻辑形式正确，命题本身或者前提涉及的条件是成立的，并且要求前提与结论是相关的。可靠性的这两个要求对科学推论而言至关重要，因为如果前提不成立或与结论无直接关系，那么结论很可能是错误的或被不正确地证明的。例如，所有人都能看到3英里（约4.8千米）远的地方，一辆车在3英里远的地方，因此，每个人都可以看到这辆车。根据三段论，这个推论过程的"形式"是对的，因为"3英里"是中项，且没有出现在结论中。然而，这个推论不可靠，因为"每个人都能看到3英里远的地方"这一前提不一定为真，比如对盲人和近视的人而言。此外，该前提没有具体说明影响能见度的天气条件；在雾天，人们可能看不到3英里远的地方。而且，在观察者和汽车之间也可能有障碍物。一个可靠且严谨的结论应该是："有些人能看见3英里远的地方，一辆车在3英里远的地方；因此，在某些情况下，有些人可能会看见这辆汽车。"对科学家而言，这个例子中的逻辑听起来非常别扭。该推论可以改写为"if-then 语句"：如果每个人都能看到3英里远的地方，并且一辆车在3英里远的地方，没有任何阻碍或限制能见度的物品或条件，那么每个人都能看见这辆车。在这个推论中，前提 *P* 是"每个人都能看到3英里远的地方，一辆车在3英里远的地方且没有任何视线障碍"，这是两个条件。结论 *Q* 是"每个人都能看见这辆车"。但是该推论是不可靠的，因为如果 *P* 不为真，*Q* 就不为真，比如在眼睛近视或雾天的情况下。这是科学家经常运用的逻辑类型，并据此开展论证。在通常情况下，科学研究的关键在于弄清楚前提需要满足的条件和限制。

前提也需要与结论相关。例如，如果一名男子服用避孕药后没有怀孕，那么避孕药能防止男子怀孕。这个推论是不可靠的，因为男人没有怀孕与他是否服用避孕药无关。哲学家经常使用这样的例子，但是这样的例子不会出现在科学辩论中，因为这个缺陷显而易见。

4.3 归纳逻辑

归纳逻辑的原理与演绎逻辑相反，归纳逻辑是泛化过程，演绎逻辑是具体化过程。归纳总是非演绎的，因为演绎逻辑是从一般到特殊。然而，值得一提的是，使用归纳逻辑的结论来预测下一次观察结果是从一般到特殊，因此它属于演绎推理。预测是否成功取决于基于归纳概括得出的结论的真假，而不取决于归纳逻辑这一逻辑概念本身。在科学哲学的传统理论中，只有演绎逻辑被视为形式逻辑，而归纳逻辑被认为是令人怀疑的。

插值法是科学中最广泛运用的归纳逻辑形式之一。因为观察结果是有限的，所以我们需要插值法。例如，在实验中，可以使用诸如1、2、3……100等参数值对参数进行测量或检验。当我们将结论应用于解释和预测时，比如说对于10至20之间的参数值，有无限多的情况可能没有发生或没有经过测试。因此，我们希望依据归纳逻辑对满足测量条件下的结论进行概括。如上所述，考虑到归纳逻辑是从特殊到一般，归纳逻辑本身不具有预测能力，因此，预测是否成功取决于概括的质量和可靠性。在进行预测时，必须增加一些条件。本书将在第七章至第九章中讨论这一点。

外推法也是基于归纳逻辑。外推法将一个观测结果扩大到可能的观察结果之外的参数范围。原则上，外推法通常存在一个极限。超过极限时，外推法可能会（相较插值法）有更高的失败率或更需要修正。例如，当牛顿第二运动定律被外推到极高的速度时，运动中的物体的质量不再是恒定不变的。最有用的外推法形式是在时间上进行延伸，即预测未来。

众所周知，预测未来总是有风险的，基于归纳逻辑可能会得出错误的结论。当使用有缺陷的结论进行预测时,预测和实际观察结果可能不一致。例如,根据乌鸦悖论中运用的逻辑,一只非黑色的乌鸦就可以证明一个概括是错误的。然而,现在的问题是出错的原因是运用了归纳法,还是基于有缺陷的结论进行预测?如本书4.4节所述,科学哲学的主流理论都是在基于前者的基础上发展而来,而这是一个根本性错误。

古希腊人通过归纳逻辑和演绎逻辑这两种逻辑形式,就能够得出地球和月亮都是球体的结论。他们是如何做到的呢?他们首先以月相观测为理论基础。尽管月亮有时看起来像一个完整的圆盘,但它的外观在不断变化,大多数时候是圆盘的一小部分。当人们把月亮发光的部分与太阳光联系起来时,他们发现月光是从太阳的方向出现的。其背后的逻辑可以运用以上两种逻辑形式来表示:根据归纳逻辑,相位可以由一个具有移动光源的球体产生;人们可以用不同大小的、距离光源不同位置的球体来检验这一结论的真实性。将这个一般性结论应用到月亮上,属于演绎逻辑。月亮本身不发光,而是反射太阳光,于是月亮是一个球体或被称为月球。其次,如果月食是由地球阻挡太阳光造成的,那么我们可以观测到地球投影到月亮上的阴影是一个二维的圆盘。如果可以在不同的地方和不同的时间观测到月食,比如在傍晚或清晨,那么地球就是一个球体。这是因为如果地球是一个扁平的圆盘,那么从侧面看,地球在早上和晚上的阴影看起来会更像一个薄片。因为球体的影子永远都是圆形的,地球的影子是圆形的,所以根据三段论,从演绎逻辑来看,地球是一个球体。前提的可靠性可以运用基于归纳逻辑的观察结果来证明。

一种被称为"数学归纳法"的数学方法可能会与"归纳逻辑"相混淆。该数学方法的目标是概括一个"数学"论点。在该方法中,第一步是运用数学表达式证明在第一种情况下的论点为真,这种情况被称为基本情况。如果其他情况依次出现且性质相同(可以用相同的数学表达式来描述),那么人们假设第N种情况为真,以证明第(N+1)种情况也为真。如果证明成功了,那么这个"数学"论点就被证实了。这种数学方法的逻辑似乎是泛化(基本情况相当于对一只黑色乌鸦的观察结果),因此数学归纳法的名称中有"归纳"一词。然而,整个步骤是基于数学的,因此数学归纳法实际上是演绎的。人们可能会由此得出这样的结论:归纳法可以用演绎法来证明。事实上,这里涉及两个逻辑过程:论点的泛化和这一论点在依次出现且性质相同的情况中的应用。这里泛化的要求是相当严格的,被观察的下只乌鸦不能是任何一只乌鸦。世界上的乌鸦不一定都有联系,也不一定都是完全相同的。如果第(N+1)种情况是一只非黑色的乌鸦,则这种情况与基本情况不同。虽然数学归纳法是归纳的,但数学表达式在特定问题上的应用是演绎的。在这种情况下,泛化是将论点(前提)转化为数学表达式。这个前提不能应用于不同的情况。

4.4 逻辑实证主义与逻辑经验主义

在本书3.2节至4.3节,我们已经讨论了如何学习知识和如何创造新知识。在本章的余下部分,我们将讨论一些在科学哲学中被广泛讨论的传统理论。

逻辑实证主义是科学哲学中最重要、最具影响力的理论,因为它是科学哲学的奠基思想。虽然逻辑实证主义中的"实证主义"这一名称在哲学中有其他含义,但可以将其理解为强调正面的验证,即证明某事为真。相反,正如我将在下一节讨论的,验证也可以从负面着手,也就是否定这个理论,这种验证被称为证伪主义;它强调一个理论是错误的。逻辑实证主义中的"逻辑"一词限制了证明方式,因为在这个理论中,唯一可接受的证明方式是通过逻辑来证明。更严格地说,只有"形式逻辑",即演绎逻辑,是可以被接受的。后来,这一理论的温和版本将名称改为逻辑经验主义。

逻辑实证主义是第一次世界大战后由一群在维也纳和柏林的

"爱好科学的"哲学家和语言学家创立的,他们分别自称"维也纳学派"和"柏林学派"。我再次使用"爱好科学的"这个修饰语,是因为占主导地位的成员并不是真正的科学家,尽管有一些真正的科学家对逻辑实证主义的一些次要课题做出了贡献。我之所以强调这一点,是因为该理论的奠基人主要关注的问题与科学只有微弱的联系,但他们却提出了许多明显存在致命缺陷的观点,或者充其量与科学完全不相关的观点,正如本书封面上的大漩涡所示。同样,正如费曼所描述的,这些科学哲学家研究科学和科学家,就如同鸟类学家研究鸟一样。我们通过阅读他们的理论和讨论,可以发现:他们大多不知道科学研究是如何进行的,科学家需要什么,或者科学家如何思考;然而,他们以一种天真的、有偏见的方式将科学和科学家概念化。他们对科学的看法,不管是好是坏,已经渗透到当今社会对科学的普遍看法中。

从哲学的视角来看,科学发展的哲学体系支持经验主义,反对德国哲学家格奥尔格·威廉·弗里德里希·黑格尔倡导的"绝对唯心主义"。黑格尔有一句名言:"理性是实体,也是无限的权力,它自身的无限性是一切自然和精神生活的基础……"即所有的现实都是精神的。第一次世界大战后的那段时间也是物理学革命发生的时期。这是科学史上一个激动人心的时期。牛顿力学取得了不可估量的成功,从根本上改变了世界,在几个世纪前带来了不计其数的技术进步。人类获得了巨大的力量,有能力去做他们能想象到的大多数事情。然而,爱因斯坦相对论和量子力学可以证明牛顿的理论在某些情况下可能存在问题。从哲学的视角来看,这些新理论质疑了人们已经形成的关于时空和科学确定性的基本观点,这将在本书9.6节和10.4节中进一步探讨。在这场科学革命之前,牛顿的理论似乎已经被所有的非生命物体明确无误地证实了。爱好科学的哲学家会质疑:这个经过仔细且详尽研究和检验的理论怎么可能会是错误的呢?令人遗憾的是,这个质疑是不正确的,因为牛顿的理论并不是错误的,只是存在一些以前人们不知晓的局限性。这个错误的质疑将该领域引向了一条错误的道路。科学哲学的创立者认为,科学中的逻辑或推理必然存在一些问题。因此,这些创立者建议我们要质疑认识论中的"理性"部分,并运用经验主义来重新审视自己是如何获得或获取知识的。

这场运动是由逻辑学家和语言学家主导的,他们仔细检验了科学中运用的逻辑,并试图找出其缺陷。他们认为复杂的科学论证过程可以拆分成多个合乎逻辑的简单步骤。然后,语言学理论可以对词语做出恰当的定义,这样一来,每一步都可以用形式逻辑(演绎逻辑)来进行充分论证。他们还根据康德的思想,推断出句子可分为两种类型:分析型句子和综合型句子。在哲学中,分析型真理是必然真理,综合型真理是条件性真理。例如,"所有单身汉都是未婚的"是分析型陈述。数学和(演绎)逻辑是分析型的。分析型陈述的真实性可以通过语言来确定。然而,尽管分析型陈述确实承载并保留了真理,但对科学家而言,它是空洞的真理,因为根据"单身汉"一词的定义,单身汉即未婚的;根据这个分析型陈述,我们没有得出新信息。相比之下,"所有单身汉都是秃头"这一陈述是综合型的。这个陈述的真实性不能通过语言来确定,而必须通过其他方法来证明,否则该陈述就不为真。根据他们的观点,科学只需要确保所有的综合型陈述都成立。

为了有助于追踪逻辑关系,他们引入了用于逻辑分析的符号表示法。符号逻辑及其符号可用于生成真值函数和描述复合语句中各个成分之间的关系。真理表列出了命题公式在各种情况下的真假值,是如今许多哲学和科学哲学讨论中使用的工具。然而,我认为符号逻辑的运用分散了人们的注意力,因为它过分强调演绎逻辑的形式,而不是对问题进行真正的科学推理。由于在科学中还需要其他的推理形式,这导致在科学哲学理论的发展过程中出现了许多缺陷和错误。我将在本节后面部分和本书10.6节中探讨关于逻辑实证主义谬误的例子。除了在本节后面部分和本书第七章中阐述"逻辑符号也容易出错"的部分,我在本书中尽量不使用符号逻辑。科学哲学中运用的逻辑分析与数学分析是完全不同的。

除了分析型与综合型之间的区分,逻辑实证主义运用意义的可证实性原则来理解和规范科学。"可证实性"指"某事为真"可被证实,类似于可被验证为真。根据该理论,科学成果需要根据语言学理论进行"理性重建",尽管除引入的术语之外没有任何新东西。逻辑实证主义者再次遵循康德的思想,提出科学包括两个阶段:发现阶段和证实阶段。顺便提一下,"发现阶段"这一概念表明逻辑实证主义将知识等同于真理,而这是一种有缺陷的用法。如果"发现"是关于一个新想法(提出一个新想法),人们会发现:在科学中大多数时候无法区分上述这两个阶段,因为新想法在论证过程中更经常被发现是错误的,进而导致另一个新想法会出现或者这一想法被改进。总的来说,逻辑实证主义中分析型与综合型之间的区分是基于想象或罕见的科学例子。

归纳问题是逻辑实证主义在论证方面遇到的一个突出问题。这个问题涉及从单个或有限数量的观察结果到无限数量的观察结果的归纳,或者从可以观察到的事物到无法观察到的事物的归纳,如量子现象。对逻辑实证主义者而言,困难在于如何根据归纳逻辑,证明过去的经验可以用于预测未来。

这个困难源于大卫·休谟的论点:"你没有理由相信太阳明天会升起"和伯特兰·罗素(Bertrand Russell)提出的火鸡问题。在火鸡问题中,一个农民每天早上给他的火鸡喂食,在这种情况下,火鸡根据归纳逻辑预测:第二天早上当农民出现时,食物也会出现。这个预测是成功的,直到有一天,农民没有带来食物,却带来了一把斧头来宰杀火鸡。同样,俄国科学家伊万·巴甫洛夫(Ivan Pavlov)也做过一个著名的实验:他每次喂狗之前都会按铃。这种模式是如此有规律,以至于狗似乎把铃声当成了食物出现的原因。即使巴甫洛夫按了铃,但没有带来食物,狗仿佛以为食物出现了,仍然分泌了唾液。

这些例子表明，基于过去的观察结果或经验做出的预测可能会出错。尽管休谟没有解释究竟是什么构成了"自然的齐一性"，但是他认为这种预测是基于"自然的齐一性"。这些例子的共同点：一种现象有规律性地发生，直到其他事情破坏了这种规律。令人遗憾的是，逻辑实证主义将这一现象解释为归纳逻辑谬误的证据。这是一个有缺陷的结论。

这三个例子之间也有区别。休谟提出的日出问题质疑根据过去的经验进行预测的有效性，即依据归纳法对现象的规律性进行简单概括。由于现象的规律性随时可能被破坏，所以基于过去的经验做出的预测可能会出错。这是一个正确的结论。然而，我们可以预测出"太阳明天会升起"，这个预测不是仅仅基于过去的经验，而是基于理解知识。太阳每天会升起是由于地球自转，而地球自转是由于角动量守恒，除非地球在恰巧的位置被一个具有足够大动量的物体从恰巧的方向击中，从而停止自转，否则地球将继续自转下去。这一预测并不涉及一般归纳推理或规律性，而是基于自然法则。因此，是的，我们"有理由相信太阳明天会升起"。不仅如此，我们还可以预测出日出的确切时间和方向。如本书9.3节所述，尽管自然法则是从经验中获得的，但它们是通过一种受限制形式的归纳推理推导出来的。休谟在得出结论时，将问题过于简单化了，也没有区分经验和理解知识。理解知识不仅仅来源于经验。他的论点和结论存在根本性缺陷，但却误导了一百年来几乎所有的科学哲学研究。

在罗素提出的火鸡问题中，除非农民每次都杀死所有火鸡，否则此次宰杀中幸存的火鸡(或者在多次宰杀中幸存的火鸡)会小心谨慎地对任何危险迹象做出反应，并警告其他火鸡，就像部落中的老人会做的那样。然而，如果农民每次都杀死所有火鸡，影响这些火鸡做出反应的知识就不能在它们之中累积。因此，两代火鸡之间世代间断的存在不能满足本书3.1节所讨论的知识累积条件。同样，如果巴甫洛夫的狗像科学家一样评估情况，它可能会记得自己被欺骗过,于是在看到食物之前不会相信铃声。尽管如此,巴甫洛夫并没有得出"狗做出错误预测的原因在于归纳逻辑有误"的结论。相反,他以类似于伽利略发明惯性理论的方式发明了条件反射的概念;条件反射引起的流涎反应是一种生理现象,与是否出现了食物无关。

让我们从本书到目前为止已讨论过的科学家的视角出发,探讨这些例子中预测失败的原因。在这三个例子中,预测都是仅仅根据事实知识做出的。记得前面提到过,事实知识涉及一种与其他现象无关的现象。当一个现象与其他现象相关时,就可以形成理解知识。逻辑实证主义者准确地质疑了作为预测基础的事实知识的可靠性。然而,他们得出的"预测失败的原因在于归纳逻辑"这一结论颇有问题。事实上,正如我在"休谟的归纳问题"及其他两个例子的结论中所解释的,理解知识(而不是事实知识)可以作为预测的基础。我们得出的结论是预测可以基于理解知识。一个现象的规律性特征是事实知识,而不是理解知识,也不能作为预测的基础。如果我们无法预测出太阳明天是否会升起,那么我们需要了解原因。因此,"在科学中,归纳逻辑是不可信的"这一结论是逻辑实证主义犯的一个根本性错误。此外,正如本书第七章将讨论的,任何将创造新知识与动物的生存本能(比如狗或火鸡意识到食物的代替物)进行"类比"的科学哲学理论,都不会被视为科学,因为这两个过程是根本不同的。

科学家在调查一项预测失败的原因时,不会简单地得出"预测失败的原因在于归纳逻辑"的结论。相反,他们会得出这样的结论:预测失败的原因要么在于逻辑实证主义理论,要么在于归纳逻辑,要么只是这一个具体的预测失败了。科学家不会使用上述讨论的例子来证伪归纳推理。这些例子出问题的原因是许多哲学家基于认识论不受限制的推论,他们这样的做法常被我称为"凭空臆测"。因此,这三个例子在理论上与科学或科学哲学无关,因为它们没有区分理解知识和用于预测的事实知识。根据理解知识,自然界中的许多事物似乎是"自然齐一的"或有规律的,但观察单个现象的规律性特征并不一定会发现理解知识。因此,"归纳逻辑不能用于科学中"的结论存在根本性缺陷。我将在本书第九章讨论科学家如何消除这些潜在缺陷。

科学家不是基于"自然的齐一性",而是基于"理解知识"做出预测,换句话说,科学家不仅仅是根据平常观察到的现象(事实知识)做出预测。甚至在一项科学成果成为理解知识之前,需要根据科学的理解进行预测。例如,因为掌握了关于大气的理解知识,尤其是关于大气不同尺度之间耦合过程的理解知识,并且运用了更好的预测模型,短期天气预报的准确性在过去几十年中得到了显著提升。科学家们都知道如果没有理解知识或科学的理解,那么他们的预测能力是十分有限的。例如,似乎没有人能持续地预测出股市崩盘的确切时间和程度,尽管预测股市回暖可能更容易一些。其原因很可能与股市和经济中涉及的人类行为有关。当处于压力之下时,人类行为的不确定性可能会非常高。人在极端压力下会有完全不同的反应。我们尚未完全获得关于这一过程的理解知识。本书将在第七章和第九章更详细地讨论归纳逻辑过程。

因此,逻辑实证主义的核心观点之一是归纳逻辑在科学上是不可信的,这一观点存在根本性缺陷。令人遗憾的是,逻辑实证主义者花了更多的精力,试图找到解决这个想象中的问题的方法。

乌鸦悖论:如本书1.3节所述,乌鸦悖论是逻辑实证主义提出的一个著名例子。鉴于上述关于归纳逻辑的问题,实证主义提议在推理中用演绎逻辑取代归纳逻辑,比如假设-演绎方法。但这一提议失败了,这是逻辑实证主义的重大失败。它对逻辑实证主义而言非常重要,因此,让我们来进一步考察乌鸦悖论中问题出现的原因。图4.3说明了这种情况。大圆圈内的区域(含区域A)表示所有黑色的东西。大圆圈之外的区域(区域D)表示所有非黑色的东西。小圆圈内的区域表示所有乌鸦,大圆圈和小圆圈相重叠的区域(区域B)表示黑色乌鸦,大圆圈与小圆圈不重叠的区域(区域C)

表示非黑色的乌鸦。现在的问题是，小圆圈是否完全在大圆圈之内（$C=0$）？或者小圆圈是否与大圆圈完全不重叠（$B=0$）？或者如图4.3所示，小圆圈和大圆圈之间有重叠的区域（$B\neq 0$且$C\neq 0$）？乌鸦悖论是要证明$C=0$。

这一证明过程中涉及的逻辑、"科学方法"和相关注释如下：

步骤1：观察了许多黑色的乌鸦，得出观察结果。（因为这是一个观察结果，所以它对逻辑实证主义或经验主义而言都至关重要。）

步骤2：基于这一观察结果，提出假设H，即"所有乌鸦都是黑色的"。（这是归纳推理所能得出的"多种"可能中的"一个"结论，但这一结论以演绎逻辑的形式呈现。回顾本书4.2节中探讨的三段论可知，有一个待检验假设H，$H=$"所有F都是G"，其中F表示事实，G表示泛化。值得注意的是，此处的推论失败最终归因于归纳推理。）

步骤3：根据待检验假设H，推导出辅助假设H'，即"非黑色的物体不是乌鸦"。（无论待检验假设H实际上为真或为假，根据三段论都得出"H'等价于H"这一结论。）

步骤4：发现了一只白色的天鹅，"天鹅是一个非黑色、非乌鸦的东西"这一命题为真。（因此，这一观察结果被用作支持辅助假设H'的证据。）

步骤5：观察到了许多非黑色、非乌鸦的东西，这些东西都被用作辅助假设H'的证据。（大量观察证据支持辅助假设H'，因此H'被证实。）

步骤6：通过进一步观察黑色的东西，发现了乌鸦。（这一观察结果证实了待检验假设H。）

步骤7：待检验假设H通过演绎逻辑被证实。（因此，可以得出"H为真"的结论。）

步骤8：通过更多的观察，发现了非黑色的乌鸦。（$C\neq 0$。待检验假设H被否定或证伪。本书将在4.5节探讨"证伪"这一概念。）

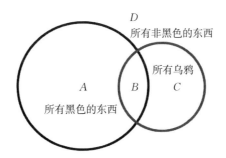

图4.3 乌鸦悖论。大圆圈内表示所有黑色的东西,大圆圈以外的区域表示所有非黑色的东西。小圆圈内表示所有乌鸦。大圆圈和小圆圈的重叠区域B表示黑色乌鸦。

让我们从科学家的角度来回顾一下,究竟什么已经被证实了,什么还没有被证实:

步骤1:对黑色乌鸦的观察结果证实$B\neq 0$。

步骤2:待检验假设$C=0$,这一假设基于所谓的直接推广模式。如本书7.3节所述,直接推广模式(instantial model)是一种归纳逻辑形式,但不被视为科学推理。这一假设是基于几个"F是G"的样本的观察结果,并推断"所有F都是G"。这个推断被用于以下演绎推理逻辑。

步骤3:这是待检验假设的反转形式。此处可以使用本书4.2节探讨的"if-then语句"形式。鉴于所有乌鸦(P)都是黑色的(Q),如果一个乌鸦不是黑色的(非Q),那么这个东西就不是乌鸦(非P)。这与本书4.2节讨论的第三种可能的情况相一致,是"若Q不为真,则P不为真"的有效形式。从表面上看,这是一个合理的步骤。

步骤4:对白色天鹅的观察结果证实$D\neq 0$,但没有证实待检验假设$C=0$。

步骤5:观察到了其他非黑色、非乌鸦的东西,这一观察结果没有为步骤4增添任何新证据,再次证实$D\neq 0$,但仍然没有证实待检验假设$C=0$。问题在于没有检验"每个"非黑色的东西,而这种检验是证明辅助假设$H*$需要去做但没有完成的操作。如果完成了这种检验,应该已经发现了非黑色的乌鸦。

步骤6：对黑色东西中黑色乌鸦的观察结果证实$B\neq 0$，这对步骤1而言是多余的，因为在步骤6中没有发现任何新信息。

步骤7：得出$C=0$的结论，然而，上述任何步骤中都没有提供表明$C=0$的证据。步骤1、4、5和6都不能证实$C=0$。因此，该假设没有得到证实，其结论是在缺乏证据的情况下得出的。

步骤8：证伪是科学中的常用概念，本书将在4.5节和第九章中详细讨论这一概念。

乌鸦悖论表明，逻辑学家提出的逻辑在某些情况下可能是有缺陷和易错的。首先，步骤3中出现了第一个根本性缺陷。根据演绎逻辑，H等价于H'，但被视为这两个假设的证据是不同的。在步骤3之后的步骤中，提供的证据大多是支持辅助假设H'的证据，却没有关于H本身的证据。其次，上述论证过程中的第二个根本性缺陷是步骤4和步骤5提供的可以支持H'的证据都不能用来证实假设H，即步骤4和步骤5与假设H无关。由此可以看出：这一过程存在根本性缺陷。事实上，辅助假设H'要求检验"所有非黑色的东西"，所以H'是一个比H更难以证实的假设，其要求的检验不可能完成。根据逻辑，要求通过全面检验"所有"非黑色的东西来证明H'为真，但这种全面检验没有被完成。最后，步骤7中出现了第三个根本性缺陷：结论是在没有证实$C=0$的情况下得出的。乌鸦悖论清楚地表明用演绎逻辑无法推导出归纳性的结论。

依据演绎逻辑推导出归纳性结论的想法源于对演绎逻辑的误解。如本书4.2节所述，演绎逻辑必须从更一般到更特殊，而乌鸦悖论是一个从特殊到一般的过程。

然而，一些传统的科学哲学理论从这次失败中得出的结论更有问题，更令人担忧。它们得出的结论认为无法演绎地证明归纳出的结论是因为步骤2出错了，即归纳推理本身是容易出错的。这是一个更严重的错误，甚至比上述讨论的三个逻辑上的根本性缺陷还要严重。这个错误的后果导致了（或更准确地说，误导了）科学哲学试图提出一种"科学方法"，这种科学方法认为要在科学中完全避免使用归纳逻辑。很明显,一个在逻辑上有缺陷的悖论,即在没有直接证据的情况下得出的结论,并不能否定任何东西。

科学中真正的问题远远比这个悖论更复杂。如果一个人不能从方法或描述例子的语言中,找出这个简单例子中存在的缺陷,那么他不太可能进行任何一项有意义的科学研究。如果用这个悖论来论证"归纳推理及其预测能力无法用演绎逻辑来证明",那么乌鸦悖论不是很有启发性,因为其推理存在逻辑缺陷。在这些缺陷被消除之前,基于乌鸦悖论只能得出一个合理的结论,即该悖论不是真正的悖论,而是有缺陷的逻辑联系。

还有一个更令人困惑的悖论,人们称之为归纳法之新谜。它是科学哲学中比乌鸦悖论更被广泛讨论的例子。这个"新谜"逻辑混乱,或许可以用来测试学生的逻辑能力和知识。从表面上看,它是在归纳逻辑的基础上用更严格的演绎逻辑的"形式"为逻辑经验主义构建一个严谨的基于演绎法的论证理论,但它失败了。因此,逻辑经验主义为"用演绎逻辑取代归纳逻辑"所做的一切努力都失败了。然而,要充分认识这个新谜并了解其中的缺陷,需要在本书第九章中引入"科学推理的形式"这一概念。遵循传统理论中的形式逻辑将无法解决这个新谜。在本书10.6节,我们会将其作为选读做进一步讨论。

尽管如此,即使语言和逻辑分析确实有助于减少出现缺陷的概率,但尚不清楚这种分析是否能带来任何新想法,从而创造出新知识。此外,尽管我们有时确实会遇到可能需要进行类似分析的概念化问题,但是科学问题很少是"是非问题"或"有无问题"。在科学中,问题通常与"一些"条件或情况有关。推理应该更多地基于由问题背景所定义的"条件",而不是基于一些抽象的形式。

在20世纪70年代,继卡尔·波普尔的证伪理论和托马斯·库恩的科学革命理论出现之后,逻辑实证主义和逻辑经验主义因存在如此多的致命问题而最终消亡。库恩更明确地指出,不能仅仅根据逻辑、方法和数学来进行科学研究。在我看来,逻辑经验主义思想对社会的整体贡献是很难判断的。它无疑提高了大众的科学意识,但其理论也产生了更多的混淆,这些混淆已经深深渗透到我们的教育体系之中。缺乏经验的科学工作者或科学项目管理者经常根据这些理论提出错误的问题,或做出错误的决定。这些负面影响可能需要好几代人去纠正。本书将在第七章至第九章中讨论这一点。

4.5 证伪主义

波普尔理论:卡尔·波普尔(1902—1994)提出了关于"猜想与反驳"的观点,这对科学哲学而言是革命性的。根据波普尔理论,科学由两个步骤组成:第一步是提出一个假设并加以证伪,第二步是提出一个改进的假设并再加以证伪。这两个步骤重复直至永远。他的猜想(conjecture)类似于假设(hypothesis),但不如假设那么坚定。他认为科学应该承担更多的风险,做出更大胆的、可验证的预测。例如,爱因斯坦做出了一个大胆的预测,即任何事物的速度都不会超过光速。这种科学冒险导致了现代科学的许多进步。他认为,如果一个理论不冒任何风险,因为它与每一种可能的观察结果(如对梦的解释)都是一致的,那么它就不是科学,而是非科学或伪科学。我原则上同意这一基本观点。

与传统的"假设与证实"理论相比,其关键点在于是反驳还是证实。反驳或证伪强调的是新的科学观点可能会出错的一面,而证实或证明(亦被称为"可验证性原则")强调的是新的科学观点可能是正确的一面。因此,波普尔理论在根本上直接与逻辑实证主义相对立。换句话说,波普尔认为使用假设-演绎方法来证实是错误的。他不相信"证实",认为证明实际上是个神话。根据他的理论,一个理论不能被"证明",只能被观察结果"证伪"。在科学哲学中,波普尔质疑归纳法,不相信归纳逻辑可以在科学中发挥作用,因此,波普尔在这方面认同逻辑实证主义的观点,认为理论只能建立在演绎逻辑的基础之上。

划界（demarcation）：波普尔理论始于如何区分科学和非科学或伪科学的"划界问题"。波普尔提出的划界标准是可证伪性，即一个科学理论必须有被证明是错误的"潜在的"可能。如果一个理论是可证伪的，所能发现的证据可能支持或否定该理论的预测，尽管这些证据不一定能足够令人信服地完全证伪该理论。如果对这个理论的证伪不够令人信服，那么这个理论仍然成立。否则，证伪方获胜；这个理论被证伪了，也就是不成立的。如果一个理论通过了证伪检验，或者尚未经过检验，那么这个理论就是未被证伪的。在这两种情况中的任何一种情况下，仍然可以期待进行更多的证伪检验。在他的理论中，术语"可证伪的（falsifiable）"或"不可证伪的（unfalsifiable）"不同于"已被证伪的（falsified）"或"未被证伪的（unfalsified）"。不可证伪的理论：指不管证据表明什么，都无法被证伪的理论。根据波普尔的观点，虽然这种不可证伪的理论已经通过了许多证伪检验，但它们都是非科学或伪科学，而不是科学。许多反对波普尔理论的论点都是从这个"划界"标准上发展而来的。

波普尔认为，如果一个理论过于"灵活"以至于任何存在或不存在的、正面或反面的证据都不能够证伪它，那么这一理论是不可证伪的，因为该理论可以用一种与任何证据相一致的方式来辩驳。他还认为，科学理论必须做出不易更改的（肯定或否定的）预测，而且越大胆越好。此外，理论的提出者在做出预测后，不能再改变预测，不管实际观察结果将是什么。当且仅当一个预测有"可能"被一些未来的观察结果所反驳（可证伪），这个理论才是科学的。

例如，根据爱因斯坦广义相对论，光经过巨大质量物体时，会发生弯曲。因此，该理论预测当星光经过太阳附近时，与没有经过太阳附近时相比，它应该会发生一定程度的弯曲。这种星光弯曲的角度可以由望远镜测量出来。考虑到太阳的质量，弯曲的角度大约是爱因斯坦时代望远镜精度的两倍，因此，弯曲的角度可以被精确测量出来。亚瑟·爱丁顿（Arthur Eddington）在1919年的一次日食期间进行了观测,当时他们观测日食期间光线非常接近太阳的一组恒星。如果没有日食,这些恒星就无法在太阳附近被观测到,因为强烈的阳光会吞没昏暗的星光。然而,在日食期间,这些恒星的亮度足以被观测到,并且星光的方向可以被测量出。由于太阳和恒星在天空中沿不同的轨迹运动,因此可以准确地判定它们在天空中的轨迹和位置。理论预测与日食期间的观测结果被进行了比较。这次日食期间得出的测量结果定量地证实了爱因斯坦广义相对论的影响。波普尔用这个例子来说明科学理论的可证伪性,因为如果理论预测与测量结果不同,那么该例子可能会推翻爱因斯坦的理论。这就是反驳或证伪的"潜力"。

相比之下,波普尔将西格蒙德·弗洛伊德(Sigmund Freud)的心理学、卡尔·马克思(Karl Marx)的社会历史观和达尔文进化论归入伪科学,因为无法对它们进行证伪。当一个观察结果可能与理论预测相悖时,这些理论具有足够高的灵活性,可通过理论辩驳使观察结果仍与理论相一致。

弗洛伊德的大多数理论都是基于潜意识或无意识的行为,例如梦。对梦的解释具有很强的灵活性,因为一个梦可以有两种以上相互矛盾的解释,而且没有被反驳或证伪的可能性。同样,占星术、看手相和算命充其量可以被视为非科学或伪科学。

波普尔给马克思的观点贴上伪科学的标签,这进一步展现了波普尔心目中的划界标准。马克思预测或"猜想"(波普尔所提出的术语)共产主义政权将首先建立在英国或德国这样的工业国家。但是共产主义政权于1917年首次在俄罗斯建立,当时俄罗斯还不是工业国家。因此,马克思的猜想是可证伪的,也被证伪了,即马克思的预言是错误的。然而,马克思的追随者认为,预测错误不是因为理论本身有缺陷,而是因为马克思无法预测出列宁的出现,列宁是一位有魅力的政治家和俄罗斯共产主义运动的领导人。因此,如果没有列宁的出现,马克思的预言就是正确的。波普尔认为,这种解释表明马克思的观点是无法证伪的,即马克思的观点是伪科学①。波普尔论点中的一个问题是：一个科学理论应该允许被修改，即使人们可以认为这一科学理论在修改后是另一个不同的理论。

在我们继续探讨之前，需要注意的是，弗洛伊德的理论和马克思的观点涉及的是行为问题，而不是知识问题。达尔文理论涉及的是知识问题，因而值得进行深入探讨。根据达尔文理论，生物进化是变异和自然选择。该理论涵盖一个极其漫长的时期，横跨了几百万年，包括每个活着或死去的生物。具有如此普遍性的理论有大量的潜在反例来证伪。然而，由于这些反例所处年代和相关解释的不确定性也极高，所以证伪难以得出结论。这可能是波普尔最初将这一理论称为伪科学的原因。此外，达尔文理论中没有定义"缓慢进化"的时间尺度：多长时间称得上缓慢，多短时间称得上快速？例如，多峇巨灾事件和恐龙灭绝可能涉及一些相对快速的变化。多峇巨灾事件指大约七万五千年前发生在印度尼西亚多峇湖的一次超级大型火山爆发。这一事件导致了持续多年的全球火山冬天②和随后的一段漫长的降温期。据说，它持续了数千年，但数千年在进化过程中是非常短暂的。正如波普尔所做的那样，质疑达尔文理论在最初提出时是否是科学的，并不是没有道理的。然而，从达尔文到波普尔，经过几十年的研究，进化论的不确

---

① 马克思理论的发展是为了预测历史。有人可能会质疑，根据波普尔提出的划界标准，历史学是否可以被归类为一门科学学科。有人能发展出一种以科学为基础的普遍历史理论吗？显然，这样的理论无疑是可证伪的，并且肯定可以用反例来证伪，因为有太多的历史事件可以用相反的方式来解释。
② 火山冬天译自英文短语 volcanic winter，指关于火山爆发引起全球气候变化的理论，该理论认为在强烈火山喷发活动后，大量的火山灰及硫酸气溶胶等物质进入大气层中，增强了地球对太阳的反照率，大量太阳辐射被反照到地球之外，热量难以抵达近地面，进而导致全球气温下降。

——译者注

定性和灵活性都大大降低了,尤其当关键证据在时间线或家族树上的相对位置是合理的时候。因此,波普尔后来收回了他给达尔文进化论贴上的"非科学"这一标签。今天,我们可以自信地称达尔文理论是科学的。从这个例子我们可以看出,知识和科学似乎不是一回事,因为达尔文理论的细节被不断补充或修改。大多数人只记得其中几个朗朗上口的口号,却不记得其科学内容。

心理学是科学还是伪科学? 近几十年来,许多大学将心理学系更名为"行为科学系"。对科学家而言,这是一个有趣的现象。无论出于什么原因,在一个系或学科的名称中冠以"科学"一词,似乎其可信度就会提升。让我们来分析一下心理学到底是科学还是伪科学。对许多人而言,科学与数字和数学方程式有关。如果一个人在处理数字和数学方程式,那么他就在进行科学研究。现在,大数据的概念很流行。如果一个人拥有一个包含所有信息的数据库,那么他能知道他想知道的一切。因此,心理学家正在进行越来越多的调查,收集越来越多的数据。有了这些数据和分析,如果处理数字和数学方程式就意味着科学,那么心理学真的可以被称为科学吗?

几年前,新闻媒体上充斥着各种统计数据和调查,并称其为行为科学。例如,在一项研究中,研究者观察了办公楼电梯里的人类行为。其中,一定比例的人看着天花板或地板,一定比例的人在聊天。但是,毫不奇怪的是,越来越多的人被观察到在使用他们的智能手机。他们为什么会在电梯里使用智能手机?他们是不是太害羞,或者觉得太不礼貌而不敢盯着别人看?或者,智能手机正在接管社会吗?这项研究没有为这些问题提供明确且科学的答案。我们能从这些关于行为科学的统计数据中了解到什么?新知识是什么?本书对这些问题不予讨论。酒吧里也进行了类似的研究。这是科学吗?因为这样的研究不做出任何预测,所以是不可证伪的。根据波普尔的观点,这些是伪科学。

当然,他们同系的同事可能会说,行为研究与其正在进行的研究项目都是科学的。例如,他们做了一个"Y"形笼子,笼子里的一只猴子可以自由地走到"Y"形笼子三条腿中的每一条腿上。他们在"Y"形笼子的三端各放了一个扬声器,播放不同音量的各种音乐或噪声。假设猜想:猴子会花更多时间待在它更喜欢或至少不讨厌的扬声器边上。随着时间的推移,研究者可能会收集到大量关于各种动物对不同类型音乐或噪声做出反应的数据,生成一个与音响强度有关的函数。那么,他们可以发明出一些理论,也可以基于数据创造出新知识。紧接着,他们还可以做出预测。每个人都可以看出来:这是一个合格的科学项目。

考虑到同系里的两个有科学名称的研究项目,我们应该如何根据波普尔的"划界"标准对系进行归类呢?波普尔将心理学、历史学、社会学、经济学等归入"伪科学",因为这些学科的理论都过于灵活且不易证伪。在波普尔列出的名单中,我们注意到大多数被视为"伪科学"的学科在本质上都是定性的学科,且侧重于发现事实知识。波普尔的"划界"标准强调预测,但正如在前面关于休谟的"日出问题"和罗素的"火鸡问题"中所讨论的,事实知识的可预测性非常有限。随着更多事实知识的累积,一些理解知识可能会开始在一些学科中出现。然而,正如行为科学的例子所示,波普尔的"划界"标准确实存在一些局限性或模糊性。

严格来说,如果按照波普尔的定义,那么所有基于统计的科学学科都存在问题,因为在这些领域中,任何观察结果都只能以不同的概率被接受和理解。因此,根据这种划界标准,这些理论是不可证伪的,会被归入伪科学。另一方面,基于观察结果的理论无法通过证伪检验,因为许多例子都可以作为反例来证伪这种理论。划界理论在被应用于许多实例时都是存在缺陷的。

证伪与证实:"科学理论的真实性永远不可能被观察证据证明"是一个大胆的陈述,这一陈述最终让波普尔陷入困境。如果没有理论可以被证明是正确的,那么科学在做什么?难道我们不能通过更多的正向检验来衡量科学进步吗?我们应该继续证伪一个理论吗？或者，如果代价太大，我们就应该停止证伪检验吗？如果我们应该停止证伪检验，那么多大的代价才算太大？许多科学哲学家对他提出了质疑。我认为后两个问题在科学哲学中是不成立的：科学的目标是创造新知识；因此，时间和所付出的代价不应该成为决定真理和知识的因素。如果我们在有生之年因为所付出的代价、处理时的轻重缓急而无法弄明白真理，后来的人们会继续探究下去。因此，我认为尽管实用主义可以是科学管理中的一个因素，也可能对商业或工程问题而言更为重要，但它不应该涉及对科学的判断。

当一个理论经过了更多的检验时，它是否比一个完全没有经过检验的理论更有可能是正确的或更可信呢？一些科学哲学家用一个关于桥梁设计选择的例子来反驳波普尔理论。他们认为，现有没塌的桥梁已经成功通过了检验，那么基于这些桥的设计方案的风险系数较低；相反，一个全新的设计方案由于没有经过检验，那么其风险系数应该会较高。这是一个非常好的例子，解释了科学哲学家和科学家之间的不同观点，正如我在整本书中所讨论的一样。首先，设计一座新桥对科学家而言通常不是一个科学问题，因为它不涉及大量新知识的创造。工程审查委员会应该能够评估出一个设计方案在预期的极端天气条件、负荷和交通情况下的可靠性。没有人愿意在没有经过审查过程的情况下建造新桥，审查过程本身就是一个证伪过程。其次，如果选择是基于"设计方案是否经过了检验"，那么根据这些哲学家的想法，当今世界上的桥梁都将与人类建造的第一座桥梁相同。最后，建造一座新桥主要涉及艺术效果、经济成本、便利性和交通。因此，桥梁设计的最终选择更像是一个政治决策，而不是一个科学问题。这个例子存在缺陷，并且与波普尔的观点无关。

因为科学涉及创造新知识，如果科学中的一个想法没有经过充分的检验，在理论上，下一次检验可能会证伪这个想法。波普尔理论在这方面有一定的道理，因为一个理论总是可以有更多的后续检验；然而，当这个想法开始被称为波普尔主义或证伪主义时，波普尔走向了极端，即完全否定了论证成功的可能性，正如本书2.4节所讨论的，这可以被视为一个关于"标签化行为具有魔力"的例子。在科学中，我们可以从这些论证成功和论证失败的检验结果中获得一些领悟。在通常情况下，一个理论会根据检验结果做出修改。波普尔理论忽略了这个重要的学习过程。

　　波普尔理论中有趣的问题之一是，如何知道自己是否或何时发现了真理？这一问题的提出者认为寻求真理类似于寻找真正的"圣杯"。在这个类比中，真正的圣杯会永远发光。但有些杯发光一段时间后可能会变暗，那么问题出现了：你可能拿着一个发光的杯，却不确定它是否会永远发光。然后，杯变暗了，这意味着证伪成功。你可能不得不丢掉这个杯，重新开始寻找下一个会永远发光的圣杯。这个例子很好地描述了本书讨论的两个核心问题之一：如何知晓我没有错？回答这个问题对任何科学家而言都是一个挑战。我对这一论点的看法如下。一方面，科学很少是一个"是非问题"，因此我们不应该将寻找圣杯与科学研究进行类比。因为从有缺陷的理论中可能会衍生出更好的理论，所以即使找到了一个更有可能会永远发光的圣杯，也没有人愿意扔掉一个已经发光一段时间的杯。在这个过程中，人们可以了解杯变暗的原因。换句话说，科学家可能会将一个杯改装为另一个与之不同的杯，或者根据一个过时了的杯制作一个新杯，也就是说杯之间是相关的。牛顿力学就是这种情况。科学家不会仅仅因为爱因斯坦的相对论和量子力学理论，就抛弃牛顿的理论。另一方面，科学家在应用已有理论的同时，从未停止过对其真实性的质疑，也从未忘记一个被否认的观点的潜在价值。在科学中，我们不仅向学生传授已有理论，而且讲授失败的理论和改进的理论。我们还会解释这些理论失败和改进的原因。本书将在第九章和第十一章中讨论"如何知晓自己发现了新知识"。

　　如果一个理论被证伪了，那么我们如何确定这次证伪是证伪了整个理论,还是只证伪了理论的一部分?科学哲学中的一个流行理论被称为"整体主义",我们将在本书第十章进一步探讨该理论。整体主义认为,证伪检验不仅是对单一假设的单独检验,而且是对一系列假设的检验。根据整体主义,理论系统中任何一个要素被证伪,都可能推翻整个理论。原则上,这种担忧是合理的,但在科学中,这些可能性中的大多数都可以被识别出来并单独加以探究。此外,对不同影响程度的分析可以排除许多整体主义的猜测。实质上,出版审查过程是一个由专家完成的证伪过程。这些权威专家会对理论体系中的一个或多个问题做出判断并提出建议。理论是否被证伪取决于问题的严重性、发生频率和重要性。

我对波普尔思想的批判:本书的前面章节提到了一些波普尔理论的批评者,尽管这些批评者都十分慎重,但他们漏掉了一个关键的哲学问题——已有知识如何能够用于证伪那些证明已有知识存在缺陷的新知识?他们忽略了一个重要的可能性:已有的知识网络有可能成功证伪一条新知识吗?之所以提出这个问题,是因为创造新知识可能就是要否定已有知识,而人们怎么能用将要被否定的东西来证伪一个可能是对的东西呢?例如,在比萨斜塔上进行的自由落体实验可以作为"地球不动"的证据,并成功证伪日心说。这一论点并没有像整体主义所期望的那样涉及复杂的知识网络,整体主义者能找出知识网络的错误所在吗?然而,我们知道成功的证伪不会存在。伽利略发明了当时未知的惯性理论,以更好地解释与"地球是运动的"有关的自由落体实验。获得了这一新理论后,自由落体实验可以作为日心说的证据。这是否使日心说过于灵活,进而成为非科学或伪科学?如果我们也像波普尔曾将马克思的观点贴上伪科学的标签那样进行论证,那么我们可以将日心说视为伪科学,因为日心说似乎是不可证伪的,伽利略修改了哥白尼的初始预测,而哥白尼并没有预见比萨斜塔的自由落体实验。

另一个类似的例子涉及1785年提出的库仑定律。该定律指出,同性电荷(正电荷或负电荷)相互排斥,这种排斥力与两个电荷之间距离的二次方成反比。从那以后,这项定律获得了人们的广泛认同。然而,英国物理学家、原子核物理学之父欧内斯特·卢瑟福(Ernest Rutherford)于1911年进行的阿尔法粒子(α)散射实验表明,一个原子核中含有多个正电荷。根据库仑定律,因为这些正电荷之间的距离非常小,它们应该会非常强烈地相互排斥。让我们想象一下,假如你是一位科学家,生活在原子核首次被发现的激动人心的时代,但你意识到了库仑定律和卢瑟福实验之间的矛盾。你是否打算根据波普尔理论认为库仑定律被原子核的发现所证伪?或者,你会用库仑定律来证伪原子的新模型吗?如果你遵循波普尔理论,那么至少有一个理论被证伪了。当代表库仑定律的圣杯变暗时,你会扔掉它吗?或者,如果你遵循整体主义的思想,你会这样争辩,因为卢瑟福实验涉及一个知识网络,所以无法确定这两种理论中哪一种是正确的;你要么什么都不做,要么用一生的时间去了解每个假设的技术细节和所涉及的测量技术。在20世纪70年代,物理学家发现当带正电荷的质子之间的距离极小时,会产生另一种力。这种力被称为强核力,它控制质子并将原子核聚合在一起。有了这些新知识,库仑定律和卢瑟福实验之间就不存在矛盾了。如果你既不相信波普尔理论,也不相信整体主义,那么你有可能成为提出新观点的科学家。

从日心说和强核力的例子来看,波普尔理论存在重大缺陷,因为它可以被自身的规则证伪。值得注意的是,这两个例子是由科学家提出的,而不是由科学哲学家提出的。如本章4.4节和4.5节所述,科学哲学家提出的大多数批评,如桥梁设计选择、寻找圣杯、整体主义或评审过程,要么不太相关,要么微不足道。

然而,波普尔后来走向了一个激进的极端,即认为证实是无法做到的,这偏离了他最初的伟大思想。波普尔的激进观点可能源于当代科学哲学观念,即任何理论都必须是绝对的和排他的。他最初的想法阐述了科学中证伪的重要性,这在当时是非常新颖的。因为科学本身很少是一个"有无问题",因此科学哲学理论对

"普遍性"的要求存在根本性缺陷。这就是为什么科学哲学不可能发现一个在大多数情况下都有效的理论。毕竟,波普尔的思想深刻地质询着我们应该如何在科学中做出决定和判断。本书将在第九章中介绍如何在科学中运用证伪。

■ 思考题

1. 你认为知识的来源是什么?经验更重要,还是概念化更重要?请举例说明。
2. 用你自己的话说说看,演绎逻辑和归纳逻辑分别是什么?请分别举例说明。
3. 除了演绎逻辑和归纳逻辑,你能找出其他可能的逻辑吗?1980年,美国物理学家、诺贝尔物理学奖获得者路易斯·阿尔瓦雷茨(Luis Alvarez)与其儿子沃尔特·阿尔瓦雷茨(Walter Alvarez)共同提出了阿尔瓦雷茨假说,即恐龙灭绝的原因是6 500万年前小行星撞击尤卡坦半岛。阿尔瓦雷茨假说是基于什么逻辑?这种逻辑成立吗?
4. 你认为科学的进步是基于证实还是证伪?请举例说明你的观点。
5. 你认为经济学、医学、历史学、考古学、文学、艺术、音乐、心理学、水文学和生态学是科学学科吗?为什么?
6. 你做过智商测试吗?智商测试准确吗?在你看来,智商测试是科学的还是伪科学的?为什么?

第五章 科学革命与范式[①]

5.1 理性革命

在普通大众的眼里,尤其是对那些热爱科学的人而言,科学革命意味着我们在科学革命之前所知道的一切都是错误的,因此,科学革命可能是科学中较具吸引力的事情之一。当科学哲学探讨牛顿理论的"垮台"和爱因斯坦相对论的发明时,它无疑极大地激发了人们对于科学的热情。物理学新理论促使人们发展出原子武器,这种武器的破坏力极强,甚至足以毁灭世界多次。然而,上述推理思路中存在一些明显的错误信息和失实表述,我将在本章中

[①] "范式"译自英文单词paradigm。它是科学哲学领域的重要专业术语,也是美国科学哲学家托马斯·库恩(Thomas Kuhn)理论中的核心概念。在科学和科学哲学领域,"范式"通常被用于指代"理论框架"。本书5.3节对范式的概念和理论进行了比较系统的介绍。需要注意的是,根据本书作者对汉语译文的审校意见,译者对全书英语原文中出现的"paradigm"一词的翻译进行了如下处理。在本书第五章中,"paradigm"均被译为"范式"。在本书第五章以外的其他章节,若在同一句内同时出现了"paradigm"和"theoretical framework(或framework)",则前者被译为"范式",后者被译为"理论框架";若在同一句内仅出现了"paradigm",则将其译为"理论框架"。此外,在英语原文论及库恩本人对"paradigm"的具体定义时,"paradigm"也被译为"范式"。——译者注

讨论这一点。

科学革命指科学思维在相对较短的时间内发生的根本性变化。这段时间的长短取决于两个因素:信息传播所需的时间和信息吸纳所需的时间。在古代,信息传播的速度很慢。如今,在互联网时代,信息以接近光速的速度传播到世界的每一个角落。现在的问题不在于信息传播所需的时间,而在于合适的人注意到特定信息所需的时间,我称其为一种观点被社会消化所需的时间。

伊曼努尔·康德(1724—1804)认为发生过两次科学革命,他将其称为"理性革命"。第一次理性革命指从古巴比伦和古埃及到希腊的技术变迁,涉及几何学和算术等数学实践。这个变迁过程一定非常漫长,比如几个世纪。希腊人将这些技术用作证明假设的工具。在我看来,康德的观点颇有见地,因为这一变迁预示着"定量"科学的开端。如果你生活在那个时代之前,你做推测或假设应该会非常灵活。你可能会提出许多可能的方式来解释一种自然现象,但如果你是一位优秀的"智者",你就不可能摒弃任何一种可能性。另一方面,在排除对一种自然现象的多种可能解释方面,几何学和代数可以发挥非常重要的作用。数字可以是一个强有力的制约因素,因为有一些规则(比如几何学和代数的规则)可以操控数字。人们会发现,许多哲学推测都不符合这个新要求。这就是"定量的评估(evaluation)"的力量。我们在此处选择使用"定量的评估",而不是"量化(quantification)"一词,是因为有些科学学科尚无量化的理论,但我们要求任何理论都必须规定一些限制条件,至少在所涉及的每个过程的规模方面。推测不能是随意的。现代科学哲学普遍忽视了这一要求,因此,当证明的要求仅涉及逻辑形式时,凭空臆测仍在该领域占主导地位。不过,值得一提的是,此处提到的"定量的评估"并不涉及"道德价值"。

康德指出第二次理性革命是培根提出的"实验"概念和伽利略发明的"实验室实验法"。伽利略在实验室进行了许多实验,例如测量木块滑下或金属球滚下滑道的加速度。这可能是(基于定量分析的对照）系统实验的开端，也是现代科学的支柱之一。当人们运用从第一次理性革命中获得的几何学和代数来分析实验结果时，他们发现一些现象可以被定量地描述，甚至被定量地预测。人们可以想象，在坡度角、滑道的表面类型以及木块、金属球的大小和形状不同的情况下，伽利略应该能够通过结合各种情况，相对准确地测量出地球的重力加速度。这就是由定量评估制约的系统实验的力量。它可以将一种效应与其他可能性区分开来，从而有效减少可能解释的数量。

我认同康德提出的两次理性革命——基于数学知识的评估和系统实验。它们是现代科学的基础。伽利略发明的系统实验方法可能很容易理解，但从科学哲学的视角来看，用数学知识来判断一个想法的成败，还真是有点奇怪。这是因为数学是由不同的群体出于完全不同的目的发展起来的，比如数豆子或者画几何图案，本书将在第八章和第九章进一步探讨这一问题。鉴于人们对上述现代科学两大支柱的认可，从理论上讲，我们可以猜测：再增加一个支柱可能有助于提高这个系统的稳定性。那么，我想为科学体系增加第三个支柱，即提出第三次理性革命——牛顿的概念化与模型化方法①。

虽然牛顿（1643—1727）进行了一些实验（尤其是光学实验）并发明了微积分，但从科学哲学的视角来看，他对科学的主要贡献是将已知的观察结果和实验结果概念化为牛顿运动定律和万有引力定律。这些定律中的每一个都有其数学形式，并通过数学知识（定量的评估）与实验结果相联系。如本书第四章所述，知识有两个来

---

① 德国哲学家康德在牛顿去世前三年出生，他非常了解牛顿的理论。然而，他花了很多时间发明自己的力学规律。康德实际上发明了力学三大规律（Walktins，2019）。可能因为当时德国对牛顿力学的认知十分有限，所以康德不能理解牛顿在力学领域做出的重大贡献。

源：观测和概念化。理解知识将若干条事实知识联系起来以反映真理，并最终被提炼为概念化的形式。"概念化"是在自然"法则"这一概念被引入科学之后，才稳定地发展起来的。根据牛顿发明的定律，我们常常发现通过图解分析力学问题更为实用。与其进行实际实验，我们不如分析作用在物体上的力，并通过数学推导对每个力进行评估，从而确定物体的运动。这就是概念化的力量。概念化通过在观察结果和特定理论或想法之间建立联系，从根本上改变了数学在科学中的作用。

自然"法则"提供了若干条事实知识之间的联系。它以观察结果为基础，并在各种条件下都通过了检验。自然"法则"明确有力地反映了潜在的自然界真理，因此可以被视为科学真理。一般来说，在科学中，自然法则必须是定量的，它不需要基于（演绎）逻辑的证明，只需要真实准确地描述自然过程。此外，它必须能够解释不同的现象[①]，其适用条件是该法则的重要组成部分。对自然法则的成功挑战往往以修改法则的适用条件而告终。

根据以上讨论可知，创造新知识需要包括三个基本要素：观测、概念化和评估。如果没有这三个要素，一门学科就不能被称为科学。概念化和观测通过推理或逻辑联系起来。从观测到概念化主要涉及归纳逻辑和大量的知识综合，而从概念化到观测主要涉及演绎逻辑。评估使这些联系更加紧密可靠。就这一点而言，康德提出的第一次理性革命实际上包含两个要素：古埃及人和古巴比伦人对数学或几何学所做出的贡献及希腊人对推理所做出的贡献。推理是理解任何实验结果的基础。它包括进行系统实验、发明将数学知识与实验结果相联系的模型、将数学和几何知识有效

---

① 例如，美国科学家戈登·摩尔（Gordon Moore）在1965年发明的摩尔定律不是自然法则。摩尔定律指密集的集成电路（IC）中的晶体管数量大约每两年会翻一番。同理，如果开普勒定律只描述了一颗行星的运动，那么它也不会被称为自然法则。

应用于实验,以及解释或预测实验结果。值得注意的是,我没有使用"逻辑论证"或"理性"这样的词,而是用"推理"一词来表示潜在的多种可能性,并将其与"逻辑"区分开来。如本书4.4节所述,逻辑过分强调形式,我认为这是错误的。根据不同的推理思路,我们可能会从同一实验中得出不同的结论。在这三个要素中,实验和概念化是每门科学学科的专业内容。推理(包括数学)在所有科学学科中都是通用的,也是科学哲学的核心话题。我将在本书第七章和第九章进一步探讨科学推理。

5.2 科学革命

有了科学的三要素,革命性的科学事件可能是从根本上影响了某门科学学科的历史事件,且往往为一门新的科学学科奠定了基础。一门学科的根本性变化或一门新学科的出现足以影响其他学科,从而随着时间的推移影响大规模的科学体系。我不会用"革命"一词来形容那些只在分支学科及以下层面影响科学的伟大思想,但可能会用"方法(approaches)"来形容分支学科以下层面的精彩想法。本书将在5.5节和8.2节中进一步探讨学科和分支学科的概念。

尽管在许多科学类和科学哲学类畅销书中,哥白尼的日心说被认为是科学革命的开端,但如本书1.4节所述,它对政治或宗教领域的影响更大。这一理论对科学的真正影响十分有限,这主要是因为该理论没有提供丰富的、新的和实质性的理解知识。毕竟,日心说在科学中是一个关注度很低的话题,尚未发展为一个科学分支学科层面之上的科学领域。哥白尼对科学哲学最重要的贡献可能是:使人们更多地认识到"开发系统模型"需要规定对模型的要求。我记得在前面说过,哥白尼之所以提出新模型(日心说模型),是因为对初始模型(地心说模型)所做的修改可能会与基于初始模型提出的假设及其先前所做的修改相矛盾。尽管每一次修改似乎都提高了初始模型的预测能力,但初始模型的缺陷从未被消除。这也是当前科学和工程实践中的主要问题之一。例如,当一个模型受到挑战时,人们通常不会通过解释"该模型如何正确地描述了过程"来为其辩护,而是以"该模型的结果不错,是有效的"来回应。

直到牛顿的万有引力定律和牛顿运动定律的出现,我们才真正获得了关于行星运动的理解知识,我认为这是形成现代科学革命的第一个革命性事件。牛顿的理论建立在伽利略的成果(如重力的测量和惯性的概念)、开普勒的行星运动三大定律和圆锥函数在数学领域的进展(对离心率的解释)的基础之上。牛顿理论的影响是人类历史上最深远的。它在同一框架下根据只包含一个常数(万有引力常数)的数学表达式,不仅提供了对地球引力的物理学理解,还提供了对行星运动和炮弹轨迹的物理学理解。这个常数在宇宙中的任何地方应该都是精确的,甚至在其他星系中也是如此!所有的预测都变成定量的了。这难道不是很神奇吗?它还提供了关于伽利略自由落体实验和哥白尼理论的理解知识,并解释了为什么我们可以自信地预测出明天早上太阳将再次升起[①]。然而,如本书1.4节所述,它也对哥白尼理论的绝对真实性提出了质疑。科学哲学中经常引用的另一个例子是用这一理论来解释月球潮汐。后来,人们越来越清楚地认识到,该理论可以应用于更多的地方,比如建筑物或桥梁的设计。几乎所有的事物都是可预测的,不管它是运动的还是静止的(运动的建筑物或桥梁意味着它正在倒塌)。牛顿力学是研究可见的、无生命的事物的科学基础。甚至,牛顿理论中的许多概念被广泛运用于生物或看不见的事物之中。

---

① 顺便提一下,休谟的归纳问题挑战了我们预测"明天太阳是否会升起"的能力,这表明在他那个时代,他并不理解自然哲学中的新知识。他生活在1711年至1776年,远在1687年牛顿的著作《自然哲学的数学原理》出版之后。

另一场实质性的科学革命是麦克斯韦的电磁理论。在他的新理论出现之前,电学和磁学是两个不同的研究领域。法拉第定律和安培定律(纯粹的经验定律)表明这两个领域之间存在一定的联系。麦克斯韦引入位移电流,将法拉第定律、安培定律和库仑定律相结合,形成了统一的电磁理论。此外,由此产生的麦克斯韦方程组预测:电磁场能以波的形式传播;光就是其中之一。这场革命与牛顿的理论相似,都建立在观测、概念化和评估的基础上。这一新理论的影响也十分深远,为多门科学学科提供了范式。电学、光学、无线电科学和无线电技术都是基于这一理论,该理论如今对现代社会而言是不可或缺的[①]。

同样,人们可能会认为,每一门吸引了大规模科学研究活动的现代科学学科都是一场科学革命的结果;科学革命的影响取决于所在领域的规模和受关注度。然而,按照惯例,科学哲学中的"科学革命"是指发生在16世纪至17世纪的事件,当时发生了几个重要的科学革命事件。

例如,在17世纪70年代,荷兰科学家、光学显微镜之父安东尼·列文虎克(Antonie Leeuwenhoek)发现了微生物,这一发现可以被认为是生物学中科学革命的起点,随后发展为现代科学学科微

---

① 在过去的三十年里,我一直从事空间物理学的科学研究。空间物理学将麦克斯韦的理论、牛顿的理论和其他理论结合起来,如与热力学、原子物理学、狭义相对论和化学相关的理论。人们可能会认为:空间物理学这门学科的形成起源于一场科学革命,但这场革命的规模比牛顿的理论和麦克斯韦的理论所引发的革命规模小。当科学家们为了理解在广阔空间及太阳上发生的各种支配进程,将不同学科的知识组合在一起时,空间物理学成为一门科学学科。由于太阳是一颗恒星,这些知识可以用来理解宇宙中的许多基本进程。该领域的奠基人之一、瑞典物理学家汉尼斯·阿尔文(Hannes Alfvén)获得了1970年的诺贝尔物理学奖。

生物学。当时，列文虎克经营了一家服装店，他运用显微镜检验布匹的质量。随后，他找到了一种制造高精度的高倍透镜的方法。当他用自己制造出的高倍透镜进行观察时，他看到了许多肉眼看不见的东西，尤其是许多种类的、活动着的微型生物，即如今我们称为细菌和微生物的生物。这些观察结果起初只是事实知识，尚未成为理解知识。关于这些观察结果的理解知识是法国微生物学家路易斯·巴斯德(Louis Pasteur)于一百年后提出来的。我们现在知道，并不是每种微生物都会引起疾病，一些微生物可能有助于治愈疾病或保护人们的健康。

1628年，解剖学之父安德烈·维萨里(Andreas Vesalius)和英国生理学家威廉·哈维(William Harvey)发现了血液循环和心脏功能；这对人类了解自己的身体做出了重大贡献。1869年，俄国科学家德米特里·伊万诺维奇·门捷列夫(Dmitri Ivanovich Mendeleev)发明了元素周期表；这种新的理解知识在化学和物理学之间构建了一种范式。达尔文的遗传变异理论和自然选择学说及孟德尔遗传实验都是革命性的；这些理论中的每一个都为一些科学学科奠定了基础，尽管它们不像牛顿的理论和麦克斯韦的理论那样可以量化。

爱因斯坦相对论和普朗克的量子理论分别确定了牛顿理论的一个极限。我们在本书1.5节中讨论了普朗克引发的革命，并将在本书6.4节中探讨爱因斯坦引发的革命；这两场革命都推动了科学哲学研究，但都没有推翻牛顿的理论，而是各自在物理学中建立了一门科学分支学科。

5.3 科学范式

托马斯·库恩(Thomas Kuhn)在其著作《科学革命的结构》中提出了"科学范式"的概念(Kuhn, 1962)。该著作记录了库恩对科学发展的深刻观察，但没有引用当时的科学哲学理论。这种做法本身就是科学哲学的一场革命：不要一开始就将任何事物概念化或做出假设,而是观察已经发生了什么和仍在发生什么。他从根本上改变了科学哲学中讨论的主题,因此许多科学哲学家称他为历史学家,而不是哲学家。我认为这是这些科学哲学家的一个根本性错误,因为库恩开创了一种新的科学哲学范式。库恩接受过夯实的物理学训练,他在转向科学哲学领域之前,是一位入门级的科学家。他的许多观察结果和讨论正确地描述了科学家每天都在经历的科学过程。这在很大程度上不同于本书第四章所描述的许多逻辑学家和语言学家在关于科学哲学的争论中所使用的逻辑分析。

库恩的著作出版后,由于其对科学革命的关注,范式的概念开始流行,但这一概念被许多科学哲学家误解了。范式的概念对普通大众而言颇具吸引力,尤其是对那些想提出新理论、创造新范式以推翻旧范式、雄心勃勃的科学家而言。大众对关于科学革命的新闻和理论具有强烈的兴趣。然而,什么是范式?

虽然关于"范式"一词的争论是由库恩引发的,但该词源于希腊语,意指范例。当你学习数学或科学时,教材或老师首先会介绍一个概念(一个定律或理论),然后用一两个例子说明如何运用这一概念解决问题。例如,自由落体理论可以用来计算一个球从大楼三楼坠落到地面的时间和速度。学生做作业时,通常会研读问题,并将其与教材中列出的例子进行比较,以弄清楚两者之间的内在相似性。他们会先解决简单问题,然后再解决更复杂的问题。这是运用类比推导出知识的过程,也是科学家的一项重要能力。我们通过相关练习,可以运用它更快、更准确地解决问题。这种学习方式就是"范式"一词的原始含义。自亚里士多德以来,人们就知道基于类比的推理有时可能会失败,但这种方法仍然在教育中被广泛使用。然而,我们很少用"范式"一词来描述这种学习方式。那些认为"范式"指范例的哲学家,显然并不了解这个术语基本含义的演变。这个术语如今的含义与库恩对其进行界定之前的含义完全不同。

库恩在其专著中做了明确的解释:在科学中"范式很少是对象

的复制。"这个概念可能更像"普通法"①，人们依据普通法对各种案件做出司法判决。在《美国传统词典》中，范式被定义为"构成看待现实的方式的假设、概念、价值观和实践的集合"，并且它"自20世纪60年代以来，在科学中被用来指代理论框架"。在语法学习中，范式指其传统含义，即范例。在科学中，范式指理论框架，即在某些情况下，以几个基本定律或基本原则为基础，并具有二级理论和模型的网状系统。例如，大陆漂移理论和达尔文进化论最初都是猜想，后发展成范式。这些理论和模型得到了一系列紧密相连的观察事实的支持。如本书4.5节所述，关于理论或范式的解释有助于增强理论和观察结果之间的联系。范式能够也需要将不同的现象统一起来。创造理解知识的关键就在于将各种观察结果联系或统一起来。

许多哲学家对科学范式的第一个错误描述是，共享同一范式的科学家共有同一"价值"。在这种情况下，我们需要在定义范式时引入价值判断的概念。科学家主要关注一个理论或想法的真假；价值（尤其是道德价值）不在科学家的考虑范围之内，除非它只涉及库恩定义的简单性、一致性和合理性。在后一种情况中，价值的三个特征在相互竞争的范式中可能是共同存在的，本书将在6.5节的例子中探讨这一点。因此，这三个特征不足以让科学家决定应该相信哪种范式。此外，这种价值体系在科学革命发生后并没有改变。库恩认为科学家对范式的信任是基于宗教式的信仰和同行压力，而不是基于理性和证据。这是他对自己的观察结果的错误解释。他低估了每位科学家都想提出自己的范式的冲动。科学家会不断挑战一种范式。多种范式并存的原因是信息不完整。一

---

① 普通法译自英文短语common law，后文又称英美法，指一种起源于英国的、以判例形式出现的、主要在英美两国范围内普遍适用的法律体系，它主要依据法官在过去的案例中所做的判决来确定法律原则。——译者注

场科学革命通常是由一条新的关键信息引发的。一般来说,如果一位科学家证实了某种范式是错误的,那么他放弃这种范式是毫无困难的。事实上,他可能是第一个挑战自己所依据的范式的人。

一种新范式可能始于一个猜想。因为新范式如同任何新的理解知识一样,能够在不同的观察结果之间建立联系,并对已有理论具有兼容性(能解释已有理论可以解释的一切,而不产生新的异常现象),因此它获得了科学家越来越多的支持。当这种新范式被成功地应用于不同的问题时,它就会巩固自己的地位,并随着时间的推移变得越来越具体。值得注意的是,由于那些相信已有解释或范式的科学家会支持已有解释,因此,在这个过程中可能会出现很多试图证伪一种新范式的尝试。大多数哲学家可能没有注意到这些尝试。因此,每个新颖、不同但成功的应用都不会被忽视,更不会被理所当然地接受。如果人类的知识是一个知识网络,那么网络间的联系可能会始于若干条相交的线,线之间的相交点为这个知识网络提供了一定的稳定性。在此,我强调的是:将一种范式应用于一个大不相同的问题,会大幅提高知识网络的稳定性。随着范式的发展,会出现越来越多的支持性证据,进而联系会更紧密。与此同时,技术和数学处理方法进一步发展、成熟,甚至成为标准化的技术和方法。如果有些预测通过了定量的验证,那么出现替代方案的可能性会变小。随着我们知识的进一步增长,我们创建的信息和知识网络会逐渐演变成更具支撑性、基础性和牢固性的建筑物,即相当于从一开始的帐篷,逐渐发展为小木屋、混凝土建筑,甚至最终演变为可防御原子弹的防空洞。欧几里得几何和牛顿力学等理论就是这样的情况。

这就是范式的含义。我意识到这一点的时候有点晚了,当时我试图挑战一个已有的主流理论,但没有成功,我将在本节后面的部分描述这段经历。我希望自己在大学时代就已学过关于范式的理论和概念,这也是我创作本书和配套课程的主要原因之一。然而,库恩的科学革命理论一直受到了严厉的抨击。英国哲学家玛格丽特·马斯特曼(Margret Masterman)的抨击最为极端,她声称:在库恩的著作《科学革命的结构》中,"范式"一词有21种不同的含义。作为一位科学家,我读了库恩的这本著作。尽管我不认同库恩的一些观点和陈述,但是我发现书中"范式"一词的用法非常清晰。事实上,我觉得托马斯·库恩是第一个在科学哲学中正确描述了科学的结构和进程的人。现在的问题是:一个词怎么会有21种不同的含义?你有多少次看到一个词在字典里有21个条目?或者让我们类比一下,一个人可以被认为是21个不同的人吗?如果有人认为可以,那么有一种可能性:他不太了解这个人。在这种情况下,一个人的服装、发型或妆容发生任何变化都可能导致这个人被误认为是另一个人。令人遗憾的是,许多哲学家,特别是那些专门研究语言学或逻辑学的哲学家,在分析了这21种含义之后,仍然认同马斯特曼的结论!① 我发现大多数批评都站不住脚,我的结论是:对库恩范式理论的批评主要是基于对科学的无知或个人偏见。科学家很容易理解库恩所描述的范式是什么,不觉得其存在很多歧义。

让我们比较一下库恩的科学革命理论和波普尔理论。在波普尔理论中,科学永远对批评持开放的态度,包括对其理论框架的批评。但库恩认为,科学并不总是对其理论框架(范式)的批评持开放的态度;否则,这会造成一种混乱的局面。波普尔则认为科学是一系列由猜想和反驳这两个步骤组成的、不断重复的过程。在这方面,波普尔承认科学的一部分是社会进程。另一方面,库恩推断科学有多种形式(本书称为"阶段"),即常规科学、革命性的科学和

---

① 库恩的著作《科学革命的结构》于1692年首次出版发行。2012年,芝加哥大学出版社发行了它的第四版(亦称"50周年纪念版"),添加了加拿大哲学家伊恩·哈金(Ian Hacking)所撰写的导读。值得注意的是,我们最容易找到批评库恩著作的地方就是伊恩·哈金写的这篇导读!这一定是个异乎寻常的安排,因为作者库恩在1996年去世,无法回应这些批评。

将前面两者联系起来的危机科学。在常规科学阶段,范式的有效性不容置疑。在革命性的科学阶段,范式会受到挑战,且会发生改变。本书将在下一章讨论这三个阶段。

根据波普尔的观点,如同实证主义,科学是基于理性和证据发展的。但库恩认为,科学不是基于理性和证据发展的,而是基于历史发展的。科学的理性理论(比如"理性重建")与现实无关。在科学中,两个重要的哲学问题是:如何知晓一个人的理性化没有错?如何知晓一个人对证据的解释没有缺陷?仅仅根据理性或证据并不能确保一个人的理性化或解释是正确的。本书将在第七章和第九章讨论这些问题。

我在写博士论文的时候,第一次遇到了与范式相关的问题。我的博士论文是关于卫星观测到的一个现象,当时有一个非常著名的理论模型描述了与该现象相关的物理过程。为了解释我的观察结果,我研究了这个模型,但很快发现,基于该模型得出的结论存在一个根本问题。该模型具体地描述了在这个物理过程中的磁场效应。当然,如果没有磁场,那么与磁场相关的效应应该会消失。然而,基于该模型做出的预测与此恰恰相反。也就是说,基于该模型的预测认为:随着磁场强度的降低,与磁场相关的效应会增强,并在磁场强度为零时达到最高值,这种预测与我们已知的没有磁场的情形相差甚远。这种错误或缺陷非常严重,相当于教材的内容出错了。我对自己的这一发现感到非常兴奋,于是我紧张地工作,撰写了一篇论文来挑战统治了该领域15年的模型。

经过几个月的努力,我提交了一篇评述论文[①]。期刊主编将这

[①] 评述论文译自英文短语 comment paper,指一种学术文献类型。评述论文通常以已发表的学术论文、书籍、报告等为对象,实事求是地批评和分析已发表文献中的不合理的内容,且可能会提出相应的修改建议。评述论文的篇幅一般比较短。——译者注

篇论文发给了该模型的提出者来进行评审。该模型的提出者非常专业,即使我在挑战他的理论,他对像我这样的学生还是很友好。在评审报告中,他提供了更多的数学数据、一些关于类似处理的成功例子,以及支持该模型的物理学论据,可是这些都无法解决我所发现的问题。然而,这份评审报告清楚地表示:我不仅仅在挑战基于他的模型所得出的结论,而且在挑战他的数学推演及他的模型所依据的理论框架(范式)! 当时,我的经验和所接受的训练还不足以挑战这个理论框架。虽然我知道这个模型存在根本性错误,但是除非我能准确地指出他的模型中的缺陷所在,否则我对基于该模型得出的结论的挑战仅仅是推测,无法通过同行评审程序。我别无选择,只能撤回这篇评述论文。你可以想象我所经历的窒息感:我明明知道该模型是错误的,却无法证明这一点。这种情况类似于你目睹了一起谋杀案,但无法在法庭上证明犯罪嫌疑人和犯罪行为之间的关联。这就是范式的力量! 如果一个人不是挑战范式本身,那么范式就像一顶帐篷,保护着帐篷下的每一个人。我挑战的这个模型是基于范式的;因此,该模型的提出者可以利用范式的力量来为其辩护。我当时太年轻,缺乏经验。

几年后,我所在学科的两位顶尖科学家成功地找出了这个模型中的缺陷(Southwood & Kivelson, 1995)。换句话说,他们成功地切断了该模型与其范式之间的联系。现在回想起来,如果我在大学或研究生阶段学过库恩的范式理论,我就会知道,除非我能切断模型和其范式之间的联系,否则我是在挑战范式而不是模型。而要挑战一种范式,即使它不像牛顿力学那样坚实,也需要更充分的准备。

在本书6.5节将讨论的另一个例子中,我们小组花了二十多年的时间才在我们所在的学科中构建了一种范式框架,但要让人们真正采用这种范式,可能需要更长的时间,也许需要一代人的时间。正如普朗克所言,"一个新的科学真理能够获得胜利,并不是因为它能说服其反对者,使他们看到光明,而是因为其反对者最终都会死去,对其熟悉的新一代人成长起来了。"

让库恩陷入巨大麻烦的一个观点是,他认为真理或对世界的看法是依赖于范式的。库恩没有将真理与理解知识或科学区分开来。因此,根据传统的哲学理论,他所定义的真理、知识或科学都应该是客观的。那么,既然真理是客观的,对世界的看法就不能是依赖于范式的。然而,另一方面,如果对世界和自然的看法是依赖于范式的,根据其理论,(客观的)真理依赖于(主观的)范式,所以这是一个不可解决的问题。库恩因为这个不太重要的缺陷而受到科学哲学家的嘲笑。如本书3.1节所述,知识反映真理,但不是真理。理解知识与范式密切相关,科学是发展中的知识;因此,知识和对世界的看法是依赖于范式的,但真理不是如此。

根据库恩的科学革命理论,科学始于一种"前范式"状态,即一种聚集了混乱的事实和推测(请注意,不是假设)的状态。然后,人们通过大量的努力,将这些分散的信息统一起来,形成一种范式。库恩认为每个领域在特定时期都被一种单一范式所主导。在达成共识(类似于为球赛制定规则)的过程中,人们会基于范式提出细节或模型范例。这在宏观层面上可能是正确的。然而,大多数时候,活跃的科学研究活动并不是在宏观层面上开展的。在活跃的科学研究活动所开展的层面上,单一范式占主导地位的观点通常是不正确的。正是多种范式的存在吸引并促进了研究。在一个研究课题被单一范式所主导的情况下,当最优秀的科学家们转向更具挑战性的课题时,剩下的唯一工作就是"扫尾"工作。

在本书6.5节将讨论的例子中,我参与构建了一种替代范式,旨在统一我所在的科学学科中的两种当前范式。这两种范式已经共存了五十多年,当时人们似乎只是选择了依据两套规则打球赛。如果信息是定性的,那么信息和证据可以用以上两种范式中的任何一种来解释。但是,由于对观察结果的解释存在太多的不确定性,人们无法将这两种范式区分开来。只有在不确定性大大降低、能区分这两种范式的情况下,结论性的新信息或新证据才能打破这两种范式共存的局面。为了区分或统一这两种范式,新证据必须是定量的。

5.4 为什么了解范式很重要?

对科学家而言,理解和重视范式的存在很重要。根据我写博士论文时第一次遇到与范式相关问题的那个例子来看,范式似乎是有害的,因为它保护了有缺陷的观点。但这种情况并不常见。很常见的情况是:当科学家开始一个项目时,他会遇到一个无法用传统理论解释的问题。于是,他会自然地倾向于质疑基于传统理论的解释。随着对传统理论的了解越来越多,他可能也会开始质疑该理论所基于的一般知识。

例如,我在开始写这一章的前一天,收到了一封我不认识的年轻人主动发来的电子邮件。这个年轻人所接受的训练似乎与无线电和光信号处理有关。他显然在探究一个自动驾驶汽车项目。他发现一个信号的模型模拟结果与他的观察结果不同。这种情况在科学研究中很常见。当然,与自动驾驶汽车测试结果相关的细微差异可能是致命的,因此他应该认真对待任何细微的差异。于是,这个年轻人开始质疑多普勒频移的概念,这是因为他是基于这个概念来测量自己和其他人的车速的。他的测量方法与警察测量汽车行驶速度的方法相同。这种方法是基于相关理论可靠地推导出来的,并被广泛应用于各种领域。因此,它可以被认为是一种范式。尽管如此,他还是对多普勒方法①提出了质疑。因为多普勒方法基于描述电磁波传播的麦克斯韦的理论,所以这也引起了他对麦克斯韦的理论的怀疑。他进一步挑战了爱因斯坦广义相对论和

① 多普勒方法指利用多普勒频移对物体的某些参数进行测量的方法。多普勒方法通过检测信号的频率变化,来获取和判断物体的速度、振动、位置等参数,是一种广泛应用于物理学、医学、气象学、军事学、工程学等领域的测量方法。——译者注

量子理论。他的关键论点是：人眼反应时间的极限是10^{-9}秒。人眼反应时间的极限会产生不确定性，进而导致信号接收的计时误差。然后，他引用了很多几个世纪前测量出的关于光速的历史数据，并认为由于这些测量数据中的光速差别很大，爱因斯坦对光速的了解不够准确。因此，他得出的结论是：爱因斯坦相对论中所假设的光速恒定没有得到观察结果的支持。然后，他提出了一些新概念和新的物理过程，并为电邮给我的手稿注了版权。从这封电子邮件中，人们可以感受到他的激情、对发明的渴望，以及因不被赏识而感到的沮丧。他在将电子邮件发给我之前，一定已经向出版社提交了他的发明，但这个手稿肯定没有被发表。

在这个例子中，最初的问题是这个年轻人无法解释其测量结果中的一个特征。随后，为了解释模型模拟结果与测量结果之间的差异，他对多普勒频移的计算提出了质疑。多普勒频移本身被认为是一个关于特定主题的范式，是天体物理学、天文学和宇宙论中用于确定宇宙膨胀速度和宇宙年龄的基本方法之一。如果一个人想推翻多普勒频移这个概念，他就必须解释：为什么天体物理学和宇宙论中的大多数现代理论都是错误的，或（至少是）需要纠正的？对于运用哈勃望远镜得出的观测结果而言，为什么多普勒频移对这类观测结果的解释大多是错误的？当然，这个年轻人不太可能为挑战现代天体物理学和宇宙论做好了准备。但他抨击的对象是麦克斯韦的理论和爱因斯坦相对论（两种更高等级的范式），这使他的任务更难完成了，因为他必须解释：为什么这些理论在各个学科中都是成功的，或者为什么所有这些科学学科都是错误的？而这是对于挑战多种范式的必然要求。正如本书3.1节和5.3节所讨论的，对于任何新知识的必然要求是"对已有理论具有兼容性"。如果他知道范式的概念，那么他可能会在测量过程中关注其他可能的问题解决方案，比如仪器、数据处理方式和实验环境。与证明"多种范式（比如多普勒频移、麦克斯韦的电磁波理论、狭义相对论、广义相对论和量子理论）都只在他的案例中是错误的"相比，在这些技术问题上发现错误的机会要大得多。每种范式都有大量的支持性证据；他必须证明所有这些证据都被曲解了。他还需要回答：所有参与这些科学项目的科学家为什么都没有意识到根本性错误？我们将在本书11.1节中讨论这一问题。除非这些范式已经陷入危机，否则推翻这样的范式不是通过几页论文手稿就能实现的。对此，本书将在下一章进行讨论。

　　人们不应该认为这个年轻人是科学界的一个例外。过去有无数记录在册的像这样的尝试，还有更多没有被记录或发表的尝试。事实上，科学中的很大一部分尝试都涉及了像这样的尝试。如本书4.5节所述，一种范式的巩固是通过像这样的证伪尝试实现的。在这个例子中，这个年轻人并不缺乏创造力。然而，如本书3.5节所述，如果一个人不知道"他是否被自己愚弄了"，那么他的许多创造力会被浪费，反而产生一种挫败感。此外，他在收集证据和进行论证时遵循了理性思维；他没有依据上帝或任何超自然的力量提出其论点。根据传统的科学哲学理论，无论从哪方面来看，他都是在进行科学研究。虽然有人可能会说他没有遵循理性思维，因为他对现代物理学的了解不够，没有遵循他人已经建立的合理化。但哥白尼就是这么做的。哥白尼没有遵循地心说的合理化。在这个方面，传统的科学哲学理论存在以下两个问题：什么是正确的合理化？谁应该设定合理化？这个例子清楚地表明：合理化具有个人依赖性。每位科学家或科学专业的学生都可以从这样的失败尝试中学到很多东西。因为科学的结构是相互联系的，人们不能仅仅基于一个相对较小的具体问题来质疑作为一个整体的范式。

5.5　科学范式的等级体系

　　根据库恩的定义，范式需要满足两个条件：①能够吸引一批坚定的追随者；②是开放性的，有大量问题留待这些追随者去解决。

第一个条件指出范式具有社会属性。这一点很重要,因为根据本书对知识的定义,知识也具有社会属性。值得注意的是,在库恩的这个定义中,范式不是根据理论框架或科学思想来定义的,而是根据运用范式的实践者数量来定义的。该定义没有要求范式是正确的或合乎理性的!我认同库恩的观点,也认为他的观点极具洞察力。我对此的解释是:从整体上看,且随着时间的推移,科学界比个人更有智慧。遵循同一范式的科学家一致认为有充分的理由相信这一范式。根据库恩的理论,存在多种多样的研究活动的唯一解释是:存在多种等级的范式。位于最高等级的范式是通用范式。在物理学中,通用范式指牛顿力学定律、爱因斯坦相对论、量子理论、电磁学和热力学等。每种通用范式都涵盖了物理学分支的一部分。在较低的等级(比如光学、流体力学、固体物理学、等离子体物理学和天体物理学)中,每门科学学科都会通过运用通用范式中的一系列要素,结合相邻的科学分支(如化学、材料科学和生物学),构建其范式。每门物理学学科都有一种相对可靠的范式。新的观察结果、工程学和其他应用不断提出新问题,进而推动科学向前发展。

然而,大多数科学活动并不是在学科层面上进行的。在较低的等级中,一门分支学科中可能会有一种范式或多种共存的范式。但是,一门有待发展的子分支学科可能没有一种可靠的范式,而这种不可靠的范式通常被称为科学的处理方法。无论在哪个等级中,所有范式都必须与更高等级的范式系统地保持一致。这是库恩的理论中没有包含的一个新要求,但它是至关重要的。如果较高等级的范式发生了潜在变化,较低等级的范式就必须进行相应的修改。新提出的较高等级的范式可能无法与较低等级的范式相兼容。在这种情况下,较低等级的范式可能会抵制较高等级范式所发生的变化;那么提出新的较高等级范式的人必须解释,为什么旧的范式能很好地兼容这些较低等级的范式。这就是人们很难改变范式的原因,但范式一旦被成功改变,就会变得更加可靠。总的来说,较高等级的范式比较低等级的范式更难以被改变,因为它涵盖了更广泛的科学领域。本书将在6.4节探讨较低等级的范式与较高等级的范式不兼容的情况。

一些科学活动可以用来修改或巩固范式。例如,我所在的科学研究领域,即空间物理学,是空间科学下的一门分支学科。空间物理学始于麦克斯韦的电磁理论和牛顿理论的结合。随着这个领域的发展,越来越多的效应和来自更多种范式的观点被纳入其中。例如,我们现在需要引入量子物理、化学和相对论中的要素,以便将一些科学领域(电磁学、流体力学、统计力学、等离子体物理学、相对论、化学和热力学)、许多仪器技术和材料科学联系起来,从而构成一种范式。我们不会挑战通用范式的有效性,因为通用范式为我们提供了最高级别的庇护。

我所在的学科由电离层物理学、磁层物理学、日球层物理学和空间气象学四个分支学科组成。库恩认为一种范式主导着该范式下的每个研究课题。相反,在分支学科层面,有多种范式满足库恩所定义的两个条件。在每种范式的边缘,理论框架不那么可靠,可能更适合被称为"业内公认的处理方法",也更接近"信念"这一概念。在这个层面上,每种范式或方法都有一系列经典著作来界定各自的理论框架。大多数时候,范式发生变化是相对缓慢的过程。但是这种变化偶尔也会加快速度,这通常是由于出现了新的科学发现或理解知识,或者获得了新模型、新方法或新工具。大多数活跃的科学研究活动都是在分支学科的层面上进行的。

上述描述以空间物理学为例,空间物理学可能是一个较先进的科学领域,它对定量评估的要求比许多非物理学学科更高。它也比许多科学学科更活跃,因为它有来自新观察结果的强大驱动力。如果没有不断涌入的新观察结果,它就很难持续开展高水平的国内或国际研究活动。

在我看来,许多科学领域,比如生物学、心理学和经济学,尚无成熟的范式。因此,为了发展范式,这些科学领域越来越重视定量研究。本书将在6.3节探讨那些尚无可靠范式的科学领域。

　　库恩理论中的一个不一致之处是：尽管库恩准确地界定了范式具有多个等级，但他似乎认为通用范式之下的一切都属于常规科学的范畴，而科学革命只会发生在通用范式中。当一场科学革命发生时，即使是在最高等级中，它也不像许多科学哲学家所描述或想象得那样激烈。例如，牛顿的理论从未"垮台"，只是在物理学中出现两种新范式（爱因斯坦相对论和量子理论）之后，它的适用范围缩小了。牛顿的理论仍然适用的领域在很大程度上并未受到科学革命的影响。然而，由于在通用范式之下还有其他范式，因此，较低等级的范式中发生的一些变化也可能是革命性的，这种变化在科学中发生得更频繁。对那些只在几百年的时间尺度上从宏观层面进行观察的科学哲学家而言，这些变化不值得讨论，但是对在这一领域倾注了40~50年才智的科学家而言，他可能直接参与了其中一个变化。参与这些变化可能是一个人职业生涯和生活中的高光时刻，非常值得庆祝。

■ 思考题

1. 请说出你所在学科的科学革命事件的名称，并描述这些事件。这些事件的关键问题是什么？有没有其他的科学革命事件？
2. 在你所研究的领域里，是否存在一种范式？如果答案是肯定的，那么这种范式是什么？这种范式是定量的还是定性的？
3. 如果你所在的领域存在一种范式，你觉得该范式是有用的（简化研究中的推理思路）还是有害的（保护陈旧过时的观点。值得注意的是，范式本身并不禁止科学家构思新观点或新范式）？如果没有一种明确存在的范式，人们是否希望存在一种范式？你有兴趣参与构建一种范式吗？

第六章 科学进程的阶段

本章改编自库恩的科学革命理论,以我对库恩理论的理解和对科学进程的观察为基础。尽管我对库恩的观点提出了一些批评,但与其他传统理论相比,我更支持他的理论。库恩将科学进程称为"科学革命的结构";但我更倾向于(基于时间维度视角)将其称为"科学进程的阶段"。我认为将其视为动态进程也许更为恰当。我将在本书第八章详细描述科学的结构体系。

6.1 常规科学

库恩提出的"常规科学"的概念在科学哲学中也存在争议。常规科学指在范式提供的理论框架内所进行的研究活动。库恩认为常规科学是一个有序的进程,科学家在这一进程中不会花太多时间来争辩基本原理。库恩的这一观察结果和抽象化颇有见地。为什么开展常规科学研究需要一种理论框架?人们必须认识到:开展科学研究是为了拓展人类知识的边界,创造新知识。在人类知识的边界,我们只有不完整的信息,并据此提出新假设来预测将要发生的事情。在同行评审过程中,每个命题都必须包含一些充分的理由或支持其存在的证据。然而,在这种情况下,因为已有的信息不足以决定哪个命题是正确的或更有可能是正确的,所以多个候选命题可以共存。受到已有信息的限制,每个候选命题仅在一定程度上是正确的。这时,科学家需要设计实验、进行详尽的理论或数学分析,以获得更多确凿的证据,减少候选命题的数量,或为候选命题增添更多的必要特征。在这种情况下,每个人都不知道却分别预测了下一个证据将会表明什么。在新证据出现之前,运用类似方法的科学家会就某些框架达成共识,即形成一种理论框架或范式。

正如本书第五章所讨论的,理论框架要么是已有的理解知识本身,要么有一系列公认的经典著作,且理论框架可以直接追溯到这些著作。此外,理论框架必须能解释一些不同的相互联系较弱的现象,并且在其假设和推理中没有明显的缺陷。当被问及"如何找到正确的方向"时,答案可能很简单——以理论框架为依据。这样做可以节省大量验证和解释推理的时间。然而,我们仍需仔细审查任何基于理论框架得出的"新结论"。但是,那些接受理论框架的人在审查时通常不会质疑理论框架本身。

根据库恩的描述,常规科学是科学革命之后需要进行的"扫尾"工作。这是一个非常令人遗憾的错误描述,尤其如果库恩所描述的科学革命是指牛顿革命和爱因斯坦革命,而不是更低等级的革命的话。然而,他的理论一经发表,就立即受到科学哲学界的全面抨击。同样令人遗憾的是,这些抨击的焦点都是错误的,因为大多数抨击者并不认为常规科学是有价值的!可以公平地说,库恩作为入门级科学家发表的几篇论文都是"扫尾"工作,或用科学家的语言来说,这几篇论文取得了渐进性进展。因此,库恩本人在离开科学界之前,没有建立新理论框架的直接经验,甚至在更低的层面上,也没有创造新方法的直接经验。尽管他准确地界定了范式具有多个等级,但他没有意识到不同等级理论框架下的常规科学之间的差异。库恩具体探讨了两种不同等级的理论框架:宏观等级的理论框架和分支学科等级的理论框架。他清楚地描述了这些不同等级的理论框架。

宏观等级的理论框架指整个社会层面的理论框架,涵盖许多科学学科,并被非领域专家和媒体广泛讨论。例如,当我的房地产经纪人、房屋维修承包商和牙医听说我是一位物理学家时,都和我讨论了爱因斯坦相对论，尤其是钟慢效应。对普通大众而言，这就是他们所知道的理论框架。在这种类型的理论框架中，发生了科学革命，还出现了牛顿、爱因斯坦、达尔文和普朗克等科学家的名字；然而，这些只是几个世纪以来公众所谈论的少数几个科学家的名字。大多数人不可能说得出十年前各个科学分支诺贝尔奖获得者的姓名。另一方面，世界上有多少科学家在这几个世纪内工作过？每个国家、每一代人、每门科学学科中都出现了伟大的科学家。这些伟大的科学家为人类知识的发展做出了巨大贡献。然而，在宏观等级的理论框架中，他们大多不为人知，也不像人们所谈论的少数几个科学家那样伟大。但他们所做的也不是"扫尾"工作。我们既不能说"将人送上月球并安全返回"只是牛顿力学留下的"扫尾"工作，也不能说"设计第一颗原子弹或第一座核电站"是爱因斯坦相对论留下的"扫尾"工作。

常规科学运用科学巨匠的伟大思想来解决实际问题，或者将这些伟大的思想应用到巨匠们未知的领域。有人可能会说，当牛顿提出运动定律时，他设想过飞机和人造卫星的出现，甚至设想过人类登上月球，尽管没有确凿的证据支持这一观点。我可以肯定地说，达尔文在撰写《物种起源》一书时，并没有考虑到恐龙灭绝可能是由小行星撞击地球造成的。阿尔瓦雷茨假说不是达尔文理论留下的一个简单"扫尾"工作。同样，尽管计算机和智能手机是由集成电路构成的，而集成电路是基于以量子理论为基础的半导体理论发展起来的，但是普朗克在提出"量子化能量"时，没有设想过集成电路、计算机和智能手机的出现。一部智能手机包含了多少科学家和工程师的发明呢？这些都是"扫尾"工作吗？如果是，都是谁的"扫尾"工作呢？难道上述每一项发明在某种程度上不都是一场革命吗？在库恩列出的参与"扫尾"工作的人员名单中，出现了瑞士数学家兼自然科学家欧拉（Euler）、法国数学家兼物理学家拉格朗日（Lagrange）、法国数学家兼天文学家拉普拉斯（Laplace）、德国数学家兼物理学家高斯（Gauss）、爱尔兰数学家兼物理学家哈密顿（Hamilton）、德国物理学家赫兹（Hertz）、德国数学家雅可比（Jacobi）、英国化学家兼物理学家卡文迪许（Cavendish）、瑞士数学家兼物理学家伯努利（Bernoulli）和法国物理学家达朗贝尔（d'Alembert）的名字，而我们在物理学、数学和工程学教材中都见过这些科学家的名字。既然库恩从不同等级的层面定义了理论框架，那么宏观等级的理论框架留下的"扫尾"工作可能仍然是：在较低的等级中开创性地建立一种理论框架。由于库恩对科学革命和理论框架改变的讨论仅限于宏观层面，因此，令人遗憾的是，库恩使用的"扫尾（mop-up）"一词使人们产生了困惑。

"扫尾"一词导致科学哲学家们大肆否定常规科学的意义。例如，波普尔认为常规科学有时候是存在的，但这并不好，不应该受到鼓励。在这些科学哲学家看来，常规科学既没有创造性，又浪费生命，也许还会浪费金钱。库恩认为，常规科学的总体特征是不以"产生非常新奇的主要概念或重要现象"为目标，但这一观点是有问题的。这种误解应该是来源于一些传统科学哲学理论中的偏见。对许多哲学家而言，根据他们自己所掌握的知识，科学中只有少数东西可以算作新奇事物。微波炉是一个新奇的发明吗？我猜他们会回答："是的，但不那么新奇。"然而，发明微波炉所依据的所有理论已经存在了几十年。实际上，这项发明背后的科学理论并没有什么新颖之处。然而，对于科学家、工程师或大多数普通人而言，像微波炉这样的发明会是他们一生中的一项新奇成就。因此，库恩的科学革命理论中存在对常规科学的曲解和误解。用库恩的话来说，常规科学通过"重新表述"和"更实质性地改变理论框架"，调和了原理派（如英伦岛的牛顿学派）和大陆学派（欧洲大陆学派）之间的分歧，而大陆学派提出了解决"类地行星问题"（除了天体力学）的巧妙方法。值得注意的是，"理论框架的实质性改变"可能是指学科或分支学科等级的科学革命。大多数非领域专家很难了解或赏识分支学科等级的理论框架。请问有多少人在因超速被警察抓住时，能定量地解释多普勒频移的原理呢？

理论框架既可以是整体性的,也可以是局部性的。前一种理论框架既涵盖人类知识的全部,也涵盖一门科学学科;后一种理论框架只涵盖一门分支学科或一个研究子分支。因此,常规科学研究是在不同的层面上开展的。在宏观层面,本书5.2节中讨论的每一个科学革命事件都可以被视为形成理论框架的起点。一开始,新的理论框架是一个联系松散的网络。多年后,随着这一理论框架的接受度持续提高,其应用范围进一步拓宽,常规科学一方面完善了其理论框架的主要内容,另一方面增强了自身与其他学科知识之间的联系。这一新理论框架的某些部分可能会开始形成较为稳定、坚实的结构。在一些情况下,初始的理论框架可能需要被修改,以适应新现象和新条件。处于这一阶段的科学家将成为这门学科的奠基人之一,他们的名字会出现在一些教材中。随着越来越多的观察结果与这一理论框架进行比较,这一理论框架的细节也会逐渐被探究出来。

在常规科学的渐进式发展阶段,在宏观等级的理论框架之下可以形成学科和分支学科。每门学科或分支学科都有可能形成较低等级的理论框架。较低等级的理论框架可能会更频繁地被修改和改变。如本书5.5节所述,大多数活跃的科学研究活动都发生在分支学科的层面,而不是学科或分支的层面。例如,即使在卫星绕地球运行的简单案例中,由于地球的质量分布不均匀,卫星的轨道会被拉向地球质量较大的一侧,轨道的位置不是固定不变的,而是在缓慢地移动中。月球的引力会对其产生更多的影响。轨道学作为一门科学学科,旨在探究不同质量和距离的天体影响下的各种天体的轨道①。常规科学的主要作用之一是提供定量的信息。想象一下,像美国国家航空航天局(NASA)的近地轨道航天器的着陆那样,航天器在小行星上着陆的难度有多大啊!

① 我们回想起,哥白尼的理论没有被视为一场科学革命,这是因为它没有导致一门科学学科甚至一门分支学科的形成。

在本书5.5节中，我们认为在最活跃的科学研究活动所开展的层面上，多种理论框架可能在一个领域中共存。遵循某种理论框架的科学家无法说服那些遵循其他理论框架的科学家。这类似于美苏冷战时期的情况，当时没有人知道在资本主义或共产主义中，哪种经济制度更好。在这种情况下，科学家通常会拒绝评审与自己相信的理论框架相悖的论文。实际上，这是因为他们认为这些论文要么是基于错误的理论框架或方法，要么是基于一系列错误的假设，还有可能是对观察结果的错误解释。但他们无法在信息不完整的情况下证明这一点。双方都很清楚对方会如何回应批评。事实上，在科学界，如果一篇论文由支持相反理论框架的科学家进行评审（同行评审），那么作者和审稿人之间的争论很可能是徒劳的，因为他们一开始就持有完全不同的观念。例如，我在担任一家权威空间物理学期刊的主编期间，做过一个实验：我将同一篇论文发给了遵循不同理论框架的审稿人。由于每一方都对这篇论文倾注了个人感情，结果立刻引发了一场激烈的辩论。辩论结束后，双方一致认为：除非有人能提供更确凿的新证据，否则没有人能证明或推翻其中一种理论框架。尽管库恩认为不同理论框架之间的交流是徒劳的，但我从这个实验中得出的结论与库恩的结论略有不同。事实上，这样的交流有助于双方在技术层面上更好地理解和更新理论框架的要点。最终，双方都认识到哪些信息对于解决问题而言最为重要。我还认识到：如果没有公正的仲裁者，这样的交流就不可能富有成效，也不可能经常发生。

为了调和两种相互竞争的理论框架之间的分歧，我们需要新信息。当一个新的观察结果被公布时，除非该观察结果是一个结论性证据，否则每种理论框架下的科学家都会对它进行不同的阐释，或者修改他们预测的细节，但最有可能的是：双方都会将这个新观察结果作为支持自己所相信的理论框架的证据。在强有力的结论性证据被获取和广泛接受之后，一些理论框架可能需要进行重大修改，这些理论框架下的科学家也可能会重新组合。

6.2 常规科学中的科学家

常规科学通常被描述和理解为"解谜题",但如果"解谜题"是指找到原则上已知的问题答案,那么将科学描述为"解决问题"可能更好。在实践中,如果待解决的问题有一个潜在的已知答案,只是其细节是未知的,那么它是个工程学问题,而不是科学问题,尽管这两者之间没有明确的界限。大多数情况下,科学是为了解决似乎无解的"尚未解决的"问题。

根据库恩的观点,"处于常规科学阶段的优秀科学家会执着于其所遵循的理论框架,且从不质疑它们。"这是库恩和许多传统的科学哲学理论对科学家的根本误解。处于常规科学阶段的科学家不会"服从于"或"执着于"理论框架的规则。如前所述,理论框架有一系列经典著作,且不包含明显的缺陷。的确,在常规科学阶段,任何新理论或新假设都不会挑战涵盖学科的理论框架。在开始一个项目时,遵循理论框架往往比发明一个又一个理论更方便,也更不容易出现缺陷。如果理论和观察结果相一致,我们就没必要对该课题开展科学研究。在实践中,一个简单的项目通常由研究生或博士后研究员来完成。科学家只是负责监督这样的项目。然而,当你遇到理论和观察结果似乎不一致的情况时,你会怎么做呢?首先,你会仔细检验实验的每一个微小细节,看看不一致现象是否源于技术性错误。但是这种不一致现象并没有消失。这时,最容易受到指责的就是理论本身。是的!是这个理论出错了!所依据的理论框架是正确适用的吗,或者,另一种理论框架会更好吗?因此,一种理论框架不断地被试图证伪。

如果在一种理论框架中没有发现致命的缺陷,那么对该理论框架的大多数挑战都会以失败告终,且这些挑战永远不会被发表。从这些尝试中吸取的一些教训,可以用论文讨论部分的几句陈述加以概括。哲学家和历史学家从不做这样的尝试。然而,在科学领域,这些失败的尝试对人类知识的发展起着至关重要的作用,并占用了科学家更多的时间。这就是阿尔伯特·爱因斯坦所说的"百分之九十九的努力"的真正含义。让我们举个例子,一位科学家在听完另一位优秀同行组织的研讨会后,提出了一个具有挑战性的问题。在这种情况下,这位报告人应该能迅速地理解并简明扼要地回答这一问题。为什么报告人能在这么短的时间内回答出来呢?这是因为他在失败的尝试中已经思考并排除了该问题中隐含的这种可能性。如果提问者一直在研究与此次研讨会相关的问题,那么这就是他能够问出一个具有挑战性的问题的原因,他很可能对此进行过尝试,但却失败了。

优秀的科学家明白,我们不能只抨击理论框架中的某一个具体细节。这并不是因为处于常规科学阶段的科学家缺乏创造力,或对理论框架中可能存在的缺陷缺乏判断力,而是因为如果要抨击一种理论框架,就必须抨击连接许多学科或分支学科的整个理论框架,正如我在本书5.3节中以自身经历为例所讨论的那样。每个支持理论框架的证据都可以用来证伪抨击。

我们为什么要关心这个问题?例如,如果你生活在19世纪上半叶,你的研究课题与天王星有关,那么你首先会观测天王星的位置。但你很快就发现它的位置与牛顿运动定律和万有引力定律所预测的位置不同,而且观测到的位置和预测的位置之间存在系统性差异。你最容易想到的解释是,牛顿的定律可能不准确。也许两个物体之间的引力不完全与$1/r^2$成正比,而是与$1/r^{2+\Delta}$成正比,其中r是太阳和天王星之间的距离,Δ是一个小的修正参数。如果你对所有数据进行最佳拟合,就可以确定Δ的值,Δ可能是时间和方向的函数。你甚至可能会在万有引力常数中找到一个小的修正参数。于是,你声称自己修正了牛顿的万有引力定律!然后,你花了更多的时间学习这一理论,发现理论中的许多地方似乎并不正确或合理。有人告诉你,创造力在科学研究中至关重要,所以你应该着手发明自己的理论和模型来解释观测结果。你会说服自己,你发明的基于标准科学技术(比如回归分析)的新理论,可以近乎完美地解释观测到的天王星轨道。

随后,你迫不及待地向自己的教授或导师展示你的新模型。如果你的教授或导师是一位经验丰富的科学家,他会看一眼你的新模型,然后说:"这个模型很有趣,但它不符合某个定律和某个观测结果。"你会十分不解:"什么?!"然后继续说,"我从来没有使用过那个定律和观测结果;它们与我的问题无关!"你的导师会向你解释定律和观测结果之间的内在联系(理论框架)。如果你的运气不好,身边没有经验丰富的科学家,那么你会在这个问题上花更多的时间,还会写一篇论文来陈述你的观点。论文将由一两名专家进行评审。紧接着,论文审稿人会强烈反对你的理论,并要求你解释:为什么牛顿的定律可以准确成功地应用于其他类似但不同的情况,比如地球或月球的轨道运动?最终,有人会证明你在质疑牛顿的定律时犯了一个错误,因为系统性差异可能是由天王星附近的一颗昏暗的小星星造成的,而伽利略在1613年首次记录了这颗星星。然而,那颗昏暗的星星并不遥远。事实上,它甚至并不是一颗恒星,而是一颗行星——海王星。

这个例子表明:如果你不知道理论框架的存在,你可能会倾向于质疑理论框架。如果你知道理论框架几乎是不容置疑的,因为理论框架与许多不同的观测结果和现象有着内在联系,那么你会问出不同的问题,并以不同的方式发挥你的创造力。

在这种情况下,你可能是英国天文学家约翰·亚当斯(John Adams)——他在1843年观测到了海王星,或法国天文学家于尔班·让·勒威耶(Urbain Le Verrier)——在1845年至1846年,当天王星和海王星在1821年左右相互靠近时,他发现了天王星的轨道会受到海王星的影响;你也可能是法国天文学家亚历克西·布瓦尔(Alexis Bouvard)——世界上第一个假设"太阳系中存在第八颗行星"的人。这个例子告诉我们:除非你有很多具体证据可能足以挑战一种理论框架,否则你不应该挑战它,而应该先试着在理论框架内寻找解决方案,或者换一种方式来看待问题。

当你别无选择,只能在理论框架内解决问题时,只要你足够努力地思考,你最终就能找到一种创造性的方法来解决问题,或以不同的方式来定义问题。换句话说,抨击一种理论框架似乎是个富有创造力的精彩想法。事实上,这往往说明抨击者没有深入研究问题,只想走捷径来逃避艰苦的工作。挑战理论框架的难度和风险比人们想象的要高得多,因为世界上不知多少聪明人都曾试图挑战理论框架,但都以失败告终。如果理论框架不稳定或处于危机之中,而你为了解决问题别无选择,只能向其发起挑战,那么你必须为此次抨击做好更充分的准备。在问题得到圆满解决之前,你不应该忘记那些失败的尝试。你现在应该意识到,富有创造力的精彩想法往往可能是错误的,就像随处可见的学术海报上画的灵光乍现的想法一样。对科学家而言,最困难的工作是筛除大部分错误的富有创造力的精彩想法,即解决"如何知道我没有被自己愚弄"的问题。筛除工作是由科学家个人和科学家团队完成的,而不是通过公开辩论完成的。在科学进程的三个阶段中,常规科学是成果最丰富、效率最高的阶段。它并不像一些传统的科学哲学理论所描绘的那样缺乏创造性或枯燥乏味。

根据到目前为止的讨论,你应该对科学家有了较为清晰的了解。优秀的科学家是聪明独立的思考者。他们充满好奇心,渴望学习,但不会盲目相信别人告诉他们的任何事情。与哲学家不同,他们不只是提出或讨论问题,还会解决实际问题。当具有这些特征的人们聚集在一起并形成一个群体时,人们可能会猜测这些人不可能在某些事情上达成一致,或者像苏格拉底那样的科学家会对其研究的一切对象进行无休止的辩论,直到他们完全筋疲力尽,但第二天他们又会继续辩论下去。然而,这只是部分事实。科学如何能够取得重大进展?答案是:科学家们确实在某些事情上达成了一致。本书将在第九章具体讨论这些事情是什么。但这些事情不是科学方法,因为科学方法的概念本身就存在争议,因为每位科学家都倾向于发明自己的巧妙方法。如果每个人都像科学哲学家建议的那样使用相同的方法，那么人们（至少有很多人）应该会得出相同的结论，这样一来，也就没有什么值得争论了。常规科学中的交流可以是非常高效和富有成效的，因为它节省了很多"凭空臆测"的时间，而哲学家通常会做出"不负责任的凭空臆测"。常规科学研究揭示出的细节可能会在将来被用来发明一些全新的东西。

正如库恩所设想的那样：科学研究之所以长久以来硕果累累、卓有成效，是因为常规科学中的科学家们不仅巧妙地平衡了心无旁骛的个人研究和井然有序的合作研究，而且有能力在科学革命中井然有序地推翻旧的理论框架、重建新的理论框架。在这整个进程中，科学是由一只看不见的手驱动的，即科学家个人的好奇心。

6.3　没有范式的科学领域

在许多学科中，定量的通用范式或通用理论框架可能仍在发展之中。无论是在生物学、心理学、计算机等领域，还是在医学领域的某些方面，情况都是如此。大多数活跃的科学研究活动都发生在尚未有公认的理论框架的领域。这些研究都是更偏向描述性的研究，但它们最终都会转变为更偏向定量的研究。如今，这些研究大多在其所在分支或学科的名称中加入了"科学"一词，比如生命科学、行为科学、计算机科学和医学科学。在这些学科中，许多学科没有理论框架，而理论框架是科学家开展研究工作的可靠基础。此外，这些学科或分支大多没有确定的"定律"，尤其是定量的定律。

在这些情况下，这些研究活动或多或少可以被认为是"前范式"科学，其目标是为建立理论框架收集事实和发展技术，并提出许多猜测。如果没有理论框架，那么从新的研究活动中收集到的信息可能会不够连贯或系统。例如，在牛顿运动定律被发明之前，自由落体实验、行星运动观测和月球潮汐波似乎是三个孤立的研究课题。这一时期的科学家发现，为每个研究课题提出新想法或做出推测并不困难，但大多数新想法或推测只存在了相对较短的时间，随后就被大幅修改或否定了。

类似的发展情况也可能发生在相对可靠的理论框架的边缘。当科学家缓慢但坚定地突破知识的极限时，这种情况在常规科学中更为常见。在这些领域，没有人能确切知道或预测扩展已有理论框架或建立新理论框架的正确方法。例如，在空间物理学领域，大多数研究成果的有效期都少于10年。当一颗重要的新科学卫星发射升空后，人们对相关课题的理解将有很大一部分被修改或改写。对于科学家而言，经历这一阶段一定是令人兴奋的，因为他们可能会发现很多新成果，其中一些甚至可以被称为新发现或新发明。新一代科学家可以使用更好的仪器、计算机和算法来分析空间分辨率和时间分辨率更高的新数据，还可以将结果与精确度更高的模型进行比较。老一代科学家的成果随之被遗忘。然而，当人们回顾过去时，尽管不断更新的技术提供了越来越高的空间分辨率和时间分辨率，但是某些特征可能会反复出现。在通常情况下，正是由于这些永久性特征，人们最终才能更好地理解问题。

更常见的情况是，为了解决一个科学问题，人们会提出多种方法。当收集到的信息增加时，这个领域将开始进入碎片化过程，并逐渐集中到观察到的相对常见和永久的特征之上。最终，如果收集到的信息仍然不足以区分这些方法，那么几乎没有一种方法可以在该领域占据主导地位。在这个时期，理论框架的出现或改变可能会很频繁，也更容易发生，而且这往往是由一些重大的新发现、新方法或新仪器引发的。然而，对于非领域专家而言，这些相互对立的理论框架可能看起来大同小异。在这一时期，人们更有可能对学科或分支学科做出重大贡献。但与此同时，成功建立理论框架的可能性仍然很低。解释一个新实验结果的新观点可能很快就会被下一个新实验结果所证伪。这就是形成理论框架的征兆。一开始,一种理论框架可能没有非常可靠的基础,容易受到新实验结果的抨击。要建立一种可靠的理论框架,科学家个人通常既需要有综合各种信息的非凡能力,又需要有识别各种信息之间内在一致性或联系的能力。正如爱因斯坦所说,懂哲学的科学家（能看到"森林"的科学家）会为发明出新的理论框架做好更充分的准备。

神经科学、生物学和心理学等分支仍处于收集和消化信息的阶段。人们对所研究的系统有一定的了解；然而,这些分支的研究对象更复杂,涉及的潜在变量也更多。例如,在心理学中,"学习"被认为有两个原则。首先,人类的学习与老鼠和其他动物的学习基本相同。其次,学习要通过强化进行,即一种行为产生了好或坏的结果,则给予奖励或惩罚,然后重复该行为。有些人将这两个原则作为他们所做研究的理论框架。然而,这两个基本假设都存在很大的问题。一方面,它们都是基于与基本本能、条件反射和生存技能学习相关的观察结果或实验结果得出的。另一方面,尽管这两个原则被教育工作者普遍接受,但即使在小学阶段,它们也很可能与理解知识的学习无关,更不用说在高中和大学阶段了。第一个假设在5 000年前（在书面语言发明之前）可能是正确的,但现在一定是错误的,因为我们在学校和书籍中学到的大多数知识都是理解知识,而较少是事实知识和技能知识。老鼠和其他动物既不看书也不上学,更不用参加升学考试,因此它们的知识并不是基于理解。

第二个假设对一些年轻学生或其他人而言可能是正确的,但对学习积极性很高的人而言肯定是错误的。在很大程度上,它不适用于大多数理性的成年人,这些成年人学习不是为了获得奖励或回报。举个反例,一个劫匪抢劫银行失败并受到相应惩罚之后,不太可能停止计划下一次抢劫,相反,他会制订更谨慎的计划,同时为可能受到更严厉的惩罚做好准备。如果孩子取得好成绩,父母就给予奖励,如每月的零花钱。这种激励方法对缺乏学习动力的学生而言是有用的,尽管他们不太可能成为受好奇心而不仅仅是物质奖励驱使的科学家。总之,从科学哲学的视角来看,流行的人类学习理论颇有问题。

无论是现在还是在未来几十年内,新技能的发展都可能会导致发展中的科学领域形成新的理论框架。一般来说,联系松散的理论框架更容易被修改。对于有才华的年轻科学家而言,这些领域是最令人兴奋的工作领域之一,其回报可能是巨大的,这主要是因为这些领域中尚无限制个人创造力的理论框架。例如,达尔文的进化论仍处于定性的和尚待完善的状态。随着年代测定技术、基因学说和测量方法变得更加精确,通用理论框架之下可能会建立更多的理论框架。同样,在经济学中,有两种主要的潜在理论可以发展为理论框架:看不见的手和供求理论,前者假设社会经济可以由个人自身利益驱动的经济决策来决定,后者假设在没有干预的情况下,自由市场倾向于达到供求平衡状态。这两种理论或假设都极有可能转变成更加定量化的理论或假设。科学家将发明出更精确的模型,这样一来,这些模型将使描述越来越量化,特别是那些与动态进程相关的描述。在这些研究中,可能会出现更好的、更高等级的理论框架。

6.4 科学革命的进程

概述:理论框架可能会改变,新的理论框架也可能会出现,但这两种现象更经常发生在有待发展的学科、分支学科或发展较好的子分支学科。根据库恩的观点,在常规科学中,科学研究大多是基于共同选择的理论开展的,尽管我们不得不修改库恩的理论,以允许多种共同选择的理论共存。与常规科学中的情况一样,共同选择的理论可以提供相对准确的预测,并且与相关学科的主要观察结果和相邻领域的公认理论相一致。在研究过程中,无法解决的某个问题或无法解释的某个新观察结果可能最初会被视为反常现象。然而,随着时间的推移,反常现象的数量可能会增加,反常的程度可能会加剧,最终可能会出现危机。当危机发生时,科学界的大部分人士都会参与进来,帮助推断导致危机发生的潜在根本原因并找到解决方案。新理论将会从这些解决方案中产生。在"危机科学"阶段,当科学家们对不同的潜在理论框架进行辩论时,每位科学家都难以对这些新理论进行评估。然而,这一过程很少像库恩所描述的社会革命那样,这主要是因为科学家通常对新观点持更开放的态度。如果一位科学家不了解一个新观点,他可能会拒绝对其发表评论。即使一位科学家自认为某个新理论有问题(例如,因为这一新理论有悖于他的观念和所接受的训练),他也必须提供一个科学上合理的理由来批评这一理论。

随着新理论对问题有了更深入的理解,其适用范围进一步拓宽,多个新理论可以结合为一种新的理论框架,最终,旧的理论框架可能会发生改变。库恩的科学革命理论详细地解释了科学革命的一般进程(尽管库恩称其为"结构",但本书称其为"进程")。

如本书6.1节和6.2节所述,事实上,在大多数情况下,科学研究与常规科学描述的一样,都是在理论框架的基础上进行的。然而,如本书6.3节所述,一些学科没有可靠或公认的理论框架,这些学科的科学家正在寻找这样的理论框架。在常规科学阶段,观察结果和理论之间必然会出现不一致。对单个不一致现象的可能解释或阐释也许超过了5种(甚至超过了10种),因此,对不一致现象的解释可能存在极大的不确定性,当这些解释或阐释是定性的时候更是如此。此处,需要注意的是,根据经验主义,观察结果应该被视为承载了真理。但在现实中,由于信息不完整,单个观察结果无法排除这五种潜在可能性中的四种。然而,不同类型的观察结果有助于排除一些可能性。当人们将与他们所探究的观察没有直接关联的、不同类型的观察结果联系起来时,他们就必须引入某种理论或推理。如果这种理论或推理是定量的,而不仅仅是定性的,那么它会最大限度地减少候选可能性的数量。因此,在科学中,数学的主要功能之一是降低结论的不确定性。

尽管如此,基于各种原因,最主要是因为新观察结果的出现,不一致的情况仍在继续发生。科学家花了更多的时间,试图协调理论预测和观察结果之间的不一致,或者降低观察结果及其解释中的不确定性。当达到某种程度时,这些不确定性和不一致性无法再降低,人为因素变得无关紧要。此时,这些不确定性和不一致性只可能来源于可用的方法、所测量数据的内在可变性和不确定性,以及用于解释或预测观察结果的理论的有效性。如果观察结果所引起的不确定性高于预测本身的不明确性或不一致性,那么危机将继续存在。如果不确定性可以进一步降低,比如说,新实验使观察结果所引起的不确定性低于预测的不一致性,那么预测的不一致性就可以被明确地分离出来。这种不一致性在理论框架中是真实存在的,并且会引发危机。为了解决这一问题,人们会提出很多想法。根据库恩的观点,在新的理论框架出现之前,科学革命不会发生,而新的理论框架正是人们提出的解决方案之一。然后,新旧理论框架之间的分歧可以在一个被称为"革命性的科学"的阶段得到解决。因而,科学家可能会转向获胜的(令人信服地解决了理论框架之间矛盾的)理论框架。

狭义相对论:其中一个例子与所谓的"相对以太速度"有关。根据古老的理论,地球上方的空间充满了以太①(源自英文单词,意指"纯净的新鲜空气")。因此,地球、太阳和遥远恒星之间的空间应该也充满了以太。在哥白尼、伽利略和牛顿之后,人们知道地球绕着太阳转。麦克斯韦成功地预测出:电磁扰动(比如光)可以作为波在以太中相对于以太传播。随后,有人提出了地球和以太之

---

① 以太译自英文单词ether,最初指古希腊哲学家亚里士多德所设想的一种位于天空以上的、看不见也摸不着的物质,后来指物理学史上的一种假想物质,其具体内涵随着物理学的发展而不断演变。——译者注

间的相对速度问题。正如本书1.4节所讨论的,地球绕太阳公转的速度是30千米/秒。在半年的时间内,地球相对于以太的速度变化可达到60千米/秒。根据多普勒频移和伽利略相对性原理,这个速度应该是可测量的。1887年,美国物理学家阿尔伯特·迈克尔逊(Albert Michelson)和美国物理学家爱德华·莫雷(Edward Morley)设计了一个高精度实验来测量以太与地球的相对速度。出乎所有人意料的是,迈克尔逊-莫雷实验测出的速度在仪器的限制范围内,比地球30千米/秒的公转速度慢得多。同样的测量可以在不同的季节进行,不同季节的以太风可能来自与地球运动不同的、相对于地球运动的方向。实验结果仍然相同,即没有测量到明显的以太风速。

这是库恩提到的著名的不一致现象或反常现象之一,也是伽利略-牛顿-麦克斯韦理论框架内无法调和的矛盾。随着越来越多的科学家开始研究这个问题,他们证实了迈克尔逊-莫雷实验的结果。结果,反常的程度加深了。反常无法得到解决,并发展为库恩所说的危机。如果你是生活在那个激动人心的时代的物理学家,你会得出什么结论呢? 一定是出了问题。但是出了什么问题呢? 难道你不想参与解决这一问题吗? 这场危机最终会导致科学革命的爆发和新理论框架的出现。针对这种特殊问题,爱因斯坦于1905年提出了狭义相对论,其关键假设是:真空中的光速是任何物体传播的最大速度,并且不随光源或观测者的速度而变化。这一假设正是迈克尔逊-莫雷实验所证明的,但它与伽利略相对性原理不一致,根据伽利略相对性原理,波的传播速度取决于波源和观测者的相对速度。伽利略相对性原理的正确性已得到大量实质性证据的支持。根据我们的日常经验,伽利略相对性原理告诉我们:当火车和汽车相向行驶时,在火车上测出的汽车速度等于火车的速度加上汽车的速度;当两者同向行驶时,在火车上测出的汽车速度等于火车的速度减去汽车的速度。如果两者以相同的速度同向行驶,则两者是相对静止的。同样,当飞机编队在天空中飞行时,所有飞机相对于飞行员都是静止的。根据伽利略相对性原理,如果光源和观测者相互远离,那么接收到的光信号的速度应该等于光速加上观测者相对于光源的速度,并且该速度大于光速。

因此,爱因斯坦的新理论(狭义相对论)在挑战了伽利略相对性原理的理论框架的同时,与迈克尔逊-莫雷实验的结果相一致。这一新理论似乎可以毫不费力地解释迈克尔逊-莫雷实验的结果,因为它正是这一实验所证明的。但根据伽利略相对性原理,这可能是难以想象的,甚至是违背直觉的。根据我们所学到的科学哲学知识,爱因斯坦的新理论是"合乎理性的"吗?在事件发生时,如果不了解后续的发展情况,人们会根据传统的科学哲学理论得出结论:爱因斯坦的新理论不合乎理性,似乎是疯了。你会相信爱因斯坦的新理论,而怀疑迈克尔逊-莫雷实验所依据的伽利略相对性原理吗?如果你是当时的一位科学家,那么在决定加入辩论的哪一方时,你将会面临这个问题。或者,你会提出自己的理论吗?从直觉上讲,有人相信"伽利略相对性原理是正确的",这并不奇怪,因为他每天都能感受到它。我们现在都知道,爱因斯坦的新理论最终是正确的;但对于那些不知道未来会发生什么的人而言,"科学是合乎理性的"这一观点是错误的。库恩的理论在这一点上是正确的。

量子理论:在本书1.5节,我们讨论了量子理论的发明史。现在,让我们从科学哲学的角度来探究量子理论的出现。量子理论始于关于黑体辐射的观测结果和理论。维恩近似理论对较长波长现象的解释存在异常。而瑞利-金斯定律对长波长现象具有很强的解释力,但它对短波长现象的解释存在异常,从而使问题变得更加棘手。这可能是库恩所描述的危机。普朗克定律似乎统一了这两种描述,尽管它不是基于理性,而是基于一种数学技巧;危机似乎得到了解决。如果普朗克的数学表达式是新的理论框架,那么后续的所有工作应该都是"扫尾"工作。

然而,已有的科学哲学理论和科学方法都无法解释科学家们为何没有就此止步,而是开始了"扫尾"工作。只有科学家的好奇心,即科学发展中最重要的因素,才能解释这一点。爱因斯坦的光量子假说起初似乎只是解决了光电效应问题,但它却开启了科学革命的新时代。一种新的理论框架出现了,它最终提高了人们对自然界的认识,增强了其科学解决问题的能力。对历史学家和哲学家而言,几十年后再声称"量子理论是合乎理性的"确实要容易得多;而在当时,科学家或其他任何人都无法确定这一点。你有任何经验或证据能证明小能量包被生成、转移或消耗吗?量子的概念是合乎理性的,还是不合乎理性的?此外,当时有任何迹象表明量子理论的概念有可能被用于智能手机的发明吗?这就是科学家在科学革命之后所做的"扫尾"工作,或者说是一些科学哲学理论中所描述的不值得做的工作。

太阳风理论:小规模科学革命的一个例子是尤金·帕克于1958年提出的太阳风模型,该模型是空间物理学这一科学学科的奠基理论之一。在帕克之前,人们普遍认为太阳表面存在被称为"太阳微风"的蒸汽。太阳微风是一种亚声速的、连续的太阳放气。我们知道太阳的温度极高,所以我们可以将它想象成沸水壶中的蒸汽。这种观点是早期空间物理学的理论框架,它可以根据物理方法和数学方法巧妙地(且合理地)推导出来。

帕克的太阳风模型则坚持认为太阳风必须是超声速的。而太阳风实际上是高超声速的,其马赫数约为10。根据库恩的最高层面上的定义,太阳微风理论和太阳风理论是基于同一等级的理论框架:牛顿的定律与流体力学中的质量守恒的结合体。但在空间物理学中,这两者是完全不同的理论框架,因为当超音速太阳风遇到地球磁场时,地球磁层的太阳一侧会形成激波,从而从根本上改变太阳气体与磁层的相互作用。而太阳微风理论框架没有预测出这种激波。几年中,这两种理论框架在科学界中共存,但这两种模型的主要作者展开了激烈的争论。然而,高超音速太阳风的存在于1963年得到了证实,也就是在分析了"探险者10号"卫星(Explorer 10 Satellite)的测量数据之后的第三年。换句话说，帕克的理论得到了证实，帕克成为空间物理学的奠基人之一。自那以后，空间物理学的理论框架从太阳微风转变为太阳风，太阳风成为空间物理学的通用理论框架之一，提供了对受太阳影响的空间环境（"日球层"）的理解。在这种新的理论框架中，太阳风粒子和电磁场携带更多的能量，可以解释许多更强烈的太空天气效应。太阳微风存在吗？最有可能的情况是：太阳微风也是问题的解决方案之一；但没有人在乎它，因为它携带的能量太少，不足以产生重大影响。

库恩的科学革命理论和我的观察：根据库恩理论的原则，理论框架是"最佳理论选择的共同基础，具有预测准确性，它与相邻领域的公认理论相一致，能够统一不同的现象，并产生大量的新思想和新发现"。科学革命是科学界从一种理论框架转向另一种理论框架的集体行动。例如，牛顿的理论完全取代了伽利略的理论，爱因斯坦相对论取代了伽利略相对性原理，基因学说与达尔文的进化论相结合产生了现代生物学。我认同他的推理思路。然而，更常见的情况是，新理论框架的出现创造了自己的领地，例如，量子力学在牛顿理论框架的边缘出现，形成一门独立的学科或分支学科，而旧的理论框架作为传统领域保持不变。同样，在非欧几里得几何发明之后，欧几里得几何仍是可靠的理论框架。在这些情况下，我们可以认为新的理论框架和旧的理论框架处于共存状态；但每种理论框架都为其有效性划定了界限。

尽管库恩的科学革命理论很有趣，但从历史上看，大多数科学革命在发生之前并没有征兆，例如，达尔文革命、牛顿革命、孟德尔革命或哥白尼革命（如果可以称之为"革命"的话）发生前，在科学界没有出现任何征兆。个别科学家可能察觉到了危机的存在和创造新理论的必要性。革命性的科学往往是由新发现或新发明引发的（虽然不一定是立即引发的），仅举几例：孟德尔遗传实验的重新发现、放射性年代测定法等新方法或显微镜和哈勃空间望远镜等新技术。也许有人会说，爱因斯坦相对论是由迈克尔逊-莫雷实验

"引发"的,而量子理论如同本书1.5节所述,是由普朗克发明的描述黑体辐射的新公式"引发"的;危机是科学革命的次要特征,而不是基本特征。科学革命的一个基本特征是:科学革命之后会形成一门科学学科,我用这一特征来界定革命性的科学。

库恩认为科学革命可能具有"非累积性"的本质特征,而这种本质特征有利有弊。然而,我认为在理解力和预测能力方面,新的理论框架必须可以与旧的理论框架相兼容。在革命期间及之后,人们会批判性地审查其所掌握的知识,并开始协调过程和滤除过程,即在滤除过时知识的同时,修改和进一步发展新理论。正如库恩所说,旧的理论框架曾回答过的问题,现在可能会再次变得令人困惑,并成为新理论框架被接受的阻力。但要构建新的理论框架,就必须找出新旧理论框架之间存在差异的根本原因。

科学革命一定是混乱的吗?在科学革命中,交流是否会以类似于社会革命的方式中断呢?库恩认为答案是肯定的,因为在他称为"不可通约性(incommensurability)"的情况下,人们持有不同的证明标准和论证标准。科学家往往对自己所相信的理论充满了热情。"不可通约性"的产生是由于基于不同的观念对同一现象做出了不同的解释。库恩用它来描述牛顿的理论和爱因斯坦相对论之间的差异。这显然不是正确的概念化,因为当物体的速度远小于光速时,这两种理论会趋于一致,也就是说,在这种条件下,这两者是可通约的。在科学革命中,不可通约性可能存在于个人层面和短时间范围内。然而,根据我的观察,交流中断存在于相对较低的层面,而不会大规模地存在于科学界。一般来说,科学界会对新观点更感兴趣。在科学界,因为人类知识具有累积性,随着时间的推移,少数个体之间严重的不可通约性将会消失。

尽管每个人的理性程度各不相同,但科学家比匪徒或殉道者更加理性。没有科学家会因为科学分歧而杀死另一位科学家,因为科学发展以诚信制度为基础,科学家必须遵守职业道德。对此,本书将在第八章中进一步讨论。大多数科学家都会遵循科学推理,本书将在第九章讨论"科学推理"的概念。许多科学哲学理论的提出者都忽略了这些事实,因为他们对科学界和科学进程的了解并不深入。科学家们会进行激烈的辩论。根据我的经验,辩论有时会给参辩者带来巨大的压力。然而,正是这种巨大的个人压力促使科学取得突破性进展。一个人有了一个新想法,而许多科学家却反对这个新想法,这往往是因为他无法用简单的语言说服其他科学家。而这促使他在不考虑任何数学知识或技术细节的情况下,从哲学层面进行思考,以便能用一句话就精辟地阐述新旧观点之间的差异。在通常情况下,这种精炼可能需要很长时间才能完成。然而,巨大的个人压力可能会促使这种精炼在一夜之间完成。在我的职业生涯中,我参加过许多极其激烈的辩论。在一系列这样的辩论结束多年以后,当我与辩论过的一位科学家同行交流时,他说辩论的那段时间在他职业生涯中成果是最高产的。

与科学革命时期科学家相关的问题:如上所述,爱因斯坦相对论和量子理论在当时都是不合乎理性的:理性的人会认为伽利略相对性原理是错误的吗?理性的人会认为能量不是连续的,而是以不连续的小能量包形式存在的吗?任何假设"科学是合乎理性的"科学哲学理论,都必须首先定义"合乎理性的"本身的含义,然后解释谁来决定某件事情是否是"合乎理性的"。任何关于理性的讨论都必须基于当时不完整的信息。当信息不完整时,会有多种理论解释。如何决定哪一种理论解释是正确的呢?此外,当普朗克辐射定律首次被提出时,它并不是基于量子理论,也没有任何迹象表明它与"量子"有关,因为当时它主要基于数学上的巧妙操作。普朗克没有提供量子存在的观测证据。因此,将科学定义为"合乎理性的、由证据驱动的事业"是颇有问题的,或者说是错误的。任何试图用语言和逻辑规则来定义和指导科学进程的人,都必然会失败。

你如何知道哪种理论框架更好?我们现在知道,辩论时仅仅依据理性不足以做出决策。许多传统的科学哲学理论都认同"提高解决问题的能力"这一准则。以下是我们必须考虑的几个例子。哥白尼的日心说模型一度比地心说模型更简单,但其起初的预测能力更差。爱因斯坦相对论的新理论框架能解释迈克尔逊-莫雷实验,但这一新理论框架在提出时还无法验证该实验的结果,而只是在这一实验结果的基础上提出来的。在早期,人们不清楚新理论能否像牛顿的理论一样准确地解释一切,能否被用于生产核能。同样,在量子理论的早期发展阶段,尽管它可以解释辐射光谱,但没有人预测出该理论将被用于发明计算机和智能手机。因此,事实上,只有在辩论结束很长一段时间以后,新的范式或理论框架最终才会提高其解决问题的能力。但在辩论期间,如果一位科学家不知道辩论的问题是什么,他就不会清楚"解决问题的能力"是指什么。

定量的理解和预测是最终衡量一种理论框架成功与否的最佳标准,因此新的理论框架必须针对问题提供更准确、更定量的理解,尤其是因果解释(如果有的话)。尽管亚里士多德的学说可能被一些人认为是一种牢固确立的科学理论框架,但它不是定量的。从亚里士多德学说到牛顿理论的转变中,我们认识到:当一种理论框架更倾向于以数学知识和定量精确的预测为基础时,它就会更加具体。这就是欧几里得几何和代数是数千年来最古老而不朽的理论框架的原因。

6.5 空间物理学的科学革命*

1996年,尤金·帕克呼吁磁层-电离层物理学进行范式转变,也就是来一场科学革命。这涉及我所从事的两门子分支学科的研究。由于这一转变涉及两门子分支学科,所以这个想法或理论框架是处于分支学科层面的。电离层是离地球很近的一个空间区域,名义上其高度为90~1 000千米。磁层是电离层上方的一个区域,位于地球上空数千到数十万千米处,与太阳风相互作用。空间物理学探究一个涉及许多现象的非常复杂的系统,并且观测结果的数量十分有限,主要来源于沿着数量有限的卫星轨道所进行的当地测量。要在事件发生期间获得系统的全局图像极其困难,也几乎不可能进行对照实验。

有两种通用的范式、理论框架或处理方法可以理解这一广阔区域。第一种范式是基于电机工程(electric engineering,EE)的理论框架(以下简称"EE理论框架")。根据EE理论框架,磁层和电离层由电机工程中的要素组成,比如复杂EE电路系统中的发电机、负载、电阻器、电感器和电容器。此外,该系统通过电压、电流强度、电阻、电阻抗和电路的谐振频率进行评估。该过程可以用等效电路分析来描述。特征物理量是电场和电流。第二种范式基于等离子体物理学,尤其是磁流体动力学(magnetohydrodynamics,MHD)理论(以下简称"MHD理论框架")。在MHD理论框架中,系统被视为一个流体力学问题,并被描述为携带电磁场的等离子体流和波传播。从数学角度看,MHD理论框架涉及质量守恒定律、能量守恒定律、麦克斯韦方程组、牛顿的定律及光化学,未涉及发电机或负载。系统由各种力、能量转换以及磁场和等离子体流这两个特征物理量来描述。

在太空中,我们可以相对容易地直接测量出磁场和等离子体流的参数。在特定条件下,我们可以测量出电流参数,或者,如果有卫星群,则可以根据安培定律从磁场的测量数据中推导出电流参数。在特定条件下,我们可以测量出电场参数,或者通过等离子体流的测量数据推导出电场参数的近似值。换句话说,在通常情况下,电流参数和电场参数通常不能被直接测量出来,而是根据某些限制性假设推导出来的。尽管如此,我们可以比较EE理论框架和MHD理论框架之间的关系。曾经,电离层物理学和磁层物理学都是根据各自的传统理论框架,在一系列经典著作的基础上发展起来的。如今,电离层物理学主要基于EE理论框架,而磁层物理学主要基于MHD理论框架。这两种理论框架对空间过程的描述有本质区别,尤其是在因果关系方面。

　　研究磁层和电离层如何相互作用时,科学家必须同时遵循这两种理论框架各自的术语体系。这两种方法已经共存了几十年;双方并不直接抨击对方,但也没有试图化解分歧。科学家可以根据其中一种理论框架来选择和发展对交互现象的理解。随着可用的观测结果越来越多,交流变得愈加困难。尤金·帕克分析了这种情况之后,呼吁结束这两种理论框架共存的局面,并主张用MHD理论框架来统一。原因是MHD理论框架在其他物理学学科中被广泛应用于解决类似问题。维特尼斯·瓦希流纳斯(Vytenis Vasyliúnas,2001)研究了帕克的分析,并提供了更多的理论证据支持帕克的结论。当时,我为了发明出一个更好的太空天气预测模型,刚好对磁层-电离层的相互作用问题产生兴趣。瓦希流纳斯向我介绍了范式转变(科学革命)的概念,随后我们两人开始了长达二十年的努力,为磁层和电离层建立统一的MHD理论框架,同时试图推翻EE理论框架(Song & Vasyliúnas,2014)。这种MHD理论框架有可能会扩展应用于太阳、整个日球层及天体物理学的许多学科领域。

　　在这二十年里,我们讨论得更多的话题是哲学,而不是科学细节。也就是说,我们更关注如何在不被自己愚弄的情况下找到正确的方向,而不是我们每个人都能完成的技术细节。尽管这个项目仍在进行中,但我们已经为磁层-电离层的相互作用和太阳物理学建立了一个系统的理论框架,即MHD理论框架。我认为我们的研究结论非常有趣。回想一下,我们最初计划推翻EE理论框架,代之以MHD理论框架。我们发现:在大多数情况下,这两种理论框架在数学上是等价的,尽管其物理描述可能有本质区别。它们仅在磁亚暴的参数范围内有所不同,而磁亚暴是一种剧烈的太空天气现象,类似于发生在陆地上的龙卷风。这几乎与牛顿的理论和爱因斯坦相对论之间的关系相同。我前面说过,当物体的速度远小于光速时,牛顿的理论和爱因斯坦相对论是等价的。因此,我们不能完全推翻EE理论框架,而只能限制其适用性。对大多数电离层物理学家而言,他们的方法对于其研究的局部进程仍然是有效的。但是,能描述和预测磁亚暴的通用太空天气预报模型,必须以MHD理论框架为基础。从科学的视角来看,MHD理论框架更合理,因为它被应用于等离子体物理学和天体物理学,还具有更强的解释力和定量预测能力。另一方面,EE理论框架最终将被MHD理论框架取代,尽管其成本更低。从科学哲学的角度来看,更有趣的是,接受过EE理论框架基础训练的科学家会强烈地有时甚至是激烈地抵制MHD理论框架。未来并不像普朗克提出的解决方案那样乐观,即等到EE理论框架的追随者最终死去,因为这些科学家正在用过时的EE理论框架教育下一代学生和科学家,而基于MHD理论框架的计算仍然极其困难和昂贵,我们可能需要等待几代人的时间才能让旧的理论框架彻底消亡。

■ 思考题

1. 你做过科学研究吗?其本质是什么?是常规科学、危机科学,还是革命性的科学?请解释你的观点。
2. 在科学研究中,最难的东西是什么?你在执行研究任务时遇到困难了吗?你能理解并解释自己所做研究的意义吗?你知道如何使用与科学研究相关的电脑软件吗?你知道如何解决研究中的不一致问题吗?
3. 你认为科学研究令人兴奋、十分有趣、令人沮丧、枯燥乏味、无聊透顶还是浪费时间呢?

第七章 科学方法——失败的尝试

7.1 寻找科学方法

传统的科学哲学将发展科学方法理论作为其主要目标之一，因为它对科学非常有用，且与科学息息相关。然而，"科学方法(scientific methods)"一词对普通大众而言却有着不同的含义。你可能在新闻和公众讨论或辩论中听过这个词。例如，有人声称一种新药是"基于科学方法"研发出来的。他的意思通常是，该药物是按照制药行业所使用的程序或步骤(procedure)研发的。这意味着该药的研发使用了双盲法，本书将在10.5节详细讨论双盲法这一步骤。在其他领域，还有其他的"标准步骤"。这些步骤可能基于某些科学理论，但它们并不是科学哲学中所讨论的"科学方法"。科学哲学中的科学方法不是一些步骤，而更像是一个菜谱(recipe)，或库恩所说的"通用算法(algorithm)"，人们只要遵循它，就能不出差错地获得科学成果或知识。学生在高中时期，甚至更早的时候，就开始学习科学方法。如本书第一章和第四章所述，根据科学哲学中所讨论的常用的科学方法，我们可能会做出许多错误的预测或得出许多错误的结论。例如，如果我们在检验哥白尼的日心说时，遵循了科学方法，那么我们会否定日心说这一理论。库恩的结论是：科学中不存在普适通用的科学方法。

然而，正如我们在一般公开辩论中经常听到的那样，如果一方声称他们的结论是基于科学方法得出的，那么给人的印象是：其结论一定是"正确的"。如果辩论的另一方无法声称其结论也是基于科学方法得出的,那么辩论就没必要继续下去。但是,如果辩论双方都声称其结论是基于科学方法得出的怎么办?基于科学方法会得出两个或两个以上对立的结论吗?科学方法本身会不会有缺陷呢?比如我们讨论过的乌鸦悖论?让我们先来了解一下历史上伟大思想家的经典思想。

亚里士多德的思想:可以说,第一个科学方法理论是由亚里士多德提出的。他认为经验是探索的重要开端,尽管它可能不会产生理解知识。他提出了归纳逻辑和演绎逻辑的概念,正如本书在4.2节和4.3节中所讨论的那样。然而,他对归纳逻辑深表怀疑,认为它可能会导致谬误。因此,西方认识论强调演绎逻辑。与此相反,东方认识论强调归纳逻辑,尽管这可能是统治者提倡的结果。当争论出现时,东方哲学家倾向于在对立的观点之间寻找共同点,或淡化分歧的重要性。鉴于存在很多可能的解释,人们应该能够找到共同点并调和分歧,尤其是在观察或解释存在更大不确定性的古代。另一方面,西方哲学家倾向于强调和区分这些分歧,从而减少混淆。这种东西方哲学的普遍差异可以解释为什么西方文化强调个性,而东方文化强调共性。这也可以解释为什么在历史上大部分时间里,中国是由一个皇帝来统治,而欧洲是由多个较小的王国组成的。

伽利略的思想:如本书5.1节所述,伽利略极大地改进了科学研究中使用的方法(注意:不是科学哲学中所讨论的科学方法)。他将系统实验和定量评估引入推理。许多传统的科学哲学理论低估了数学的力量及其作用。科学从此发生了根本性变化。从理论上讲,数学是一种严格的演绎逻辑,其本身具有精确性和唯一性,不具有模糊性和不确定性。如果数学可以量化大部分的科学推理,那么我们只须担心数学的出发点和对其结果的解释。

由数学制约的量化系统实验,使评估自然过程成为可能。变量之间的定量经验关系可以通过归纳逻辑推导出来。当这种定量的归纳逻辑与亚里士多德的演绎逻辑相结合时,完整的科学逻辑循环使解释或预测成为可能。定量的归纳逻辑泛化了经验信息,而演绎逻辑使具体的预测理性化和定量化。由此可见:科学已经发生了根本性变化。值得注意的是,这种逻辑循环不同于极端的经验主义和极端的理性主义。它不要求像乌鸦悖论那样得出非此即彼的结论,也不要求预测出太阳明天早上是否会升起。因此,如本书4.1节所述,科学家无须在经验主义和理性主义之间做出选择。

培根方法:1620年,弗朗西斯·培根提出了如今被称为"培根方法"的方法。它是指"通过有条理地观察事实来研究和解释自然现象"。他的名言是"如果一个人从确信开始,他就会以怀疑告终;但如果他愿意从怀疑开始,他就会以确信告终"。记得前面提到,科学家的研究始于问题,而非假设。与此相反,最流行的科学方法,如假设–演绎方法,是从假设("确定性")开始研究的;显而易见的是,传统的科学哲学理论在多大程度上偏离了科学方法的经典思想。培根进一步推论:"因为没有人能成功地在事物本身中探究事物的本质;所以必须将探究的范围扩大到与它们有更多共同点的其他事物中去。"这意味着,正如在本书第四章所强调的,用我们的话来说,为了获得理解知识,人们需要在若干条事实知识之间建立联系。他提出,对观察结果的泛化不应该是普遍的或排他的。逻辑实证主义或经验主义是对培根思想的曲解。将培根与伽利略进行比较是很有趣的:培根更像一位哲学家,而伽利略更像一位科学家。伽利略更强调科学中的定量评估,而培根则不然。正如本书所讨论的,人们可能会意识到哲学家和科学家的不同视角。

笛卡尔方法:相比之下,仅在培根方法提出的20年后,勒内·笛卡尔就在1637年至1641年提出了他的科学方法。我们必须独立地分析他的思想,而不能相信一些科学哲学理论给其贴上的笼统标签。根据他的方法,"首先,决不接受任何我不清楚地知道其为真的东西,也就是说,要小心避免轻率的判断和偏见。除清晰明确地呈现在我脑海中的、使我根本无法怀疑的东西以外,不要放任何其他东西到我的判断里。"等等！这一观点的前半部分相当于所有科学家都应该具备批判性思维能力。我赞同。但是后半部分呢？后半部分是指我们的大脑掌握着对一切事物的最终判断吗？我们如何知道自己的大脑对所有事物的判断都是正确的呢？人们会做出同样的判断吗？如果不会,这会导致混乱吗？对科学而言,这意味着纯粹的经验可能是可信的,也可能是不可信的,因为经验(而不是事实本身)取决于个人的解释。这种观念有部分道理。值得注意的是,笛卡尔的定义中提到了他自己,这对笛卡尔本人而言可能是非常正确的。然而,这不一定对每个人都是百分之百正确的,因为笛卡尔是一位伟大的科学家和哲学家。而我们每个人都有无数或好或坏的经验。我们每个人都会将这些经验用自己认为合理的理论进行解释。由于我们每个人合理化经验的方式都不同,因此我们会从类似的经验中得出不同的结论。虽然这在原则上是可以接受的,但似乎很难让每个人都同意彼此的结论。我如何知道对我而言是合乎理性的东西,对别人而言也是如此呢？然而,笛卡尔的理论在原则上与以观察结果为最终判断的经验主义有着本质区别。

  我们都知道,观察结果有时会歪曲真理,有些解释可能是错误的,例如,地球是平面的。更糟糕的是,科学中的难题在于,我们往往无法获得做出合理判断所需的全部信息。有些信息甚至可能是错误的。例如,当一根笔直的棍子放在水中时,它看起来是弯曲的。虽然我们知道,将棍子从水中拿出来时,棍子实际上并没有弯曲,这是光线在水中折射造成的视觉效果。但是如果我们不知道某些过程和效果,比如光的折射,那么我们能得出正确的结论吗？此外,棍子并不总是由我们科学家放入水中的。在某些情况下,例如在解读遥远星系的图像时,我们可能只是根据远程拍摄的图像做出判断。我们可能不知道观察者和目标之间是否存在不同的介质。如上所述,我赞同笛卡尔的观点,即批判性思维是科学家看待科学事物的基本态度。然而,纯粹的个人智力判断和纯粹的经验阐释都可能是不可靠的。这是每位科学家都必须解决的问题,但要根据具体情况来定。排他性的普遍规律注定会失败。

笛卡尔接着说:"第二种方法是将所考察的每一个难题,都拆分成能够充分解决的小难题或小部分。"这就是我们常说的"分而治之",也是微积分中导数概念的由来。我赞同笛卡尔的这种观点。

笛卡尔补充说,第三种方法是"按这样的次序进行思考,从最简单、最容易理解的对象开始,我可以一步一步地逐步认识更复杂的对象;在思考过程中,排序还要根据其重要性和因果关系"。这意味着要从最简单和最容易理解的事物开始,并按其重要性的顺序进行思考。需要注意的是,作为概念的"排序"需要以"评估"为基础。这是如今科学中常用的方法之一。例如,在物理学中,可能有多个过程影响一个现象,但这些过程的重要程度各不相同。在处理问题时,我们通常首先找到零阶(基本)的理解或解决方案,然后将更高阶的效应(影响更小的效应)添加到问题中,以形成更高阶(更详细、更复杂)的理解。总的来说,我赞同这一步骤,但有一点需要补充:在这个步骤中,关键是:对更高阶效应的理解或解决方案的修改,不能从根本上改变从低阶效应中得出的理解或解决方案。例如,一阶理解不能从根本上改变零阶理解。当这种情况发生时,必须进行仔细分析。这可能是因为最初的分析次序有问题。与此相反,我的一位同事则认为,重要的是首先将所有效应都包括在内,然后再找出它们之间的相对重要性。此外,在一些数学理论中,比如混沌理论,预测参数的微小变化会导致完全不同的结果。一个著名的例子是所谓的蝴蝶效应,根据这种效应,地震可以是由千里之外的一只蝴蝶扇动翅膀引起的。蝴蝶效应是基于有缺陷的科学逻辑。对此,本书将在7.5节中进一步讨论。

笛卡尔进一步阐述道:"最后,在任何情况下,都要尽可能全面地列举出所有情形,尽可能普遍地进行检查,以使我确信毫无遗漏。"我原则上赞同这一观点。假设问题得到圆满解决,这似乎是一个理想和非常乐观的情况。但现实中存在一个问题:如果理论与观察结果不一致怎么办？在这种情况下，我们应该更相信理论，还是更相信观察结果呢？根据上述第一步，"除了清晰明确地呈现在我脑海中的、使我根本无法怀疑的东西以外，不要放任何其他东西到我的判断里"。我对此的解释是，笛卡尔会用他的理论来推翻观察结果。我宁愿相信他没有被问到这个问题，如果他被问到了，他可能会有不同的答案。例如，假如有人问笛卡尔对迈克尔逊-莫雷实验的结果有何看法，他会相信这一实验结果还是伽利略相对性原理呢？在爱因斯坦相对论被发明之前，伽利略相对性原理不存在"被怀疑的理由"。因此，笛卡尔方法可能存在缺陷。然而，与大多数传统的科学哲学理论相比，我更赞同笛卡尔的观点，除了他过于依赖自己的智力判断这一事实。如果每个人都相信自己的判断，而其他科学家的判断各不相同，那么谁的判断是正确的呢？

牛顿的思想：牛顿在其著作《数学原理》(1687)中，特别强调"概念化"的重要性及伽利略所提出的定量评估的重要性。在他的理论中，许多经验关系，如自由落体问题和行星运动，都可以统一到一个框架内进行理解和模型化，而该框架基于若干个支配性定律，其中每个定律都有其特定的数学形式。然后，可以运用数学方法做出预测和验证预测。必要时，牛顿发明了新的数学概念和方法，比如微积分。

物理定律变得更为普遍，数学方法变得更加有效，那么，新的问题就随之而来：如何利用这些定律解决实际问题？这些定律何时适用？这是如何将实际问题概念化的问题，也是现代科学中十分重要的任务之一。

假如我不得不根据上述理论，理性地构建一种科学方法，它可能如下：

(1) 研究从问题开始（源自培根），即不要从理解或假设开始。对所听到的一切都要持批判态度，除非它能得到简单、直观的解释（源自笛卡尔）。

(2) 遵循演绎逻辑或归纳逻辑（源自亚里士多德）。

(3)进行系统的实验(源自培根和伽利略)。

(4)将实验结果概念化,得出自然法则(源自牛顿)。

(5)如果相关定律有相应的数学形式,则用数学方法进行分析(源自伽利略和牛顿)。

(6)将较复杂的问题分解成较小、较简单的问题,然后逐一解决(源自笛卡尔)。

(7)从较简单的问题着手,然后增加复杂性(源自笛卡尔)。

(8)综合对问题的理解,用简单的逻辑对其进行抽象化,看看是否有遗漏(源自笛卡尔)。

人们可能会发现这个清单包含了不同性质的东西。例如,第(5)至第(8)项是针对具体问题的。

穆勒方法: 如本书第四章所述,在科学中,基于泛化或归纳逻辑最有可能产生错误。英国哲学家约翰·斯图亚特·穆勒(John Stuart Mill)在其著作《逻辑体系》(1843)中,提出了一个由五种归纳方法组成的逻辑体系。尽管穆勒方法不是科学哲学中的科学方法,但是它是一套有趣的方法,可直接指导开展某些类型的科学研究,尤其是数据分析研究。我发现这个方法非常有用,现将其介绍如下。

穆勒建议我们在分析观察结果时,首先寻找共同特征。这些共同特征表明了现象发生的必要条件。这种归纳方法被称为"求同法"。然后,我们需要检验现象的各个观察结果之间的差异。这种方法被称为"求异法"。第三种方法是求同求异并用法。当我们比较现象发生的相同条件和不同条件时,我们能确定现象发生的必要条件和充分条件。在现象的发生存在多种潜在原因的情况下,若可以排除一些并非在每个事件中都会出现的潜在原因,则最可能的原因就在剩余的潜在原因中。这种方法被称为"剩余法"。最后一种方法是共变法。在存在多种潜在原因的情况下,若现象发生变化的程度与某一潜在原因发生变化的程度定量地相关,则这个潜在原因更有可能是现象发生的真正原因。值得注意的是,这与归纳逻辑中讨论的"插值法"是一致的。穆勒方法为科学家如何确定因果关系提供了有趣的指导。这些方法如今在科学研究中被普遍使用,我将在本书9.3节和10.4节中对其展开更为详细的讨论。

科学方法:"科学方法(scientific methods)"一词及其相关描述首次出现在1885年美国哲学家弗朗西斯·埃林伍德·阿博特(Francis Ellingwood Abbot)出版的《科学有神论》一书中:

> "现在,在各种科学命题中,所有公认的真理都是通过使用**科学方法**获得的。这种方法主要包括三个步骤:(1)进行观察和实验;(2)做出假设;(3)通过新的观察结果和实验验证假设。"

值得注意的是,在这一描述中,科学始于观察而非假设,止于验证,即无须证伪。

如今,科学方法不仅为科学家所遵循,也被用于教育和政治管理决策之中。然而,科学家使用科学方法的目的与这两种受众的目的截然不同。科学家的目的是创造新知识和发现新现象。其重点在于如何找到正确的方向,以及如何知道没有被自己愚弄。对普通大众而言,使用科学方法的目的是提高结果的可信度,并在出现多种相互矛盾的结果时帮助做出判断,尽管大众和政治家倾向于根据科学家的地位或机构的声誉做出判断[①]。当出现多种科学

---

① 原则上,在进行科学判断时,科学家的地位或机构的声誉不应具有任何参考价值。我的经验表明:在我熟悉的学科中,许多地位高的或来自声誉良好的机构的科学家,也可能会犯重大错误,或做出失实陈述。然而,当听到关于某条"知识"的解释,而我没有相关的专业知识储备时,我更倾向于相信地位高的或来自更有声望的机构的科学家。我觉得自己的这一行为很讽刺。造成这种不一致的原因可能是:我可以像笛卡尔那样对我所熟悉的事物做出合理的判断,但对我所不熟悉的学科,我不得不参考其他参数从而做出判断。

观点时,他们可以选择一种最符合其个人目的的科学观点。

　　随着科学在社会中发挥越来越重要的作用,"科学"和"科学方法"成为流行词。学生从越来越小的年龄,就开始学习科学和科学方法。我还记得我女儿在二年级时进行的第一个科学项目。我认为这是让我女儿学习一些基础科学知识的一个好机会。我们俩决定学习溶解度。首先,我们将盐、糖和沙子分别放入一个装有水的容器中,直到溶液达到饱和状态。然后,我们加热溶液,并添加更多的溶质。作为一位科学家,我认为这对我女儿而言是一次很好的学习经历。随后,我女儿制作了一张海报,并将这个实验带到了科学展上。我女儿同学的父亲看了海报后,和我聊了起来。他问的第一个问题是"这个项目的假设是什么?"我被这个问题完全震惊了。为什么科学项目必须从假设开始呢? 我哑口无言。这位父亲肯定接受过良好的教育,可能还是一位教育家。他一定由衷地相信科学家会从假设开始一个项目。虽然我在一个国家级的研究中心有"科学家"的头衔,是一位真正的科学家,但我肯定缺失了这部分教育,而他接受的教育包含了这部分更新的内容。在我所接受的科学教育中,从来没有人告诉我应该从假设开始一个项目,我从未听说过假设-演绎模式。后来我开始了解这一模式。那次科学展是我学习科学哲学的第一课。然而,在了解它之后,我得出结论:该理论似乎与科学毫无关系。我的几位科学家朋友也向我抱怨说,当他们向其科学项目提出一些科学想法时,科研项目管理者只是问了一句"你的假设是什么?",随后就根据流行的假设-演绎科学方法否定了他们的想法。由此可见,流行的科学方法在科学中起到了负面作用。后来,我了解到费曼的类比,即科学哲学家像鸟类学家研究鸟一样研究科学家。在我了解科学方法之前,我就成了科学家,我对此感到很幸运。

　　接下来,我将介绍我们通常用来解释现象的推理方法,并讨论几种可能有助于与本书第九章中介绍的科学理论进行比较的方法。

7.2 推理

在科学中，逻辑被用来连接多个科学论点。在科学哲学中，逻辑往往强调其"形式"，且借助符号分析及分析型和综合型的句型分析。然而，在本书10.6节中，我们将从归纳法之新谜中认识到："形式"并不能保证逻辑分析的绝对无误性。因此，我选择使用"推理"或"科学推理"来讨论科学家们如何形成他们的论点。此外，由于科学需要定量的评估，因此科学中的"推理"与传统的科学哲学中讨论的逻辑不同，它往往需要一些定量的限制条件。推理有很多种形式，下面将对其进行描述和讨论。

演绎推理：如本书4.2节所述，演绎推理是一连串的演绎。它是从一般到特殊的线性推理，其形式是从 A 到 B……再到 C 的形式逻辑。数学和欧几里得几何保证了这种演绎推理（自然演绎）的绝对无误性。在科学中，我们更经常使用"if-then语句"的形式，而不是三段论，这是因为"if语句"是结论为真的先决条件。例如，数学的有效逻辑形式是"如果 P（方程式）为真，那么 Q（方程式的解）为真"，这是本书4.2节讨论的"if-then语句"的第一种可能的情况。此外，演绎逻辑的前提和结论之间可能存在因果关系，即 A 是原因，C 是结果。它是科学推理的基本形式之一。我们将在本书9.2节进一步探讨科学研究中需要注意的问题。

归纳推理：如本书4.3节所述，归纳推理是在有限的观察结果的基础上进行的泛化，即从同一现象的具体案例中得出更普遍的结论。它不是基于形式逻辑或演绎逻辑，而是基于观察结果。模式化是对同类主题的泛化，原则上是归纳推理的一种形式。但它特指"定性形式"的归纳推理。科学归纳推理需要定量的形式，因此它是一种受限制形式的归纳逻辑。除非另有说明，在本书中，归纳推理与模式化或归纳逻辑相反，指的是定量的归纳推理或科学归纳推理。在现代科学中，归纳推理的主要形式不是通过一个或一组特征对同一类主题进行定性地分类或模式化。这与"所有乌鸦是否都是黑色的"无关。科学推理是关于各种变量之间的定量相关性，更类似于穆勒方法中的共变法。

例如，假设你一生中到目前为止吃过三个苹果，而且它们都很甜。现在给你第四个苹果。根据"模式化"，它应该是甜的，但当你吃第四个苹果时，你发现它是酸的。这就是乌鸦悖论中非黑色乌鸦的例子。这个例子表明：定性的归纳推理或模式化容易出错，而且通常是不科学的。如果你遵循传统的科学哲学理论，你会得出"归纳逻辑失效了"的结论。然而，这里的预测失败不是由归纳造成的，而是由定性造成的。当你增加评估的必要条件时，你会提出完全不同的问题，因为你发现评估结论的合理性还需要额外的必要条件。当归纳是定量的，评估就变成了对几个参数的相关性分析。你会问如何定义甜味，并研究各种苹果的甜度或酸度。这可能会被称为一门科学。最后，你可能会检验每种苹果中的含糖量和总酸度。在科学哲学中，一个常用的例子是归纳地概括"所有金属都导电"这一观点。但在科学中，人们会问"导电"是如何定义的。那么，我们必须测量一块金属的电压和电流。事实上，我们可以根据单位横截面积和长度内的电压和电流之间的定量关系得出金属样品在各种条件下的电导率或电阻率。

为了解释这些相关性，经常会出现新观点。所有的科学定律，如重力加速度、法拉第定律、理想气体定律和欧姆定律都是基于观察结果泛化得出的。拒绝使用归纳推理是传统科学哲学理论的一个根本错误。归纳是科学推理的基本形式之一，我们将在本书9.3节中进一步讨论定量归纳推理的要求及科学研究中需要注意的其他问题。

在此，我们需要注意的是，归纳推理是从有限数量的观察结果到无限情况的泛化。然而，归纳推理无法预测出下一个观察结果，因为对下一个观察结果的预测是从一般到特殊，属于演绎推理。在苹果甜度的例子中，"所有苹果都是甜的"这一结论是基于对三个甜苹果的模式化而归纳出的结论。然而,"第四个苹果是甜的"这一预测是基于演绎法做出的,其假设是"根据模式化得出的结论是正确的"。对于基于演绎的预测而言,每个前提的有效性都必须经过仔细的"可靠性"检验。"所有苹果都是甜的"这一假设显然是不可靠的。预测失败的原因在于基于有缺陷的假设进行演绎推理。基于演绎做出预测是一个独立的过程,但却在许多科学哲学理论中被混淆为归纳推理。

当收集到许多归纳出的结果时,可以通过概念化将其放在高层次上进行综合、拓展和泛化。牛顿和达尔文在提出各自的伟大理论时就是这样做的。

回溯推理:在上述演绎推理中,我们根据已知的原因预测结果。逆向逻辑被称为"回溯逻辑",或者用本书中的术语来说,是回溯推理。回溯推理是指已知 C(结果)为真,而不知道 A(原因)是否为真。如果我们假设 A(原因)为真,那么根据演绎推理或归纳推理,我们也许能够推断出 C 为真。然后,"A 是 C 的原因"这一结论被证明为真。这对吗?这个推理存在一个问题,一个根本问题或者一个根本性缺陷!这就是所谓的回溯推理或以果证因,是公认的逻辑谬误。它不被接受为科学推理,尤其在存在多种可能解释的情况下。回溯推理的支持者承认在结论中仍存在不确定性或疑点;他们退而求其次,使用诸如"现有最佳"或"最有可能"之类的术语来证明推理的合理性。令人遗憾的是,许多科学哲学理论认为回溯推理是获得科学知识的最重要途径。让我们仔细探究一下这种观点。

上述讨论的回溯推理可以表述为"如果 C 为真,那么 A 为真"。以数学为例,数学是最严格的演绎推理类型。如果我们求解一个方程式,比如 $5x-15=-5$,我们得到 $x=2$。根据本书4.2节讨论的演绎逻辑,有效的逻辑形式是"如果 $5x-15=-5(P)$ 为真,那么 $x=2(Q)$ 为真"。在回溯逻辑中,因为 $x=2$ 是已知的,其形式是"如果 Q 为真,那么 P 为真"。这是本书4.2节讨论的"if-then语句"的第二种可能的情况。但这是一种无效的逻辑形式!因此,回溯推理存在缺陷。

回溯推理的论证过程：首先，我们根据已知的解"$x=2$"，推断出原始方程式A。这一步是指假设我们已找到方程式A。然后，我们将"$x=2$"代入方程式A后，发现"$x=2$"是方程式A的解。因此，我们声称A是C的原因。这是一种我们称之为"自循环逻辑（circular logic）"（不同于"逻辑循环"）的逻辑形式，因为我们假设A是C的原因，然后证明A是C的原因。问题：众所周知，很多（无数）方程式的解都是$x=2$。我们提出的方程式A只是无数可能性中的一种；没有科学家会同意你能找到$x=2$的原因。因此，在科学中，根据回溯推理得出的结论是完全不可信的，无论你是否在结论中使用了"现有最佳"或"最有可能"这样的术语。

回溯推理可能是一种可接受的方法，并被用于指导社会中的一些活动。有时它也可以用于某些非关键的科学项目，但它不是一种科学推理的形式，因为根据其他可能性也可以得出相同的结果。例如，测谎仪根据一个人对问题产生的生理反应来判断他是否在撒谎。然而，具有不同生物和心理特点的人对这些问题的反应可能不同，而这与他们是否试图撒谎无关。尤其是当一个无辜的人在某次测谎失败后，他可能会变得紧张。那么他很容易无法通过再一次测谎，并被误认为是骗子、犯罪嫌疑人或间谍。这将是一个基于逻辑错误的人为悲剧。与此相反的情况是，间谍可以通过接受培训来通过测试，从而使自己看起来不像在说谎。证明回溯推理存在潜在缺陷的另一个例子，是本书7.5节中将讨论的著名谚语。

在科学领域，计算机模拟模型通常用于模拟非常复杂的过程。在模拟模型中，许多参数都可以调整。然后，科学家们会对参数进行调整，直到模拟模型的输出结果与观测结果具有某种"相似性"。例如，相似性可能是"一些类似的、复杂的、近乎随机的图片"。然而，科学家可以据此提出断言或结论：①该模拟成功地描述了观测结果中所显示的物理过程，因此该模拟模型是有效且正确的；②当模拟结果和观测结果相似时，该模拟模型的参数就是观测时的物理条件。这是一个非常奇怪的结论：计算机模拟只等效添加了一条信息,却产生了两个结果。打个数学上的比方,这相当于一个人用一个方程式解出了两个未知数。这种推理是错误的,因为在对过程得出任何结论之前,模拟模型本身需要在与所研究过程相类似的过程中进行独立测试。这是一种类似于回溯逻辑的错误推理。令人遗憾的是,目前在很多科学研究领域都存在这样的情况。

在科学推理中,我们要求:①原因 A 有独立的证据;②由原因 A 到结果 C 的每一步推理都是演绎推理或归纳推理;③没有其他可能性可以导致结果 C。满足了这些要求的推理,就不再是回溯推理;我们实际上重建了由原因 A 到结果 C 的演绎推理或归纳推理。因此,回溯推理存在严重缺陷,是不科学的。传统的科学哲学用它来破坏普通大众对科学的认识。很多科学哲学家认为回溯推理是科学中最具创造性的部分。在科学中,回溯推理可能的确有助于科学家构思一个想法;但它不能作为这个想法的证据。实际上,科学家的大部分时间都在滤除自己的大部分想法。不了解这一现实的人就根本不知道科学家们正在做什么。

辩证推理: 辩证法是前苏格拉底时期发展起来的一种论证方式。人们普遍认为它是由古希腊数学家兼哲学家芝诺(公元前495—前430)提出的。这种方法以悖论或"归谬"为基础。芝诺提出了许多悖论,在此仅列举四个最著名的悖论:阿基里斯悖论、二分法悖论、飞矢不动悖论和运动场悖论。例如,二分法认为一根棍子可以被切成两半,而一半可以再被切成两半。这个过程可以永远持续下去,因为剩余部分会变得越来越小。这一概念可以看作数学中极限和导数这两个概念的起源。剩余部分可以用 2^{-n} 的数列来表示,随着 n 的值增大,该数列无限接近极限0,但它永远不为0。有趣的是,在稍后的时间里,中国"智者"惠子也对同样的悖论展开了辩论。他对"最大"和"最小"下了一个著名的相互矛盾的定义:"至大无外,谓之大一;至小无内,谓之小一。"他指出:二分法悖论中的问题是由"端点"的定义引起的,因为端点可能是一个无法被分割的点。这个悖论无法自洽。在现代科学中,我们现在知道:当一个事物被分割得足够小时,即分割到原子的程度时,该事物就变成了另一个与原始事物根本不同的东西。因此,就其物理特性而言,事物的分割存在一个极限。由于二分法被认为是辩证法的核心,而基于它产生了许多悖论,因此哲学中的辩证法被认为是一种荒谬的理论。在传统的科学哲学理论中,二分法不被认为是一种科学方法。

然而,在逻辑中,"归谬"可以作为间接证明,即如果一个人由于波普尔的证伪理论而不能证明一个前提为真,那么他也许能证明它不可能是错的。人们可以通过假设"若前提不成立,则结论为假"来证明这一点。因此,前提可能是正确的。科学中的一个问题是,有多种可能的前提导致相同的结论。即使一个人证明一个特定的前提可能是正确的,他仍然不知道什么是正确的。因此,这种方法不能用来证明,而只能用来反驳。大多数传统的科学哲学理论都试图避免讨论辩证推理。我仍然清楚地记得,有一次我向一位德高望重的科学哲学家提到辩证推理;他的反应就像我提到了鬼。辩证推理在哲学讨论中可能会不遵循任何规则,从而导致大多数凭空臆测的产生。

然而,在科学中,使用辩证推理是有限制条件的。辩证推理可以根据不同的目的构建出不同的形式,但它通常从一个合理且相关的假设("如果……")开始,然后,它遵循严格的演绎推理或归纳推理,直到得出一个否定的结论。与此相反,回溯推理会得出一个肯定的结论。现在,我们仍使用与上述回溯推理相同的符号。在这种情况下,结果 C 是已知的,我们正在检验一个合理或相关的潜在原因 A。根据辩证推理,我们从假设"如果 A 为真"开始。然后,我们遵循演绎推理或归纳推理来证明结果 C,如果结果 C 是错误或荒谬的,那么 C 是否定推理。我们根据辩证推理,得出结论: A 为假。换句话说,我们可以排除" A 是 C 的原因"的可能性。例如,根据地心说,太阳绕着地球转。如果像我们直接观测到的那样,太阳每天绕地球转1圈,那么太阳的速度是$2\pi \times 1$ AU/天,即大约100 000千米/秒。地心说模型需要解释这个荒谬的超高速度。在这个例子中,我们从"如果……"开始,然后遵循严格的演绎推理得出"那么……不为真"。既然该例是用于反证,证伪者就不需要回答"荒谬的超高速度"这一问题,但是理论的提出者需要解释为什么该理论在这种情况下行得通。如果他的解释与初始理论(地心说模型)和其他众所周知的事实相一致,那么我们可以认为这个问题得到了解决。

在这种特殊的形式中,步骤的第一部分类似于回溯推理,只要求得出否定的结论。这种推理的逻辑形式是"如果Q(结果)不为真,那么P(原因)不为真",即本书4.2节所探讨的"if-then语句"的第三种逻辑形式,它是一种有效的逻辑形式。我在前面说过,回溯推理的逻辑形式是"如果Q(结果)为真,那么P(原因)为真",即本书4.2节所探讨的"if-then语句"的第二种逻辑形式。波普尔的证伪理论与辩证逻辑是相同的。这两者之间唯一的区别在于:辩证推理必须遵循与证据完全相同的严密逻辑,并且其初始假设必须是合理且相关的。在科学进程中,任何可能性都是允许的。然而,每一种可能性的推理都要经过严格的证伪检验,即辩证推理。这是一种通过反复试验排除所有合理、相关但错误的可能性的方法。它是科学推理的基本形式之一。本书将在9.4节进一步讨论科学研究中需要谨慎处理的问题。

类比推理:类比推理接受一个从A(原因)到C(结果)的逻辑过程,并用它来证明另一个从A'到C'的不同逻辑过程,其中A'、C'分别与A、C有一些相似性。它是对因果关系的一种泛化,因此是归纳逻辑的一种形式。然而,类比推理定性地使用特征,并将对特征的泛化应用于不同类型的对象。在科学中,由于类比推理是从一种类型的对象推广到另一种类型的对象,因此它是容易出错的。

类比推理是描述真理或知识的一种非常有用的方法,但它不能证明真理,也不能用来创造知识,因为A和A'或C和C'可能在本质上是不同的,或者可能在一些关键特征上不具有可比性。例如,传统的科学哲学理论将科学家类比为学习过程中的罗素的火鸡和巴甫洛夫的狗,还将寻求真理类比为"寻找圣杯"。大多数人不会赞同这两个类比,因为类比的两组对象根本不同。这些类比可以用来描述科学哲学中的观点,但不能用来证明新知识。

引证法:在科学中,引证法可以用来提供证据和简化推理的表述。然而,除非被引文献直接有助于论点的构建,否则它会遇到与类比推理相同的问题。此外,虽然被引文献支持了新观点,但它也降低了新成果的新颖程度。它更多地被用于为新成果进行辩护,而较少被用于推广新成果。在特定条件和特定目的下,它可以作为科学推理的一种形式。

穷举法/蛮力法:与其说穷举法是一种推理形式,不如说它是一种解决问题的方法,但是它在科学讨论中有时也被用作一种推理形式。人们通过这种方法,可以在特定条件下尝试多种可能性。它既可用于回溯地证明理论,也可用于辩证地证伪理论。它不提供结论性证据(反证),而是声称找不到(至少一个)反例。乌鸦悖论一直是该方法的噩梦,直到有了相关的理解知识。但它可能适用于离散问题。在现代科学中,这种方法可以很容易通过计算机来实现,尽管它不是科学推理。然而,在某些情况下,当批评是基于辩证推理时,这种方法是可以接受的,尤其是当它被用来为一项新工作辩护时。

数值模拟:有很多基于各种理论、用于不同目的的数值模拟模型。在科学领域,我们将模拟模型分为第一性原理[①]的模型和非第

[①] 第一性原理(first principle)最早由亚里士多德提出。它作为哲学与逻辑学术语,是一个最基本的命题或假设,不能被省略或删除,也不能被违反。第一性原理相当于数学中的公理。在物理学中,第一性原理,或称从头算,指从基本的物理学定律出发,不外加假设与经验拟合的推导与计算。——译者注

一性原理的模型。第一性原理的模型基于定量的自然法则,并用数值方法求解所涉及的控制方程。这类模型基于演绎推理;然而,数值方法的使用可能会带来不确定性,本书9.2节将对此做进一步探讨。所有其他的数值模型,比如基于神经网络或人工智能理论的模型,以及基于经验数据并使用某种插值法或外推法的模型,都属于非第一性原理的模型。这些模型被广泛应用于工程和金融行业。一些人声称人工智能已成功用于预测股市。这是痴人说梦。很多人以前也说过同样的话,比如使用各类金融衍生品进行期货交易。现实情况是,这些人中的许多人都破产了。原因很简单:如果一个理论真的能预测股市,那么每个人都会采用这一理论;但股市中不可能每个人都赚钱。因为非第一性原理的数值模型不是基于理解知识或科学理解,所以不被视为科学推理。

实用论证:这种论证不是基于科学推理,而是基于经济推理或回溯推理。实用论证发生在已找到一个可能的答案,却没有充足的时间和资金寻找其他可能性的情况下。因为科学寻求真理,知识反映真理,但是资金和时间不能作为证实知识的有效论据。这种论证不能被视为科学推理,但有时可用于将科研分成多个阶段或步骤。

奥卡姆剃刀原理:奥卡姆剃刀原理亦被称为"简单性论证"。当使用不同的方法或模型得出两个或两个以上等效的结论时,"选择"最简单的方法或模型被视为权宜之计。其中一个问题是,如果我们从同一点出发,在同一点附近结束,这是否意味着转弯较多的长路线是错误的?我们注意到,路线的长短有优劣之分,却不一定与真假有关。有些人引用美学推理来证实这一论点。我们可以在本书7.6节和9.5节中找到一些例子,在这些例子中,较简单的模型或方法后来被发现是错误的。

我更倾向于使用概率论证作为奥卡姆剃刀原理的推理方法。这种方法可能会涉及若干个假设或逻辑步骤;每个假设或步骤,尤其是定性的假设或步骤,都可能带有一定程度的内在不确定性,从而降低了该方法获得成功的概率。因此,假设或步骤最少、定量控制较多的方法或模型更有可能反映自然过程的本质。奥卡姆剃刀原理被认为是科学推理的基本形式之一。例如,在地心说与日心说的辩论中,我们认为日心说更"正确"。

下面,我将讨论一些常用的方法或模型。

7.3 直接推广模式

直接推广模式(instantial model)可能是大多数人在日常生活中最常用的方法。新闻报道中的引语或采访往往让人们认为,整个世界就像记者希望人们相信的那样。例如,新闻报道可能会展示:一定比例的白人或非白人、男性或女性支持提案 A 或提案 B 的调查结果。观察者可能会得出结论:每个问题似乎都是由种族或性别决定的。或者,新闻报道可能会选择一些对某个问题持有极端观点的片段,尽管这些观点听起来都很合理;但是这个问题似乎没有可能的解决方法。直接推广模式的基本推理是定性的归纳逻辑。正如上一节所讨论的,如果归纳是定性的,那么它要么是类比推理,要么是模式化。从逻辑上讲,其结论是在若干事实或观察结果的基础上,归纳出该类别中的所有事实或观察结果,甚至在类比推理的情况下,归纳出其他类别中的所有事实或观察结果。我们知道通过类比推理或模式化进行推理是容易出错的,也是不科学的。

这在逻辑上可以表述为"一个 F 是 G"可以作为"所有 F 都是 G"的证据。

本书1.3节和4.3节所描述的乌鸦悖论是这种逻辑的详细版本。在乌鸦悖论中,人们根据对黑色乌鸦的一次或几次观察,得出"所有乌鸦都是黑色的"这一结论,其逻辑也是一样的。这种逻辑在科学哲学中被称为"直接归纳推理"。人们使用这种逻辑可能是基于潜意识的,也可能为证明假设付出额外的努力,比如在非黑色的东西或者所有黑色的东西中寻找乌鸦。逻辑学家将这种模式归类为归纳逻辑,并将其预测失败也归因于归纳逻辑。这是一个有争议的结论,因为这些逻辑学家没有区分定性形式的归纳推理(类比推理或模式化)和定量形式的归纳推理(相关性分析),如穆勒方法中的共变法。定量形式的归纳推理是科学的。

这种模式可以用来预测未来事件,也可以用来解释或回溯地证明我们现在所看到的事物的原因。我们有时根据"猜测"做出预测,而其他时候,我们基于因果关系做出预测。正如我们所了解的,预测未来事件是演绎的,需要理解知识。在日常生活中,泛化模式的谬误可能并不总是重要的。这种逻辑可能有助于产生新观点,但不能作为科学观点的证明。因此,这不是一种科学的模式。在科学中,一种观点很少能解释"所有"事物或"一切"。这可能是直接推广模式的根本问题。

7.4 假设-演绎模式

科学哲学中被引用最多的科学方法是所谓的"假设-演绎"(hypothetico-deductive,H-D)模式。德国哲学家卡尔·亨佩尔(Carl Hempel)是这一模式的提出者,也是科学哲学的创始人之一。他反对科学需要首先收集"所有事实"的观点。根据他的观点,如果没有选择或猜测,这样的科学项目"永远不可能进行,因为我们不得不等到世界末日,才能收集到全部事实……"。我认为这是一个相当激进的论点。也许他的反对者应该在"全部"和"事实"之间加入一个限定词"可用且潜在相关的"。然而,他可以争辩说,谁决定什么是相关的;这听起来像是一场非常令人不愉快的辩论,大多数科学家都不想参与其中。尽管如此,通过这样的论证,他在科学哲学家中确立了这样的观点,即科学研究应从假设开始,以减少需考察的相关事实;奇怪的是,其他人似乎都同意这一观点,而且没有人征求科学家的意见。

鉴于我们已提到的归纳逻辑所存在的问题,归纳法没有被纳入科学方法。亨佩尔根据演绎逻辑的要求推导出假设-演绎模式。对一些人而言,"假设"一词本身听起来就很科学。这种模式现在被作为学习科学的一部分,教授给大学预科生。根据《大英百科全书》,"假设-演绎方法,亦称为H-D方法或H-D,是一种构建科学理论的程序,它首先解释通过直接观察和实验获得的结果,并通过推理预测进一步的效应,然后,它可以通过从其他实验获得的经验证据来验证或否定这些效应。"该定义未包含该方法的两大要素:"假设"或"演绎",这表明该定义偏离了其最初的定义。以下是一些在科学哲学讨论中使用过的例子。在每个例子中,我都添加了一些评论,以对基于传统理论得出的结论提出质疑。

假设1:早起的鸟儿有虫吃。这是一句古老的谚语,在假设-演绎模式中,不需要任何观察依据。

演绎预测:早起的鸟儿更重。这是一个有趣但有缺陷的演绎推论。

检验:从统计学角度看,早起的鸟儿更重;猜想被证明了。问题是,该结论可能为真,也可能不为真,因为有更多的因素会影响鸟儿的体重。鸟儿的进食量不一定会导致其体重增加,因为一个人可能会通过更多的活动消耗更多的能量。我们能说所有超重的人都吃得更多吗?可能是有些鸟儿的基因决定了其更活跃、更有活力。它们起得更早,被视为早起的鸟儿,但它们不一定在清晨吃了更多的虫子。该结论不为真。

假设2:光是一种波。

演绎预测:如果光是波,那么波的衍射现象(对于有小孔的遮光板而言)或干涉现象(对于双缝遮光板而言)会使遮光板后方的屏幕上形成的小孔(或双缝)的图像与遮光板上的小孔(或双缝)截然不同。这是一个有效的演绎推理,但预测是基于理解知识做出的。

检验:当孔足够小或双缝足够窄时,光会发生衍射和干涉现象。假设得到了证实。这个结论为真,但不一定是唯一的结论,因为人们可以证明另一个假设——光的行为也像是粒子,即携带动量的光子。这是有足够信息的理解知识,但仍然不能排除光是由粒子构成的可能性。

假设3:地球是不动的。可以根据日常生活经验做出这一假设。

演绎预测:从比萨斜塔上扔下一个球,当球落下时,如果地球是不动的,那么球将落在下落点正下方的地面上。在伽利略和牛顿的理论提出之前,这是一个有效的演绎推论。

检验:球落在下落点正下方的地面上。假设得到了证明;当我们看到太阳和月亮升起和落下时,地球是宇宙的中心。然而,该结论是错误的[1]。传统的科学哲学理论并没有探讨这种预测失败。

根据以上这些例子,我们可以看出:基于假设-演绎方法通常不能得出正确的科学结论,有时可能会得出有缺陷的或错误的结论。这种方法对学习科学的在校学生而言可能很有趣,但对科学家而言毫无用处。人们可以在互联网上找到许多假设-演绎方法的改进版。这些改进版大多以观察结果和数据收集为出发点,直接反对亨佩尔的论点。然而,它们都无法避免哥白尼日心说的问题。当然,检验必须基于哥白尼时代的知识。在当时,即使没有人想过从比萨斜塔上扔球,人们也可以从建筑物、悬崖或树梢上扔球。检验结果将表明:球正好落在下落点正下方的地面上。因此,地球并没有像严格的演绎推理所预测的那样运动。结论:哥白尼的假设是错误的。

大多数时候,正如哥白尼时代的科学家在关于日心说和地心说的辩论中所做的一样,科学家们不得不根据不完整和不确定的信息做出判断。因此,根据假设-演绎方法提供的菜谱或通用算

---

[1] 即使基于假设-演绎模式得出了"地球本身不动,太阳绕着地球转"的结论,但是这一结论显然是错误的。伽利略在船上进行了多次实验后发现:虽然船在移动,但船内的人却感觉不到船的移动,就像球从比萨斜塔上落下一样。因此,他发明了伽利略相对性原理。

法,推导不出任何成功的科学证明。它对科学家而言根本行不通。现在,你或许能更好地理解费曼的评论"科学哲学对科学家的用处就像鸟类学对鸟的用处一样"。但结论应该是"爱好科学的"哲学家提出的理论毫无用处,而不是科学哲学毫无用处。

假设-演绎方法的根本问题在于其逻辑。该方法的目的在于用演绎法证明假设。科学中的假设应该是更普遍的观点,而不是描述特殊案例的观点。演绎推理只能从普遍观点到特殊案例,不能倒过来证明普遍观点。要证明基于特殊案例的普遍观点,我们必须使用本书7.2节中探讨的归纳推理。因此,假设-演绎方法存在根本性缺陷。

假设-演绎方法可能是科学哲学提出的一个最具误导性的概念。它对那些对科学感兴趣的人具有潜在危害。有些人认为这种方法最初是由培根或笛卡尔提出的。正如本书7.1节所述,这两个人实际上都没有提出这个方法。但正如我在本节开头时所描述的,人们普遍认为亨佩尔于1966年提出了该方法,尽管该方法的起源可能更早。因此,这一概念不是由科学家提出的,而纯粹是科学哲学家的产物。尤其是在波普尔的证伪理论被提出之后,我很难理解这种有缺陷的方法怎么会拥有如此广泛的追随者,以至于渗透到美国的大学预科教育体系和科学管理体系中。有些人通过向高中生介绍科学概念来论证这种方法的积极方面。然而,许多学生将这种有缺陷的方法带进了他们的职业生涯。其后果之一是,科学家如今与那些在高中学习了假设-演绎方法的科研项目管理者打交道时,遇到了更多困难。这些管理者根据假设来评估一个科学观点,而不是根据这一观点所要解决的问题。对科学造成的这种损害可能需要几代人的努力才能修复。

7.5　因果关系

因果关系是科学哲学中的核心话题之一。我们一般认为因果关系理论试图解释观察结果发生的原因。从哲学上讲，因果论认为世界上的事物是相互联系的，不可能孤立地发生。问题的出现是因为没有科学定律来确定因果关系。一些经验主义者（如休谟）强烈反对因果关系。他们认为因果关系是可疑的，因为我们不能直接感受到它，正如本书第四章所探讨的罗素的火鸡和巴甫洛夫的狗的例子。在一个极端的例子中，休谟甚至拒绝接受玻璃花瓶落地是花瓶破碎的原因。他更喜欢"因果说明"这一术语，而不是因果关系。

那么，什么是因果关系呢，它是事物之间的某种隐秘联系吗？传统的科学哲学理论花了很多时间争论一些这样的案例，比如：当一个人溺水身亡时，他的死因是什么呢？是因为无法呼吸还是因为血液中氧气不足呢？或者，当一个人被毒蛇咬伤后濒临死亡，但在前往医院的路上发生了致命的车祸，那么他的死因是什么？是毒蛇咬伤还是车祸呢？或者，当一个男人服用了妻子的避孕药而没有怀孕时，避孕药是这个男人不能怀孕的原因吗？这些讨论听起来更像是律师在辩论保险索赔案件，而与科学无关。我认为这些案例既与科学无关，也与科学哲学无关。从原则上说，第一个案例表明，"原因"取决于讨论的具体程度；第二个案例表明，当存在多个原因时，重要的是原因发生的时间顺序和其重要性；第三个案例提醒我们注意原因和结论之间相关性的重要性，我们将在本书9.3节的归纳推理中进一步讨论这一问题。

在科学哲学中，我们首先排除了某件事发生可能是上帝造成的可能性。

在科学哲学中，讨论因果关系的一个著名例子是所谓的旗杆和影子问题。人们可以通过测量旗杆影子的长度来确定旗杆的高度。换句话说，人们可以认为旗杆的高度是由其影子的长度决定的（引起的），或者说影子的长度决定了（导致了）旗杆的高度。这种说法肯定是错误的，因为旗杆的高度不会改变，而影子的长度会随着时间的推移而改变，因此，影子的长度不可能是旗杆高度不变的原因。这个例子被用来论证因果关系的不对称性。这个例子有一定的道理,尽管并不高明,因为它是基于句子的语言形式而产生的误解。这个例子可以表明:传统的科学哲学理论中讨论的许多问题与真正的推理关系不大,但它说明了科学家有时在"什么是原因或结果"及"如何定义科学中的因果关系"方面会遇到困难。

在本书的讨论中,因果关系被定义为通常常识所指的因果关系,而不是传统哲学或科学哲学中讨论的因果关系。人们使用若干种推理形式来确定因果关系。

例如,如果一个过程是由与时间相关的定律(如牛顿第二运动定律)来描述的,那么人们可以根据演绎推理明确地确定科学中的因果关系。力是物体运动或静止的明确原因。物体的加速或减速是由施加在物体上的净力引起的,例如,运动方向上的力引起加速,反方向上的力引起减速。同样,产生电场或磁场的原因可以通过麦克斯韦方程组来确定。

然而,在大多数情况下,人们可能无法用与时间相关的定律来描述一个问题。例如,理想气体定律或欧姆定律被认为是瞬间成立的。在这种情况下,任何变化的发生都需要外部原因。例如,当一个人向气球中注入气体时,气球内部压力的增加会使气球膨胀,从而导致气球内部的气压降低。最终,当气球内部的气体压力与其外部的大气压力达到平衡时,气球会达到一种新的平衡状态(气压相等,但气压大小与注入气体前不同)。同样,在旗杆和影子的问题中,原因不是旗杆或影子,而是太阳。影子长度的变化是由太阳随时间变化的位置引起的,而不是由旗杆的高度引起的。

一般来说,科学中的因果关系必须基于理解知识和演绎推理来确定。否则,它就会被认为是臆测。在大尺度时间渐进式演化中,长期因果关系的确定(如达尔文理论)还需要某些临界点的理解知识。

仅依据归纳推理无法确定因果关系。事件或现象的简单时间顺序不能被视为因果关系,因为它们可能是巧合,也可能是由同一原因引起的,例如,雷鸣和闪电都是由云层之间或云层与地面之间的放电引起的。当观察结果与时间顺序无关时,例如统计两个参数的相关性,它们之间的因果关系就无法被确定,也不应该被假定为已知的。

还有另一种推理形式可以推导出因果关系。下面这段著名的俗语最能说明这一点:

"少了枚马掌钉,掉了一只马掌。
掉了这只马掌,损失了一匹马。
没了这匹马,将军被杀了。
没了这将军,战役失败了。
战役失败了,王国灭亡了,
而这一切,都是因为少了枚马掌钉。"

根据以上推理,我们得出的结论是,王国灭亡的原因是缺失了一枚马掌钉。这个推理似乎很有规律,也很严谨;每一步似乎都是可能的,但结论却似乎很可疑、很有问题,因为一个王国的灭亡可能有很多原因。当我们仔细检查推理思路时,会发现:每一步都是由一个较小的影响导致了一个较严重的后果。例如,一枚马掌钉的缺失会导致很多可能的后果;但是最严重的后果被选中了,如此递推。从某种意义上说,逻辑总是从小到大。如本书7.2节所述,演绎推理应该是从一般到特殊。因此,此处的逻辑不是严格意义上的演绎逻辑。当我们意识到王国灭亡是已知的结果,而马掌钉缺失是对原因的一个臆测时,这句谚语的推理思路就变得更清晰了。这句俗语描述了一系列关于王国灭亡原因的可能臆测。这是回溯推理!我们知道:根据回溯推理可能会得出错误的因果关系,因为我们能说出很多导致王国灭亡的更实质性的原因。当然,我们可以用"历史中没有'如果'"这一论点来为这种推理进行辩护。然而,我们必须证明俗语中提到的每一个关键步骤都确实发生了,例如,我们必须证明:在主将即将赢得决定胜负的决斗时,马却突然倒下了,而马倒下的原因是马掌掉了。此外,我们还需要提供额外的证据,证明:导致马摔倒的马掌上的一枚马掌钉不见了。在这种情况下,其逻辑纯粹是基于观察的,而不是基于演绎的。前面我们提到观察结果之间的关系需要用逻辑来证明。

在科学中,一个类似的例子是所谓的蝴蝶效应,根据这种效应,一只蝴蝶扇动翅膀就能引起千里之外的地震或火山爆发。这种因果关系是基于与数学中的混沌理论的"类比"。根据混沌理论,初始条件的微小差异会从根本上改变动态系统的数学解答,从而导致人们无法预测出数学解答。混沌理论是一种有趣的数学理论,它描述了一些复杂的非线性系统或临界点上的某些关键过程。然而,根据该数学理论,初始条件中的任何微小差异,不仅仅是蝴蝶扇动翅膀可以引起的差异,都能够导致数学解答的巨大差异。结论应该是,潜在的原因数不胜数,即根据常识,该系统变得不可预测。但是为什么"蝴蝶扇动翅膀"被选为地震或火山爆发的唯一原因呢?如果这是事实,那么是由哪一只蝴蝶引起的呢?

2018年,印度尼西亚的两个相邻岛屿发生了地震,五天后,一座火山爆发;然而,一位"地球物理学家"根据蝴蝶效应认为这两个事件是无关联的,即地震不可能导致火山爆发,但千里之外的一只蝴蝶扇动翅膀却导致了火山爆发。如果他追溯到一种与蝴蝶效应不同的效应,难道他不能得出"另一种效应导致了火山爆发"的结论吗?科学不是历史;科学的任务之一是为观察结果的出现找出令人信服的原因。如上所述,蝴蝶效应基于回溯推理,从科学哲学的角度来看,它存在重大缺陷。它是基于一个糟糕的类比来解释混沌理论的。在科学中,抓住一个事实并无限夸大其重要性是一种应该避免的危险习惯。

7.6 解释性推理

在通常情况下,当我们观察到一种现象时,我们倾向于解释这一现象发生的原因,例如,恐龙灭绝的原因是什么?在这种情况下,我们知道结果,并根据因果关系、类比、个人经验或个人叙述(逆向地)预测原因。我们会发现许多可能的潜在原因,就像你发现自己的朋友们对同一观察结果或经验有不同的解释一样,有很多潜在的方程式有同一个已知解。解释性推理是指根据已知结果推断具体原因的回溯推理。如本书7.2节所述,回溯推理存在重大缺陷,它不是科学推理。为了消除各种推理形式相互竞争的可能性,该理论引入了最佳解释推理(inference to the best explanation, IBE)的概念。但是最佳解释推理中使用的基本推理是什么呢?哲学家们对此有不同的看法。一些哲学家将最佳解释推理描述为一种归纳推理,因为它不是演绎推理。其他哲学家认为它不是归纳推理,因为其结论是具体的,而不是普遍的。正如我们所见,这两种观点都是错误的,因为最佳解释推理是回溯推理。然而,最佳解释推理存在一个新问题:如何确定最佳的潜在原因?我们都知道自认为是最佳的原因,可能对别人而言是最差的原因。

将最佳解释推理具体化的模型之一是科学哲学中的"覆盖律模型(covering law model)",也被称为"演绎-规律模式(D-N model)"。根据这一模型,构成解释的条件:①解释中使用的前提和结论之间的联系必须是演绎的;②使用的所有前提必须为真;③前提必须包含一个一般规律。让我们了解一下该模式的工作原理。例如,人们可能已经观察到"利率几乎总是正值"的事实。一些经济学家提出了一个基于"定律"的理论,即人们更喜欢即时的、确定的消费,而不是未来的、不确定的消费。根据这一"定律",想即时消费的人应该向推迟消费的人付钱。因此,利率总是保持正值。这听起来似乎是对观察结果的合理解释,很多科学哲学家也同意这一观点(Alex Rosenberg,2005)。然而,这种情况下的"定律"似乎与经济学中的供求定律不一致,因此这一"定律"本身可能存在问题。它仅仅是一种合理化的猜测,可能不符合定律的条件。此外,由于这一"定律"是为了解释观察结果而发明的,且不具有广泛的应用性,因此其推理似乎是自循环推理。另一种解释与贷款人面临的风险有关。借款人可能无力偿还,或者贷款人可能需要做出巨大努力来收回资金,例如雇用收债人。此时,需要正利率来激励贷款人并降低其风险。利率可以被认为是风险费用。显然,大多数人会赞同第二种解释更合理,尽管它并不涉及定律。因此,演绎–规律模式似乎不起作用。

奥卡姆剃刀原理是哲学家公认的确定最佳解释推理的方法,即简单或省力的解释就是最佳解释推理。让我们来看看恐龙灭绝的例子。一种解释性推理:恐龙灭绝是因为一种危害很大的疾病;这个原因很简单,也很有可能。然而,1980年,路易斯·阿尔瓦雷茨与其儿子沃尔特·阿尔瓦雷茨共同提出阿尔瓦雷茨假说,即恐龙灭绝的原因是6500万年前小行星撞击尤卡坦半岛。这一观点的依据:他们观测到地壳中存在一层异常高量但确实存在的化学元素沉积物,而这种沉积物在小行星撞击的地壳层很常见。这层异常沉积物的年龄与恐龙灭绝的时期相吻合。然后,人们可以构建物理模型来预估一颗相当大的小行星撞击地球后的后果。撞击产生的尘埃云阻挡了阳光,使世界变得更加寒冷。考虑到其他关于恐龙的研究中已知的恐龙生存条件(温暖潮湿),恐龙生存的环境条件可能已经被破坏,从而导致恐龙灭绝。这一理论的推理似乎是可能的,但非常复杂,尤其是与疾病导致恐龙灭绝的理论相比。在这种情况下,我们如何确定哪一种推理是恐龙灭绝原因的最佳解释推理呢?

这个例子可以用来说明如何分析科学中的逻辑。阿尔瓦雷茨假说最初被一些传统的科学哲学理论归类为归纳推理,因为它是从一些已知的事实中归纳出一个未经证实的结论。但它似乎并不是归纳逻辑,因为其结论非常具体(小行星撞击地球导致恐龙灭绝),也不仅仅是一种泛化,因为没有其他的情况可以泛化。另一方面,经典的演绎逻辑是根据(一般)原因预测结果,而且预测是针对未来而不是过去。阿尔瓦雷茨假说的推理是根据已知的结果(恐龙灭绝)推断原因,从而对过去做出预测。因此,阿尔瓦雷茨假说的逻辑也不可能是演绎推理。根据本书7.2节的讨论,我们现在知道它是回溯推理。

20世纪80年代,大多数科学家会将阿尔瓦雷茨假说作为其他一些观点中的一个有趣观点来讨论。直到30年后的2010年,这一假说才被科学界认可并成为知识。如果你是一位在这30年中研究相关课题的科学家,那么你将不得不根据零星的信息来判断你是支持还是反对这一观点。作为一位科学家,无论你是支持还是反对这一观点,你都应该设法寻找所有可能的相关信息。

2013年,在尤卡坦半岛发现希克苏鲁伯陨石坑(现在被认为是撞击地点)后,我们确定小行星撞击地球的时间是6600万年前。普通大众可能认为6600万年和6500万年已经很接近了。他们可能会猜测这30年的延迟是非科学的原因造成的。事实上,科学家们在这30年中提供了小行星撞击地球、其对全球的影响以及(最终发现的)撞击地点的证据。有了这些证据,阿尔瓦雷茨假说从推理变成了最佳解释推理,并最终成为理解知识,而其他观点逐渐消失了。它不再是一个纯粹的假说。其证明也不再以回溯推理为基础,而是以科学归纳推理和演绎推理相结合为基础,即从撞击开始,再到之后每一步的影响及其后果。因此,从科学上讲,在阿尔瓦雷茨假说刚提出时不将其视为知识,而在为每个重要的科学观点提供更多证据后再将其理论视为知识,是正确的。这个例子可以解释科学进程与其最终产生的知识之间的区别。此外,值得注意的是,在这个例子中,最佳解释推理和知识的最终确定并非基于简单性。因为包括很多科学哲学家在内的很多人,都将科学和知识混为一谈。对此,我们将在本书第八章和第九章进一步探讨。

我听过一位哲学家讲授关于最佳解释推理的课程。在这位教授看来,最佳解释推理显然是正确的,因为这是专家告诉我们的。然而,如果你是专家,你就是人们要求做出判断的人。在这种情况下,你可能会发现,解释必须基于理解知识,而不仅仅是基于事实知识或科学。但是,由于信息不充分,你可能没有确切的答案。例如,"斑马有条纹"是事实知识,但它不能直接用于解释或理解"斑马为什么有条纹"。对这一问题有三个解释:①条纹是"可穿戴的空调";②条纹是迷惑大型食肉动物的伪装;③条纹是(最新提出的)迷惑马蝇的伪装。显然,每一种解释都至少涉及另一条与其相关且合理的事实知识。你能提供你签名授权的一种最佳解释推理作为确切的答案吗?如果你是一位优秀的科学家,你会提供所有这三种可能性,而不只是一种最佳解释推理。

从哲学上讲,最佳解释推理没有定义"什么应该被用作解释的基础",因此如果将其用于科学中,这种方法是有缺陷的。人们各不相同,他们会根据各自不同的观念来决定最佳解释推理。我们已经说明,根据最简单的解释(导致恐龙灭绝的严重疾病)或覆盖律模型(正利率的原因)所得出的最佳解释推理可能会是错误的。因此,基于最佳解释推理的推理不能提供科学的结论,也不能用来证明新的科学观点。正如美国科学哲学家拉里·劳丹(Larry Laudan)所记载的那样,历史上有太多的最佳解释推理是错误的。科学的目标是寻求真理和创造知识。对科学家而言,最佳解释推理是不可信的。此外,科学家不会每天坐在桌前,用已知的最佳解释推理或覆盖律模型来解释现象;即使它能成功地解释现象,也不一定能创造出新知识。证明一个新的科学理论是正确的,要比用一个已有理论来解释现象困难得多。总之,最佳解释推理对从事科学研究的科学家而言毫无用处,尽管它对普通大众可能是有用的。

7.7 反对科学方法

1975年,奥地利科学哲学家保罗·A.费耶阿本德(Paul A. Feyerabend)在其出版的著作《反对方法》中质疑"科学方法"这一概念的普适性。他宣称"怎么都行!"。后来,2013年,美国物理学家李·斯莫林(Lee Smolin)撰写了一篇名为《没有科学方法》的文章。2015年,美国科学史学家丹尼尔·瑟斯(Daniel Thurs)出版了《牛顿的苹果和其他科学神话》一书。斯莫林和瑟斯都得出结论:科学方法是一个神话,或者充其量是一种理想化。费耶阿本德认为世界上不存在科学方法,而这将导致科学自由主义。此外,有趣的是,新西兰哲学家罗伯特·诺拉(Robert Nola)和澳大利亚科学哲学家霍华德·桑基(Howard Sankey)在其2007年出版的著作《科学方法理论》中认为,尽管费耶阿本德著作的书名是《反对方法》,但是费耶阿本德实际上接受了某些方法规则。他们俩试图用元方法论来证实这些规则。

费耶阿本德反对科学中的任何规则和限制体系,因为科学是人类创造力的一个方面。创造力应该受到鼓励,而不应该被限制。他认为伟大的科学家都是机会主义者和富有创造力的人。他强烈反对库恩所推广的常规科学,并认为理论框架的概念从未成功地控制科学。他认为专门研究会将科学家变成"人蚁",使他们无法进行其所接受的训练之外的思考。他以科学史上地心说和日心说的对立为例,证明了最流行的科学方法失败了,而这一噩梦自那时起就一直困扰着科学哲学家。他的结论是,在这个问题上没有讨论的必要,也就是说,如果我们遵循规则,我们就会认为哥白尼的日心说是错误的。

然而,如果没有规则,那么科学如何发展呢?或者说,科学研究是否需要遵循理性思维?费耶阿本德提出了两个原则:韧性原则和增生原则。韧性原则指科学家不应该太轻易放弃。大多数优秀的科学家都会赞同这第一个原则。在通常情况下,即使一个想法被否定了,创造这个想法的科学家也不会忘记这个"创造性想法",因为他们为这个想法付出了很多努力,也许还在理论或数学上对其进行了扩展。当他了解到一些新的相关成果时,他会倾向于与其建立联系,看看那个被否定的想法能否复活。或者,当这位科学家开始研究一些新问题时,他会自然而然地想到被他自己否定的想法或数学知识是否有用。因此,第一个原则对科学家而言太正常了,没什么特别之处。但现在的问题是,韧性原则是否应该被视为一个准则呢?

根据增生原则,费耶阿本德设想科学应该像一个充满新想法的私人市场或公共市场。这对大多数科学家而言可能是个问题,因为正如我解释的那样,科学家自己就有太多而不是太少的"创造性想法"。问题是如何筛除和否定其中的大部分想法。如果每个人的所有想法都被发表,那么科学期刊就和垃圾场相差无几。费耶阿本德显然聚焦了一个错误的问题。大多数传统的科学哲学理论并不重视科学家信誉的重要性,本书10.3节将探讨这一点。事实上,科学具有类似自然选择的功能。然而,它只是从最好的想法中进行选择,而不是从每个贡献者的所有想法中进行选择。那些不断提出"创造性"想法却无法证明这些想法的人最终会被科学界淘汰,即失去科学家的工作。

那么,是什么制约着科学活动或进程呢?这是一个更有趣的问题。鉴于科学界是多元化的,有许多完全不同或截然相反的观念、观点和想法,如果没有共同认可的方法,那么人们会在什么事情上达成一致呢?难道科学界真的处于费耶阿本德所说的科学自由主义状态吗?试想这样一个情形:你认为自己非常聪明,知识渊博,并且已经在一个科学问题上努力工作了三年,你想到了一个自认为会在科学界引起轰动的想法。然后,你将其撰写为一篇论文并向科学期刊投稿,结果该论文却被退回。你难道不会感到极度沮丧和失落吗?但是,当你读了评审报告后,你又同意审稿人的评审意见了！这是怎么回事呢？既然没有共同认可的科学方法，你怎么能同意别人说你三年的努力都是错误的呢？令人惊奇的是，在这样一个混乱的科学界中，充满了聪明的、遵循理性思维的、独立的但往往持相反观点的人，但他们却成功地不断创造出无数新想法和新知识。这是什么原因造成的呢？似乎所有科学家都在某件事情上达成了一致。这件事情是什么呢？如果我在科学生涯早期就知道这一点，那么我的科学事业将会更加成功，压力也会小得多。

现在，正如我们所看到的，与其说科学是民主的，不如说科学是自由的。没有人拥有绝对的权威，但多数人的认可并不能作为一种观点被证实的依据。事实上，顶尖科学家往往是持相反科学观点的领导者。科学家不可以胡说八道；著作中的所有观点在出版前后都要不断地接受审查和辩论。但是，科学家如何知道谁对谁错呢？那么，科学界应该是一片混乱，不是吗？科学与其他领域的不同之处在于我们所说的科学推理。科学推理是科学哲学最重要的方面。虽然每本科学哲学书籍都会介绍演绎逻辑和归纳逻辑，但却很少讨论科学推理的概念。我将在本书第九章对此进行介绍和讨论，以指导这一学习过程，并回答"所有科学家都达成一致的事情是什么"这一问题。但现在，什么是真正的科学？

■ 思考题

1. 你以前学过科学方法吗？如果学过，你认为哪种方法最有用或最有效？请描述你的观点。
2. 你以前使用过本章所讨论的方法进行预测吗？你认为哪些方法最有用？你思考过每种方法的潜在缺陷吗？
3. 请列出你使用过的推理方法。在你看来，根据哪种推理方法可以得出真理，根据哪种推理方法可能会得出错误的结论？

第八章 什么是科学？

8.1 科学的定义

本书至此对科学展开了广泛的讨论，但我们尚未对其进行定义。如本书第一章所述，"science（科学）"一词来自拉丁词语"scientia"，意指揭示一般真理和必然真理的逻辑论证结果。作为一个反例，我们已经知道爱因斯坦相对论是基于一个假设提出的，而根据伽利略相对性原理，这一假设在当时是不合逻辑的。那么，根据科学的最初定义，爱因斯坦相对论不是科学吗？

根据《大英百科全书》，科学是"知识体系，它既涉及物质世界及其现象，也涉及无偏见的观测结果和系统的实验。一般而言，科学涉及对涵盖一般真理或基本定律运作的知识的追求"。根据这个定义，一方面，科学既是知识体系本身，也是对知识的追求；另一方面，爱因斯坦相对论是对知识的追求，因此应该被归类为科学。然而，根据这一定义，科学只涉及物质世界，即不涉及社会世界或心理世界。因此，自然科学以外的研究领域不能被称为科学。此外，有点不寻常的是，这一定义中没有包含"逻辑"这一关键词。这是否意味着逻辑不再是现代科学的必要条件？如果科学不需要逻辑，那么科学是合乎理性的吗？正如我们所讨论的，理解知识往往**不是**直接基于观测结果，而是基于对观测结果的具体解释。对观测结果的解释包括一个形成合理理论解释的过程。这个定义的另一个有趣之处在于，知识和真理被认为是两个不同的概念，而这与本书中提出的一般概念相一致。

  对普通大众而言,科学之所以能够揭示真理,是因为科学是合乎理性的且得到了证据的证实。然而,对于科学家而言,他们并不清楚仅凭理性是否就一定能揭示真理。当两位科学家就某一观测结果的解释发生激烈争论并产生分歧时,他们都遵循理性思维了吗?这两种解释都基于各自的模型或观点。它们看似都合乎理性,并且都提供了"逻辑论据",但由于信息不完整,它们的逻辑和理论解释有所不同。哪种理论解释反映了真理?哪一位科学家是无偏见的?我们选择的解释是"无偏见的"吗?我们如何知道它是"无偏见的"呢?因此,对科学家而言,任何包含"无偏见的"、"合乎理性的"或"符合逻辑的"等术语的关于科学的定义都未必准确,因为这些术语需要基于完整的信息。当信息不完整时,有人会认为一种观点是合乎理性、符合逻辑的,但其他人可能会认为它是不合乎理性、不符合逻辑的。为了区别于宗教,科学必须是合乎理性的(基于推理),但当信息不完整或存在多种可供选择的理论解释时,依据理性本身并不能保证我们能获得反映真理的知识。有些人将科学定义为对人类如何获得(关于世界的)知识的一般理解,以及对科学革命所产生的成果与其他类型的创新成果有何不同的理解(Godfrey-Smith)。这个定义将科学视为一系列理解,但正如我们在上文所讨论的,科学远不只是理解。

  考虑到上述问题,我们可以给科学下一个定义:科学是在整个社会层面上创造新知识的过程,这一过程建立在观测、概念化和推理的基础上,以可评估的解释和预测的形式,系统地建立、组织和验证正确的观念,同时滤除被观测证伪的知识。简而言之,科学是创造知识的过程。

  让我像哲学家们通常做的那样,来剖析一下这个复杂的定义。科学是创造知识的过程。虽然科学有时指的是科学事业或新的科学成果,但它主要指的是过程。例如,"我们在做科学研究。(We are *doing* science.)"值得注意的是,大多数科学成果不会成为知识,或者它们成为知识的形式与其在科学中的形式大相径庭,因为从科学到知识有一个实质性的升华、结晶、简化、提炼和抽象化过程。

科学寻求将各个观测结果(事实知识)联系起来的潜在真理,它基于已有的理解知识,通过推理将这些联系概念化,并提出新的理解知识。此处的观测结果包括系统的对照试验和可以量化的经验。由于知识可能是错误的,科学进程中产生的成果比知识更有可能是错误的。可以说,很大一部分科学成果都是不正确或不完整的。科学出版物和科学成果展示中涉及的审查和评审过程可能会大大降低其出错的概率,本书将在8.3节中详细讨论这一点。因此,在传统科学哲学理论的误导下,普通大众对科学的误解之一就是将科学等同于知识或真理。这与事实相差甚远。科学的一个基本功能是逐渐滤除错误的观点。同样重要的是,我们要认识到:随着我们获得更多的知识和信息,以前被证伪的观点可能会成为知识。在这一过程中,评估对候选观点进行质量控制。

科学进程是向整个社会开放的。这与其他获取知识的过程或方式有着本质区别。一种观点只有经过了全社会的公开辩论、严格审查和批判,它才是"科学的观点";否则,它就不是科学的观点。例如独自创造的成果,比如逝者生前不曾公开的成果或高度保密的成果,它们被公开后,我们就需要在科学进程中花费时间,根据当时的科学知识对其进行证伪、证实或修改。因此,科学具有很强的社会属性。个人或一群人的好奇心和观念是科学的主要驱动力。但仅由个人好奇心驱动而产生的成果不会被认为是科学成果,除非这些成果向公众开放,并通过了科学界和任何感兴趣的人的证伪。此外,科学家,尤其是优秀的科学家,是独立的思考者。尽管他们会仔细倾听和考虑他人的观点,但是他们不会受到同行的影响。每一位科学家都是根据科学推理和观测到的事实做出科学判断,而不是基于多数人的认可。对此,本书将在第九章进行探讨。

如本书5.1节所述,科学进程由三大支柱或要素组成:观测、概念化和评估。缺少这三个要素的进程就不是科学进程。科学的目的是创造新知识和滤除伪知识。科学不太关注已有知识的应用,除非已有知识是被应用于创造更多(详细的)新知识。已有知识的应用对工程学和其他应用领域而言更为重要。应用科学和应用领域之间的界限可能比较模糊。例如,建造一座新桥梁可能会涉及一些新概念,但是关于桥梁稳定性和耐用性的基本理论是已有知识;大多数"新"设计除了个别全新的概念之外,并不涉及太多全新的科学问题。

在本书中,科学不是按照传统科学哲学所定义的理性、证据或方法来定义的。首先,在许多关于科学的定义中,理性是科学区别于宗教的关键特征。然而,我们已经认识到:当信息不完整时,理性化会涉及个人判断;每位科学家都会对可用的信息加以不同的权重。因此,我们并不一定能够仅凭理性本身就获得反映真理的科学知识。所有科学家都一致认可的依据是科学推理。其次,本书对科学的定义尽量避免使用"逻辑"这一术语,因为根据科学哲学中逻辑学家的说法,"逻辑"指的是特定的形式,这些逻辑学家在过去的一百年中占据科学哲学领域的主导地位,并提出了许多误导性的观点和理论。此外,本书对科学的定义还避免使用"证据"一词,因为证据往往取决于基于个人对事实做出的理性化阐释。基于一个观测结果可以产生不同的解释,而同一观测结果往往被用作相反观点的证据。因此,本书对科学的定义消除了不同解释所造成的歧义。然而,对这些不同解释的争论构成了科学进程的核心部分。

对科学观点做出最终评判的是观测、实验或经验。然而,已有知识、概念化、评估和推理在判断科学观点方面也发挥着重要作用。从这个意义上说,极端形式的理性主义与科学是不相容的。已有知识是基于以前的经验,尽管它不一定能正确地反映真理。然而,当在科学进程中创造新知识时,关于该学科的已有知识必须被仔细地证实、修改或证伪。极端形式的经验主义与科学也是不相容的,因为它没有认识到概念化和推理的重要性。牛顿的理论、爱因斯坦的理论和麦克斯韦方程组都不能仅仅直接根据经验推导出来。因为观测结果和经验可能依赖于解释,因此它们存在很大的不确定性,而这限制了根据它们对科学观点进行证伪和证实。

在科学中,人们会提出很多观点,并为每种观点搜寻、表述、检验和评估证据。科学进程中的大多数观点或模型都会被滤除或被大幅修改。那些被滤除的观点不被认为是知识,尽管它们经常出现在新闻报道或头条新闻中。

从科学到知识的重要过程是简化和抽象化的过程。知识必须是相对简单的,以便作为公众决策的基础。知识必须是相互联系的,或者说是"系统的",就像一串串葡萄,以便人们可以很容易地记住和掌握它们,并将其快速应用于日常生活中的各种问题。知识"有道理",但"道理(科学家经常称之为'直觉')"本身也会随着新知识的发展而发展。互联网已经成为日常生活的信息来源。它可以是一个吸纳或搜索已有知识的便利场所,但我们必须非常谨慎地对待从互联网上得到的信息,因为并非所有的信息都是知识。

为了区分科学与非科学,我们使用了可评估性,它要求任何比较、预测或解释都必须包含一些定量的数据。我们不使用"量化"一词,因为有些研究领域可能尚未达到严格量化的水平。然而,任何理论或观测结果都必须提供一些数量级的评估,这样它才不是纯粹的臆测。对"可评估性"的要求比对"可检验性"的要求更为严格,而后者通常被用于科学哲学理论。可评估性排除了超自然、宗教和其他不相关观点的可能性,尽管当有更多的信息可用时,原本不相关的观点可能会变得相关。这一定义不同于波普尔提出的"划界"概念。根据我们的定义,科学包括两个先后发生的过程:可检验的过程和可评估的过程。因此,科学可能包括许多研究领域,至少包括这些研究领域中的部分领域,比如心理学、经济学和社会学,而根据波普尔的划界标准,这些领域被定义为伪科学。然而,这些领域也包括观测、概念化和评估。

有人可能会说,因为达尔文进化论不涉及任何数学知识或评估,所以评估可能不是科学的基本特征。然而,这个论点是有缺陷的。达尔文理论最初只是一种推测。当科学家们根据年代测定法进行测量,并将不同的证据合理地放在进化的时间轴和家族树上时,达尔文理论就成了一种科学观点。如果不进行评估,一种观点或一个领域就可能被称为臆测,而不是科学观点或科学领域。根据这个定义,虽然科学并不要求预测与观测结果完全一致,但它要求进行一定程度的定量控制。当预测和观测结果不一致时,科学进程允许对观点进行修改。

评估在现代科学中发挥着关键作用。无论是观测结果还是理论,都必须进行一定程度的定量评估,这样才能从可能的候选方案中排除大多数纯粹的臆测,而系统的定量观测也可以为新理论的创造提供暗示或线索。如果没有评估或定量控制,那么理解知识就无法与纯粹的臆测区分开来。基于观测结果和科学推理所做出的推测可以成为概念化的起点。如果在这一过程中加入评估,如达尔文理论和阿尔瓦雷茨假说的例子所示,这种猜测可能会逐渐成为科学,并最终成为知识。一些研究工作提供了大量的观测结果,却较少将其概念化,如本书4.5节中所讨论的对电梯中行为的观察。在这些研究工作被更好地概念化之前,它们不能被归类为科学。目前,对梦的解释不能称为科学,因为它不涉及定量的控制。这个原因与本书4.5节中所讨论的波普尔的划界标准相反。在科学的定义中加入评估,可以将科学与其他类型的猜测和研究区别开来。计算和数字是科学的重要组成部分;然而,仅仅包含数字并不一定能确保观点是科学的,毕竟科学观点需要带来新的理解。

科学作为发展人类知识的一种方式,最初是指自然科学。科学迅速地提高了人类对自然界的认识和解决问题的能力,这使科学成为其他研究分支或学科效仿的典范,因此许多学术分支或学科都自称为"科学"。我们欢迎这一趋势,但它也引起了混乱。例如,一些人将科学定义为"基于证据的研究"。这一定义中的潜在缺陷和混淆之处在于:如何泛化一个基于单一案例的理论?如何泛化一个结构不合理的统计学研究?什么可以算作证据?将科学称为"基于证据的研究"的初衷是,将其与宗教或迷信方法区别开来。然而,现在至少有一个团体自称"宗教科学"。我们已经知道,事实本身可以与对事实的解释大相径庭。几乎任何理论都能找到一些例子或现象,来用作该理论的证据或解释。换句话说,"支持性证据"本身不能用来证明任何科学理论。波普尔已经认识到了这个问题,尽管我认为他的伟大思想因为走向了极端而变得有缺陷。

有没有一种非科学的知识获取过程?人类可以不通过科学过程获得知识吗?如果这个过程不是基于观测、概念化和推理,或这种观点没有经过科学辩论、批判和定量控制,那么答案是肯定的。例如,在一些研究中,知识可能是由神灵创造的,或是根据一群领军人物或高官权贵的观念产生的。同样,如果范·列文虎克对微生物的观测或孟德尔的豌豆杂交实验没有公之于众,那么他们的观测结果或实验结果就不是科学的。艺术和文学中的许多领域不涉及可评估的解释和预测,因此,它们不是科学。哲学和科学哲学中充斥着公开辩论,它们需要诉诸观测和概念化。由于缺少评估,它们滤除伪知识的能力较弱,并由于某些原因保留了伪知识。有些"知识"不是真正的理解知识(虽然可能是事实知识);它们可能被很多人相信。在一些领域,尤其是在难以进行大规模交流的现代社会之前,个人可能会在没有进行公开辩论的情况下错误地将自己的观点和观念视为知识。

8.2 科学的组织结构

现在,让我们来看看科学是如何组织和运作的。根据前面章节对科学理论框架的讨论,科学有一个等级结构,即从物理学、数学、化学和生物学等一般的科学分支(branch)到本书5.5节所讨论的更具体的科学学科(discipline)和分支学科(subdiscipline)。较高等级的科学理论框架为较低等级的不同理论框架之间提供了有机联系。此外,科学中还有跨学科的研究项目。最活跃的科学研究活动一般发生在高度专业化的分支学科或子分支学科。在理论框架的边缘,科学可能会进一步拓展,也可能已经达到已知的极限。

一种理论框架之外的区域需要被其他的理论框架所覆盖,这些理论框架可能是涵盖多个学科的更高等级的理论框架,也可能是有待发展的新理论框架。例如,在速度接近光速、质量高度集中和极其微小的物体中,爱因斯坦相对论和量子力学涵盖了牛顿力学。在此,我们要强调的是,牛顿的理论在特定条件下是适用的,并且在其所涵盖的领域中并没有失效。尽管相对论和量子理论迄今为止在科学上取得了巨大成功,但由于这些年来出现了新的观测结果和新的理解知识,我们很难预测两千年后与相对论和量子理论相对应的理论将以何种形式出现。到那时,这两种理论的统一并非不可能。如果这种情况真的发生了,那么这两种理论的目前形式显然都已被证伪或部分证伪。不过,即使发生了这种情况,牛顿的理论也很有可能在特定的类似条件下,以类似于当前理论的形式成立。我确实希望牛顿的理论能像今天的平面几何一样,在历史的长河中继续存在下去,尽管后者至今已有两千多年的历史了。这是因为牛顿的理论已经在类似于两千年前平面几何的特定条件下,进行了广泛的定量检验。"牛顿引力的超距作用并不存在;相反,空间是弯曲的。"(Rosenberg, 2005)这种表述对普通大众而言可能不够直观,因为它无法在日常生活中所经历的非相对论的情况下确定引力。例如,当有人从比萨斜塔上扔下一个球时,他必须直观且定量地解释如何确定弯曲的空间。我预计爱因斯坦相对论,而不是牛顿的万有引力定律将被修改为关于引力的理解知识。

在一所中等规模的大学或学院中,每个科学分支都应该有一个独立的系。根据其成熟程度,每门学科都可能会有标准的大学教材作为学习的要求,如本书第三章所述,这是知识的物质形态。由于有些领域的观点仍在不断变化,因此在分支学科和子分支学科层面,通用教材相对较少。编写一本标准教材可能是该领域走向成熟的一个重要里程碑①。大多数研究成果或处于科学进程阶段的知识,都被发表在科学期刊上。这些期刊还会定期邀请顶尖科学家撰写专题评述,供更多读者阅读。对于初学者而言,这些专题评述可能是最有用的信息来源。然而,标准教材使学生与许多经典著作的原始期刊文献相脱离。如本书3.1节所述,原始文献中的成果经过抽象化、提炼和简化,成为教材中的知识。教材更容易被更多的读者所接受,同时,相关课程的每一位教师和学生都会对其进行严格的审查。

在一所中等规模的大学里,一个系(一个科学分支)的教授人数屈指可数,而一门分支学科的教授人数则更少。这样的师资力量达不到所谓的"临界规模(critical size)",通常不足以活跃地开展科学研究项目。因此,大多数科学研究活动都不在中等规模或小型规模的大学内部开展。科学家们组织和建立了各种国家级和国

---

① 例如,随着一个领域的发展和教育培训的需求增加,第一本空间物理学教材是由一群顶尖科学家编写的。当时,每位科学家就自己擅长的科研题目编写了一章。这本教材很好地涵盖了多种题目。不过,由于该教材各章节之间的过渡不够流畅,因此它不便用于教学。此外,当时还出版了几本空间物理学图书;每本书都强调该领域的几个侧面,而对该领域整体情况的描述或覆盖较为粗略。在其中一些书中,在作者不太擅长的领域,有些陈述和概念存在缺陷。二十多年后,第一本空间物理学教材被重新改写为一本更加连贯的教材。由于这些教材是一个仍在发展中的领域从科学向知识过渡的产物,因此其作者感兴趣的一个问题是,如何确定哪些科学理解已经达到了知识的水平。

际学会、协会或联盟来作为科学活动的中心,这些组织定期举办会议和研讨会,并负责出版科学刊物。

科学体系的每一级都有很多会议。每个主要科学分支的大型会议都能吸引数千或数万人参加,在这些大型会议中,人们可以聆听到该领域领军人物的讲座,学到各种新观点。然而,小型会议可以为人们提供更好的机会,让他们了解感兴趣的特定话题的细节。100人左右规模的专题会议和研讨会为学习与交流观点提供了最理想的环境。

每门学科或分支学科都有多个国际科学期刊,其读者数量随着其涵盖范围的扩大而增加。高层次的期刊上发表的文献的内容具体化程度较低,但影响力较大。然而,如果有人对某一新观点的细节真的感兴趣,那么他必须阅读较低层次的期刊,因为这些期刊为具体信息提供了空间。令人遗憾的是,由于引入了"影响因子"这一衡量科学期刊重要性的但又存在缺陷的指标,顶级期刊选择发表文献的主要标准就变成了"新闻价值",而非科学价值和创新性。这类评价指标存在缺陷,因为它是基于论文在很短时间内被引用的次数。新闻价值在很大程度上受到特定时期社会兴趣的影响。例如,在疫情暴发期间,一家权威的科学期刊判定新科学卫星发现的成果不值一提。与此相反,这家期刊却判定一位疫情专家的个人观点(实质内容很少)很重要。根据这一衡量标准,各大报纸的排名无疑会更靠前。问题是几年后很少有人会记得这些新闻报道。我认为科学成果的影响力不应仅仅依据短时间内的被引次数来衡量。毕竟,科学期刊不是报纸。

根据库恩对范式的定义,范式能够"吸引一批坚定的追随者"。库恩没有具体说明需要多少人才能被认为是"一批"。一门学科可能是由世界上成千上万活跃的科学家组成的,他们支持并维系着一本质量较高的期刊,并定期举办年度学术会议。一门分支学科可能是由上千名科学家组成的。当一门分支学科的规模超过这个规模时,它更有可能拆分成更多的分支学科。在这样一个由分支学科组成的科学共同体中,如果有两三种不同的一般理论,那么一种理论吸引超过(比如说)300名活跃成员是不足为奇的。这300位科学家在许多共同观点上在一定程度上都达成了一致,这些观点使其有别于或反对其他不同的方法。他们及他们的学生和他们学生的学生可以连续几代人从事同一课题的研究,他们的竞争对手也是如此,此外,值得注意的是,其他研究机构和国家级实验室的科学家都接受过大学教育。如果我们将这种规模的群体各自定性为一种理论框架,那么理论框架就会相对更频繁、更容易发生变化。与库恩最初描述的革命性的理论框架(如牛顿的理论框架)相比,这些理论框架的规模要小得多。因此,库恩所定义的范式的第二个条件(是开放性的,有大量问题留待这些追随者去解决)可能对于范式的定义而言更为重要。在实践中,当科学热门主题发生变化,一种理论框架从一个主题转向另一个主题时,理论框架本身会持续保持基本不变,但随着一些新科学家的加入和另一些科学家的离开,追随这种理论框架的科学家群体会不断变化。有些人将这种理论框架描述为部落。事实上,从表面上看,一种理论框架的追随者可能表现得像部落成员。例如,他们可能会讨论自己所遵循的理论框架及与之相对立的理论框架的优缺点,并找出每个论点的最佳证据。然而,部落和科学团体之间的根本区别在于部落成员通过生计联系在一起,而理论框架是基于共同的科学观念和兴趣联系在一起的。科学家们自愿地遵循选定的理论框架。

如果科学和工程学的区别在于新知识的创造和实际应用,那么科学进程的阶段可能会贯穿人们积极开展科学研究活动的时期,直至过渡到工程学。然而,这种被狭义地界定的科学领域会对库恩的"一个领域中只有一个单一的理论框架占主导地位"的理论提出质疑。也许有人会争辩说,这些分支学科层面的方法并不是理论框架。但这些方法中的每一种特征都符合理论框架的定义,并且如本书6.1节所述,多种理论框架确实在科学界共存,其情况类似于美苏冷战时期。每个学术群体都为自己的支持者组织会议,有些学术群体拒绝评审与自己理论框架相悖的论文。这在科学界并非坏事,因为它确实避免了许多徒劳无益的辩论;当信息不完整时,这些辩论无法就任何事情达成一致。只有新成果的出现,最终解决了对立理论框架之间的根本分歧,才能打破这种相对稳定的对峙局面。

现代科学制度是一种诚信制度。不遵守职业道德规范的行为会受到谴责,不遵守职业道德规范的人通常不得不离开他们的科研岗位。

8.3 科学家之间如何交流?

对普通大众而言,问题在于一个人是否有知识。相比之下,对科学家而言,问题在于一种观点是否正确或可信。科学家之间的交流是关于证实或否定某一观点的细节。事实上,正如库恩所描述的,大多数科学研究成果如今都被发表在专业期刊上,非领域专家很难读懂。即使是经验丰富的科学家,也很难读懂相邻领域的研究论文。非领域专家会发现自己难以了解一个领域的进展。在极端情况下,一些非领域专家甚至主张有的科学成果是捏造的、不是事实,本书将在10.3节对此进行探讨。这种主张的出现,不是因为语言问题,而是因为背景知识不同。一个非领域专家为了完全理解一个科学术语,他可能需要听一场完整的讲座或阅读一本书中的相关章节。很显然,我们不能要求一篇科研论文在有限的篇幅内既能让非领域专家易于理解,又能保持其科学严谨性。如果对科学严谨性的要求放宽一点,科学内容就能更易于理解。这种类型的报告可以在科学研讨会和专题研讨会的开场报告中找到。哲学家、历史学家或社会学家会认为某一科学领域的科学进展"微不足道"(Kuhn, 1962),这是可以理解的,因为这是人类知识在提炼和简化为理解知识之前的累积过程。这种评价上的差异是由于衡量的时间尺度不同造成的。在科学领域,一位科学家的活跃期可能不到50年,但哲学家和历史学家以数百年或数千年为单位来衡量科学进展。

在科学出版物中,有一种旨在处理与控制审稿和评议过程的机制,即证伪机制。德国哲学家亨利·奥尔登堡(Henry Oldenburg)提出了同行评审期刊机制(National Academy of Sciences Committee on thd Conduct of Science,1995),即所投稿件将由相关学科的权威专家进行评审,而这与可通过网络免费获取的开源期刊不同。所投稿件和审稿人的评审意见由科学界根据其科学资历、科学诚信和公正性选出的编辑委员会进行裁决。在这个评审过程中,作者和审稿人可以进行多轮评论和反驳。值得注意的是,这一过程是在期刊主编的监督下进行的,因此双方的行为都必须体现出科学家的职业操守。主编能发现任何一方的异常行为。反复出现的异常行为最终会损害当事人的科学声誉,并对其职业生涯产生负面影响。作者可以要求将某些科学家排除在审稿人之外,但无论审稿人是谁,合理的科学成果都应该能够为自身辩护。作者最不应该要求的就是排除某位科学家作为审稿人,因为这与正确的科学成果的形象并不相符。

在大多数可信的科学期刊中,稿件由两名或两名以上的审稿人进行评审。知识渊博且不带偏见的审稿人会向期刊主编提供对稿件的坦诚评价。很多时候,作者可以在这一评审过程中学到很多东西。有时候,审稿人的措辞可能会比较直接,或者换句话说,不太礼貌。这对年轻科学家而言可能难以接受。有时,在收到审稿人的此类评审报告后,年轻科学家可能会感到自己受到了侮辱。一些年轻科学家曾向我抱怨过这种情况。他们猜测审稿人是谁,其动机可能是什么,尽管这些猜测往往是错误的。不过,只要审稿人的评审报告提供了科学合理的论据,这也是正常的。作者不应该注意评审意见的措辞,而需要重新审视自己的论文,并回应评审报告中所提到的每一点。在实践中,科学期刊的主编可以在遏制破坏性行为方面发挥至关重要的作用,因为他们可以选择既能做出合理的科学判断,又能对有争议的稿件保持相对中立和温和态度的审稿人。

很多时候,评审意见可能与作者的观点表述不清有关。作者必须从读者的角度来阅读稿件。我们必须记住,作者清楚地知道稿件所呈现的内容,但读者不一定知道。推理中的一处小跳跃可能会给审稿人带来很大困惑。年轻的科学家可能会低估审稿人在评审表述不清的稿件时所遇到的困难。在通常情况下,除非审稿人对稿件中的缺陷有绝对的把握,否则他们不愿意做出可能会损害自己声誉的错误指责。如果审稿专家都不能准确理解稿件中的推理,普通读者又怎么能理解呢?

在科学会议和出版物审查过程中,来自世界不同地区、具有不同文化背景和专业知识的科学家如何才能平和交流呢?在会议和出版物中,呈现的是观测结果、解释、理论模型、分析细节、数值数据、基于理论模型得出的结果、对科学仪器的描述,以及对实验的描述和验证。各种报告和出版物中都包含了作者观点的证据或证明。可以说,所有的报告都没有明确规定科学方法或格式。此外,出版成果的最终版本往往不是作者最初对特定问题持有的观点和逻辑解释。例如,作者经常通过溯因猜测开始构思一个想法,但该想法的最终证明必须通过与演绎推理和归纳推理相关的证据来呈现。这包括作者从各种成功和不成功的检验和研究中获得的经验,以及为回应会议听众和出版物审稿人的批评或证伪所做出的修改。

在评审过程中,不仅作者可能改变或修改自己的观点,如果作者能够为自己的观点提供足够有力的理由,审稿人也可能改变或修改其观点。因为评审过程受到科学界和主编的监督,因此经常会出现这样的情况:审稿人被说服,并接受了对其观点持否定态度的稿件。如果有人认为审稿人拥有的权力比作者更大,这是不是令他很惊讶?科学就是这样运作的!另一方面,作者也可能认为审稿人的批评有理有据,因此必要时可能会撤回稿件或让期刊退稿。鉴于提交材料的双方(作者和审稿人)都是相关领域的专家且都能摒弃个人偏见,因此同行评审的结果和主编的判断一般都会被双方相对平和地接受。事实上,科学界能经受住这样的紧张状况并继续繁荣发展,这或许是理解"什么是科学"的关键。在这些交流过程中,报告人和听众之间及作者和审稿人之间究竟发生了什么呢?达成共识的基础又是什么呢?

科学评审机制之所以行之有效,是因为科学家们至少必须说同一种"语言",这样他们才能相互理解,并在一些共同点上达成一致。如果他们说的是不同的语言,那么他们很难进行沟通,甚至辩论。这里的"语言"显然不是指语言学意义上的语言,也不是指他们使用的词或术语,而是指交流和辩论中使用的推理。科学家通过有意识或无意识的训练来学习推理。在本书7.2节讨论的几种推理形式中,他们只接受其中几种形式。我将它们称为"科学推理",并将在本书第九章对其展开进一步讨论,同时我对其他形式的推理不予考虑。稿件的作者必须以清晰的推理思路来阐述稿件的内容,这可能不同于得出结果时的推理思路。审稿人的任务是根据目前对问题的理解,找出稿件内容和推理思路中的缺陷,并帮助提高稿件的可读性。

我们能相信审稿人和证伪机制吗?当评审过程涉及作者和审稿人的个性时,我们有时很难将科学与个人偏见区分开来。一种观点之所以受到批评,可能是因为审稿人不喜欢作者,也可能是因为审稿人保护旧理论而拒绝接受新观点。科学依赖于诚信制度的自动调节。大多数科学家在其所接受的训练和早期职业生涯中都学过行为准则。然而,在评审过程中有时确实会出现异常情况。好在一个决定并不能决定一项研究成果的命运,因为一项成果可以投稿至多个期刊,而这些期刊都在争夺最好、最重要的成果。一项高水平的研究成果很难被所有潜在的期刊拒稿。在极少数情况下,作者可能需要承担一些责任,例如,稿件的表述方式可能需要大幅改进。

研究论文作为科学的产物,尤其是重要的研究论文,即使在发表后也会受到严格的审查。有时,人们会重复论文中的实验,并重新推导相关理论。由于评估的要求,这种审查比哲学家的凭空臆测更为严格和细致。发现重要成果中的缺陷或不足是一种动力,因为这可能是一个人成名的最简单方式。许多年轻科学家热衷于在有影响力的已有理论和观测结果中寻找缺陷。毫不夸张地说,几乎每个博士生都进行过这样的尝试。如果有人在一项有影响力的成果中发现了缺陷,那么这项成果的缺陷就会暴露出来。换句话说,如果一项重要成果仍然存在,并在学术界具有影响力,那么它得到了科学界的认可。例如,我自己的一些成果也被其他科学家重复实验和质疑过。不可否认的是,较少科学家会审查不太重要的成果,因此这些成果存在缺陷的可能性更大。不过,极少数科学家会关注不太重要的成果。这些成果的潜在负面影响(如果有的话)不会很广。如果有一天,一项不重要的成果突然变得重要了,比如说,因为它与一项重要的新成果有关,那么对这项旧成果的审查就会加强。这将是把该成果置于显微镜下的时刻。

8.4 我能成为科学家吗?

做科学研究需要的能力范围很广。很大一部分科学家可能擅长执行具体任务,而另一些科学家能够做出合理的科学决策并开辟新的研究方向,少数科学家是更大领域的领军人物,具有正确的科学理解、判断力和科学战略眼光。当然,所有科学家都必须经过第一阶段的培训才能成为科学家。大多数有能力、有抱负的科学家都希望能进入第二阶段,但也有相当一部分科学家可能会被其他职业机会吸引,并将他们在科学研究中学到的知识带到其他不同的职业中。这是可以理解的,因为在大多数国家,科研历来不是一个经济回报特别丰厚的职业,并且要求科学家具有非凡的能力。这提供了一个自然的筛选和选择过程。经过多年的实践,大多数决定将科研作为职业的人都处于第二阶段。

  本书面向的读者是对科学和工程学感兴趣的普通大众,尤其是有兴趣了解处于第二阶段的科学家的读者。读者在了解了本书中描述的科学家的兴奋和沮丧之后,即使他们决定从事其他职业,也会更像科学家那样思考问题。尤其是,他们会问更多以"为什么"开头的问题,而不是以"什么是"和"怎么样"开头的问题。不过,值得注意的是,在非科学领域,"为什么"这个词可能会让你的领导感到害怕!

  一般来说,科学家只研究没有人知道答案的问题,或似乎没有答案的问题,或没有人知道问题本质的问题。如果人们知道问题的答案,那么这个问题就是一个工程学或学术问题。因此,教材或考试中的几乎所有问题都不是当前活跃的科学问题,因为除少数例外,出题人都知道问题的答案。此外,科学家必须解决实际问题(而不仅仅是理想化的问题)。相比之下,那些既掌握广泛而系统的知识又能系统地解释知识的人被归类为学者。学者们不一定能解决棘手的实际问题。他们不像是指挥并参加过战争或战役的将军,反而更像是军事学院的教授,即他们讲解战争或战役,但却没有指挥过任何一场战争或战役。这两者之间的一个主要区别在于,将军更容易犯错误,但往往能赢得战争或战役(否则,他就不是将军了),而纸上谈兵的教授总能告诉你赢得战争或战役的最佳方法。同样,正如我在前面的章节中所讨论的,科学家(在发表其研究成果之前)可能会比学者犯更多的错误。当然,如果一个人既是学者又是科学家,那就再好不过了,但极少有人能够同时兼顾这两种身份,因为这两者需要不同的才能,而要在其中任何一种身份上取得成功都已经极具挑战性了。

  科学家是社会上选择将科学研究作为终身职业的一小部分人。许多人参与过科学项目,许多学生接受了科学培训或获得了科学学位。但他们不一定是科学家,因为科学家作为一个群体要经历筛选过程。许多人一开始从事科学研究,但后来追求其他职业机会(如库恩),如成为科学家的助手或科学学科的教师。

　　科学家可能有一些共同的个性特征。几乎所有的科学家都同意,好奇心是他们选择科研作为职业的驱动力。科学家对科学的热情和好奇心占据了他们的生活目标。他们最享受的是成功解决科学问题后的满足感。在这个过程中,人们可以体验发挥聪明才智和实现个人价值的兴奋感。如果赚钱在一个人的生活中非常重要,那么他不太可能成为一位优秀的科学家。科学家不经常讨论如何赚钱,但经常开玩笑说,如果赚了足够多的钱,下一步做什么事情——科学仍然是这件最有趣和最具挑战性的事情。设想一下,什么是为全人类创造新知识!对整个人类而言,有无穷无尽的问题需要回答,有无穷无尽的新知识需要创造;与其相比,其他工作过了一段时间之后都会变得枯燥乏味。尽管科学家们确实希望赚到足够多的钱、过上体面的生活,但赚钱在他们的生活中相对来说并不那么重要。

　　好奇心使科学家对他们所遇到或听到的事物更加敏感。对于成功的科学家而言,这是一项重要的能力。科学家不会停止对自然、社会和文化奇迹的赞叹。但他们还热爱探究,试图让人们理解这些现象。在这个研究过程中,将不同性质的现象或不同来源的知识联系起来,是成功科学家的另一项重要能力。当然,一种更常见的情况是,当他们将知识应用到自己不擅长的领域时,他们会犯错误。

　　例如,一些物理学家曾试图将热力学第二定律应用于社会和人类。热力学第二定律指出,任何封闭系统的熵(无序度的量度)都不会降低。当熵值增加时,温度也随之增加。这些物理学家将人的生命解释为熵增的过程,也就是说,新生儿的熵值最低。当人变老时,人体内的无序度(高熵)会导致器官功能障碍。当一个人体内的熵值过高时,他就会死亡。因此,有人预测世界将变得炙热,以至于每个人都会死亡。如果你碰巧听到过这种观点,我会告诉你这种解释是错误的。这是因为人体不是一个封闭的系统。我们不仅呼吸、吃喝，还排泄废物。如果你认为我们摄入的食物比我们的排泄物更有序，那么我们体内的大量熵就可以被消除。人们不能简单地将适用于封闭系统的热力学第二定律应用于人体。让我们再以太阳系为例。太阳系最初是一团气体和尘埃。现在，太阳系有太阳和围绕太阳运行的行星，是一团气体和尘埃的有序度更高，还是由行星围绕恒星运行的系统的有序度更高呢？你不得不同意后者的有序度更高，因此太阳系的熵值减小了。怎么会这样呢？热力学第二定律是错误的吗？答案是，太阳系不是一个封闭的系统。太阳系中的辐射会带走系统中的热量，从而使太阳系的熵值实际上降低了。但是类似这样的错误并没有阻止科学家们的再次尝试。近年来，熵已成为经济学和社会学研究者的热门话题。

　　科学家区别于其他人的另一个基本个性特征是批判性思维和自我批判精神。科学家会像笛卡尔所说的那样，不将任何解释或结果视为既定事实。他们必须不断挑战权威观点和现有知识。作为一种职业习惯，他们经常质疑其专业领域之外的权威，就像我现在写这本书时所做的这样，有时会不可理喻或令人讨厌。他们也非常理性。他们认为大多数现象之间都存在某种联系，并可能存在因果关系。尽管具体细节可能尚不清楚，但他们相信，如果有足够的时间和信息，这些细节就可以被探索出来。科学家不会将不合理的观点当作证据，比如本书7.2节中讨论的类比推理和实用论证。科学推理为科学交流和建立共识制定了基本规则。许多科学哲学家认为科学方法是存在的。对他们而言，主要问题在于如何找到这种正确的科学方法。他们的理论完全建立在对科学和科学家的误解之上。

　　我经常遇到一些家长向我询问孩子的未来规划。我发现了一种可能具有典型特征的行为：小孩玩玩具时，他是更经常把玩具弄坏（如万花筒），还是说不经常如此？如果孩子经常弄坏玩具，比如将玩具拆散,那么他很可能富有好奇心,有成为科学家的倾向。如果孩子倾向于改造玩具,那么他可能有成为工程师的倾向。然而,这并不意味着科学家会更多地表现出破坏性行为,工程师会更多地表现出建构性行为。孩子可能会出于好奇试着打开玩具,看看它是如何运转的。另一些孩子可能会关注玩具的功能,用玩具做不同的事情,或用不同的方式玩玩具。这两类小孩都富有创造力。此外,如果孩子玩自己得到的玩具(既不拆,也不改),并且越玩越熟,那么他更善于操作,会成为好的管理者。在这里,我没有提出一个预测孩子未来职业发展的理论或模型,而是指出一些可能的相关性。我小时候会在半天之内弄坏每个新玩具。孩子在成长过程中会发生改变。父母不要在孩子年纪还小还没有充分接触这个世界的时候,就给他们贴上标签。父母应该让孩子选择自己的人生道路,但要关注他们的智力发展。

一个人要想成为科学家,不仅要富有好奇心,还必须遵循理性思维,热爱探究,具有批判性思维和自我批判精神。他还需要有聪明才智和条理清晰的知识来厘清和解决错综复杂的问题。正如本书前面章节所讨论的,普通大众可能高估了创造力的重要性。当一个人遇到问题而又没有时间限制时,他一定能想出一个好主意;对科学家而言,或许更为重要的是,认识到哪些问题有可能在其有生之年得以解决。此外,还有几个次要的个性特征可能会影响科学家的成功和成就。

深度思考与浅层思考:一般来说,有些人很容易对答案感到满意,而另一些人不断追问为什么。产品销售人员对某一观点的理解不足以解决科学问题。在大学和研究生学习阶段,这种个人特质很容易被发现。有些学生认为自己很容易就能理解所学的一切,而另一些学生则认为理解不同知识之间的内在联系令他们痛苦万分。在科学领域,我们绝对需要深度思考。

固执与灵活:乍一看,灵活似乎是一种好的个性特征,而固执似乎是一种不好的个性特征。但在科学领域,情况可能并非如此。正如本书前面章节所讨论的,科学中的任何新观点都必须经过证伪检验。一个新观点越重要,证伪检验就会越激烈。想象一下,你周围的每个人都在批评你的观点。你还能认为自己是正确的,而其他人都是错误的吗?有些反对你观点的人可能是备受尊敬的科学家。那么,你还能坚持认为自己是正确的吗?固执通常是科学家的一种美德,因为他需要捍卫自己的观点。然而,我们必须仔细听取和审查每一条批评意见。我们不能简单地重复自己的论点,而必须审视那些被否定的论点,并解释为什么它们有缺陷或不相关。自我批判是这一过程不可或缺的一部分。我们在固执己见的同时,还必须随时准备修改自己的观点,以接受合理的批评意见。

广泛、系统与深入、穿透:有些科学家掌握广泛而系统的知识,并能清楚地解释每条知识;而另一些科学家能穿透复杂的问题并找到解决方案。然而,第二类人可能看起来不如第一类人那样知识渊博。但在通常情况下,第一类人可能无法解决复杂的问题。如上所述,我们通常将第一类人和第二类人分别称为学者和科学家。当然,我们希望自己成为科学家兼学者。如果一个人不同时具备这两种特质,他可能希望在科学领域找到一位能力互补的合作者。科学界有很多能力互补的终身合作者。

开放与封闭:在科学领域,我们看到很多人长期为了一个问题苦恼却不寻求帮助。这可能是出于对原创性和创造性观点的保护,或者如上所述,他们是深度思考者;在古代,情况尤是如此。如今,人们很容易获得信息,但知识却高度专业化。一些自己苦恼的问题对其他人而言可能微不足道。开放式的研究方式可能会更有效率,尤其当问题不涉及所研究的新观点的核心部分时,比如如何使用科学软件。尽管在我的职业生涯中,有几次其他科学家在我之前发表了我的想法。但我仍然认为,科学家往往更受益于开放式讨论。开放式的作风往往会为研究者赢得更多的尊重。

波普尔曾说过,优秀或伟大的科学家能提出富有想象力、创造力和冒险精神的观点。只要科学家坚定地致力于探究某一学科,他们富有想象力的想法就能经得住严格的批判性检验。我发现波普尔的这一描述很好地刻画了科学家的形象。

8.5 科学研究的类型

科学研究有多种类型,每种类型都要求研究者具备一系列专门才能和技能。科学家会以不同的方式享受科学研究过程和各种挑战。我将结合本书第五章和第六章讨论的库恩理论,探讨这些不同类型的科学研究。

最具挑战性的科学研究类型是,在没有科学理论框架或指导理论的情况下,将多个观测结果联系起来并加以解释的研究。这是为提出新定律所做出的努力,就像牛顿所做的那样——他的定律联系并解释了自由落体实验、开普勒定律、月球潮汐和许多其他观测结果,或者像麦克斯韦所做的那样——麦克斯韦的电磁理论将电学和磁学联系起来。我认为,在生物学、心理学、医学和经济学等尚未形成稳定理论框架的科学学科中,雄心勃勃、才华横溢的科学家将有大量机会从事此类研究。

在具有公认理论框架的学科中,一门学科的新观点可能会被应用于另一门学科的问题之中。或者,在更小的范围内,一门分支学科的新观点可能会被应用于其他分支学科的问题之中。由于观测技术和方法越来越复杂和专业化,两门分支学科之间,甚至两门子分支学科之间的壁垒越来越难以逾越。这类研究对技术的广度和深度都要求甚高。各学科的顶尖科学家大多在各自的领域开展过此类研究。以空间物理学为例,将分支学科的大量子分支学科的观测结果联系起来,是非常具有挑战性的,很少有科学家能做到这一点。

大多数科学家基于已知的科学理论框架开展研究,这就是库恩所说的常规科学阶段。然而,这类研究并不像一些科学哲学理论所描绘的那样令人沮丧。它仍然是一项极具挑战性的工作,因为观测结果往往与理论预测不一致,而造成不一致的潜在原因可能是各种各样的,尤其是当信息不完整时。科学家必须能够理解整体主义所指的整个知识网络。此外,他们必须量化和解释一些经常观测到的属性或特征、异常的观测结果及复杂的理论模型。科学家在解决这些不一致的过程中,会受到智力上的挑战,因此,当问题得到解决后,他们会享受科研成果带来的满足感,同时,他们也为人类认识世界贡献了自己的才智和创造力。科研成果所带来的满足感无法用金钱或名声来衡量,那么,如果能同时拥有金钱、名声与科学成果,那么谁会拒绝呢？这种艰难的尝试也可能会获得成功和回报,比如通过天王星的轨道偏差发现海王星。这一过程需要创造力。然而,它并不像普通大众想象的那样神奇。大多数经验丰富的科学家在其职业生涯中都享受过这样的时刻——解决了一个看似无法解决的问题。然而,这种时刻所带来的科学影响取决于所解决问题的重要性。我们必须致力于研究有潜力的重要问题;这正是科学哲学可以提供帮助的地方,本书第十一章将对此进行探讨。不过,读了本书后,或许每个人都会一窝蜂地去研究影响力较大的课题,从而使这些课题内的竞争更加激烈,成为第一个解决问题的人的可能性也会降低。尽管如此,如果你恰巧对某个课题有所准备,那就去探究吧,不要担心竞争！如果课题中的问题确实很重要,尽管只有第一个解决问题的人才可能引起普通大众的注意,但是第二个或第三个解决问题的人也能在科学界留下姓名。

科学突破往往来自新的观测技术和技术进展。信息收集包括设计实验、开展实验和检验实验结果。更周密的实验是研究成功的关键。因此,利用可行的测量技术和仪器,仔细找出基本的或可测量的信息,对于决定一个项目的成败非常重要,尽管这一点仍有待商榷。例如,在空间物理学中,通常需要几十年的时间来辩论科学目标和可测量参数的分辨率,以决定仪器的性能和太空任务的设计。许多学生的科学启蒙来自参与和进行这类研究的实验,并在一些指导思想的指导下理解某种现象。指导思想有时是明确的(当指导老师是一位经验丰富的科学家时),但有时是模糊的(当指导老师不是一位经验丰富的科学家或课题本身没有得到较好的发展时)。在后一种情况下,由于存在一些模糊的控制因素,在这种情况下收集现象的信息,对学生学习科学而言可能不是一次好的经历,因为学生可能会对真正的科学产生误解。

数据分析是可能需要更多"创造性"的研究项目,因为其规则通常不那么严格。各种背景的科学家和学生都可以参与其中。各种信息可以通过各种方式组织起来,并与大量可能的参数相关联。这类研究的准入门槛通常较低。然而,不受控制的"创造性"可能会产生错误的结论。例如,我刚刚了解到,2020年美国总统选举中的一些错误预测是由于在原始数据中引入了权函数,而权函数原本应用于纠正样本偏差。实际上,权函数可以根据分析者的喜好调整结果。从根本上说,真正的科学不允许这样做。如果科学家想引入权函数或修正数据,那么结果中的不确定性应该会相应地增加,而不是减少。因此,一些模型预测中使用的"创造性"数据分析存在根本性缺陷,这是因为其误差范围没有相应地增加。在科学领域,我认为学术海报和灵光乍现的想法中的"创造性"和"创造性想法"都是可疑的,因为它们会导致结果出现缺陷。在科学中,精彩的想法来自长期的深度思考。其间,人们会尝试每一种明显相关或不密切相关的可能性,并记住每一个失败的想法。当一个想法确实能提供一个有可能的解决方案时,深度思考者会意识到它,而其他人则可能轻易放弃,不再深究。如果没有这些失败的尝试,科学中就没有创造性。

当观测结果与理论预测相一致时,除非这一观测结果是首次证实了该理论,否则对这一观测结果的简单解释几乎没有科学价值。**一种基于直觉而非科学理解的解释不能被认为是科学。**如前所述,当观测结果与理论不一致,或者有多种理论可以解释同一个观测结果时，我们通常需要进行科学研究。在前一种情况下，理论可能需要被修改，或者观测结果需要被改进。在后一种情况中，理论模型的具体细节需要被进一步完善，以便区分不同的理论模型，并且观测结果必须更具体地针对这些观测到的特征。

如今，计算机模拟被广泛应用于提供详细的特征和定量的预测。在此，我需要指出的是，除少数情况外，人工智能和神经网络在提供科学的理解或理解知识方面尚未显露出潜力。因此，尽管人工智能和神经网络在工程学、商业和某些应用领域中非常有用，并且可以提供准确的预测，但是直到它们能够提供理解知识之前，其预测都不是基于科学推理的。

8.6 科学家与哲学家的不同视角

首先，大多数传统的科学哲学理论和科学方法都是基于当前对历史或科学事件的理解和判断发展起来的。另一方面，科学家们目前可能正在参与类似的事件，但其规模可能没有哥白尼、牛顿或爱因斯坦所参与的事件那么大。科学家既不像历史学家或哲学家那样在事件发生数百年后掌握完整的信息，也不知道事件的未来演变或发展。他们也不像大多数哲学家那样做出"凭空臆测"，因为他们必须根据当时掌握的信息做出判断和决定，以指导他们的研究。其中一些决定对他们未来的科学生涯而言至关重要。例如，当牛顿的万有引力定律被首次提出时，科学家可能会对"两个物体之间的引力与它们之间距离的平方成反比"这一理论感到非常困惑。如果地球上两点之间的距离为零，那么力不应该为无穷大吗？难道整个地球不应该聚集成一个小球吗？当然，我们现在知道为什么这种情况不会发生——因为压力梯度力将物质推离地球的中心。当时，科学家可能会认为牛顿疯了。在事件发生很久以后才提出的理论解释，对当时的科学家而言并没有什么价值。

其次，科学中总是存在两种或两种以上相互竞争的观点。更常见的情况是,双方都是遵循理性思维的科学家,但他们的工作基于不同的理论框架或方法。他们的观点在自己看来都是合乎理性的。因此,科学家很少在理性思维和非理性思维之间做出决定。科学家需要知道哪一种当前的理论解释更有可能是正确的。在不知道未来和只知道当时不完整的信息的情况下,科学家可能会发现:一些传统的科学哲学理论所讨论的历史和理论解释充其量没有什么价值,并且所形成的合理化解释是基于对事件的解释或曲解,可能会导致歪曲历史。值得注意的是,许多此类理论的逻辑都是回溯逻辑,即先提出假设,然后歪曲事实以使其符合理论,最后宣布理论假设成立。例如,伽利略可以遵循科学哲学给出的科学方法,证伪哥白尼的假说。但谁会相信这样的科学方法呢?

再次,大多数传统理论都是基于已发表的成果和历史纪录发展起来的,而不考虑未发表的观点。从表面上看,这似乎是客观公正的,因为这些理论是基于可靠的"证据"[1]。然而,正如本书所描述的那样,科学家们非但没有证实自己的假设,反而将大部分时间用于否定自己的大部分创造性想法。不计其数的不成功的研究和尝试都没有被发表,被否定的创造性想法的学习过程和推理过程没有被记录下来。许多科学家可以从这些不成功的研究中学到很多东西,而另一些科学家会感到沮丧和挣扎,从而不得不离开他们年轻时所追求的科学事业。虽然那些离开科学事业的人不会写下他们的经验教训,但他们的同事、朋友及他们成果的审稿人会记住

---

[1] 一个有趣的类似例子:一些历史学家提出了一种理论,这种理论认为人们在内战期间的生活水平高于和平时期。在内战期间,军阀或叛军推翻了中央政府,他们直接向公民收钱,但并没有对此进行历史记录。换句话说,根据历史记录,政府在内战期间没有征税。而这一事实被解释为人们在内战期间不需要纳税,因此在内战期间的生活水平更高,这是基于一个表面上公正的事实得出的错误结论。

这些失败尝试的教训。但是在许多传统的科学哲学理论中,这些从未发生过。如本书4.3节所述,如果存在世代间断导致知识无法累积,那么著名的罗素火鸡问题的结论可能是正确的。

最后,科学哲学中的大多数传统理论都是哲学中广义认识论的自然延展。在认识论中,"知识"具有普遍性。其研究通常以猴子、狗、老鼠或鸡的生存本能为研究对象。这些本能与科学家在科学中使用的逻辑和推理有着根本区别。此外,许多科学哲学理论所依据的大多数例子都是所谓的"事实知识",即独立于其他知识的知识。在心理学或神经科学研究中更接近人类行为的例子中,一个人能在给定的时间内,正确地记住并从记忆中提取出多少个随机排列的字符、图片或数字,所测试的问题仍是"事实知识"。这些仍然与创造理解知识的过程无关。此外,现代科学家是一群训练有素的专业人士,不同于鸡、狗、猴子、老鼠,甚至普通人。根据这样的例子得出"科学家应该如何思考"的结论是非常有问题的,充其量也是不相关或不恰当的。在科学哲学的讨论中,这种方式不仅毫无用处,而且会引起误解或混淆。科学不是关于如何学习知识,而是关于如何创造新的理解知识,即寻找孤立的事实知识和理解知识之间的联系和关系。对于了解物理学的科学家而言,"为什么我们每天都能看到太阳在天空中移动"不是根据归纳推理来预测"明天太阳是否会升起"的简单哲学问题。此外,科学家们正试图解决其相应学科中的具体科学问题。在通常情况下,当科学家提出一种新观点时,他们想知道这种新观点是否可能是错误的。传统的科学哲学理论中讨论的简单逻辑无法解决这样的问题。

科学家和科学哲学家的观点在动机、兴趣点和经验方面存在根本差异。科学家在科学研究和创造新知识的过程中,经历了许多失败和成功的尝试。他们还目睹了同事们所经历的成功和失败尝试,以及他们所在领域取得的进展。从这些事件和经历中,他们有意无意地学到了很多关于科学哲学的知识。当科学问题出现时,他们只能根据有限或不完整的信息做出判断,而不知道历史在未来会如何发展。然而,至少在他们去世之前,他们确实关心自己的想法将如何实现。热爱科学哲学的科学家们则试图根据哲学概念和自身的科研经验,提出与各种科学学科的科学家相关的理论。

科学家和哲学家有一些不同于许多其他职业从业者的共同点。尽管证据可能会受到个人偏见的影响,但科学界和哲学界都不会将任何事情视为既定事实,也不会在缺少证据和推理的情况下相信任何事情。权威、声望或名誉并不能增加可信度,尽管令人遗憾的是,对大众而言,这些确实可以大大增加可信度。

8.7 传统科学哲学理论的成功与失败

到目前为止,我在本书中对已有的科学哲学理论提出了许多批评。然而,这些前人研究已经发现了许多重要的问题。传统科学哲学的一些观点和思想既颇有见地,又颇有用处:根据经验主义,我们知晓了观测结果的重要性;根据理性主义,我们知晓了推理的重要性;根据笛卡尔方法,我们不仅学会了批判性思维和"分而治之",还学会了从最简单和最容易理解的事物入手,按照从最重要到不重要的顺序思考,并全面地列举出所有可能的情况。我们认识到,基于归纳法的推理和解释可能会出错;根据波普尔理论,我们得知了证伪的重要性、"科学方法"中存在的问题及承担风险的重要性。证伪理论准确地描述了科学活动的一个关键部分,即辩证推理。库恩提出了范式、常规科学和革命性的科学这三个概念。毫无疑问,科学哲学的杰出贡献之一是发现了理论框架的存在。

科学哲学的另一个重要贡献是在理论上区分了科学和形而上学。在科学中,关于形而上学问题的争论可能会造成双方对立,无法达成任何共识。例如,尽管在相对论研究中,重力产生的原因是一个科学问题,但是在大多数科学和应用科学学科研究中,它可能被视为一个形而上学问题。如果没有关于重力产生原因的问题,人们可能就不会陷于关于万有引力定律的形而上学争论中。对大多数科学学科而言,万有引力定律是极其有价值的,形而上学的问题并不重要。

然而,传统科学哲学的框架已经严重失效。近百年来,科学哲学采取了两大举措:一是寻找科学方法,二是合乎逻辑地重构科学和科学史。正如我在整本书中所讨论的,这两大举措并没有实现,反而在社会上引发了更多的混乱。

许多传统的科学哲学理论都忽略了一个重要问题:科学中观测结果和证据的区别。在科学中,证据通常不是观测结果本身,也不是法庭上作为铁证的凶器。证据通常是基于特定的理论解释对观测结果所做出的阐释。例如,在忽略技术细节的前提下,假设实验者能够妥善处理这些细节问题,那么"从比萨斜塔上扔下的球,正好落在下落点正下方的地面上"这一事实是可信的观测结果或经验的"真理"。然而,这一事实可以被解释为地球不动(伽利略自由落体实验之前)或运动(伽利略自由落体实验之后)的证据。此外,如果扔下相同大小和形状的铁球与羽毛做成的球,那么铁球会在羽毛球落地之前落地。如果我们在伽利略进行自由落体实验之前提出这一事实,那么它可能会被解释为"物体越重,其重力加速度越大"的证据。(今天,我们对此现象的解释是羽毛球和铁球的重力加速度相同,但羽毛球受到的空气阻力更大,因此下落速度更慢)。对科学家而言,如果证据"依赖于"合理化,它就不能作为理论解释的基础;否则,这就陷入了自循环逻辑。科学不是简单的是否遵循理性思维,或是否以证据为基础的问题。在科学中,我们必须在信息不完整且正确的理论解释未知的情况下,找到正确的合理化方式来解释观测结果。迄今为止,传统的科学哲学完全忽视了这一点,因为它关注的是语言规则和逻辑形式。

传统的科学哲学未能实现其既定目标:严格的"行为规则(prescriptive moral)"、基于归纳逻辑的通用验证方法、通用的科学方法,以及通用的科学范式、体系或理论框架。在这一领域,其争论的焦点：规则是正确合理的吗？科学理论应该是"描述性的(descriptive)"还是"规范性的(normative)"？换句话说,科学理论应该回答"事物是什么",还是"事物应该是什么"？尽管规范性的问题在哲学、社会学或政治学中非常重要,但在确定科学观点的正确性时,这种问题通常并不重要,因为自然界并不在乎人类认为它应该是什么,或不应该是什么。这种思路的根本性缺陷在于：它假定我们可以发现"什么是正确合理的"或"应该是什么"。科学关注的是"知识问题",而不是"行为问题"。在知识问题方面,我们别无选择。

传统的科学哲学之所以被误导,是因为其对归纳法持怀疑态度,而归纳法作为直接从认识论发展而来的概念,导致许多理论的整体逻辑存在根本性缺陷。这些理论正确地认识到了归纳逻辑的潜在谬误,但它们所使用的例子只涉及事实知识,而科学主要涉及理解知识。令人遗憾的是,这些理论根据错误的推理得出结论：归纳逻辑不能被用于科学领域。这是逻辑讨论中的第一个根本错误。因此,其科学理论只能依据演绎逻辑。演绎逻辑是从一般到特殊,那么,如果一种理论仅仅建立在演绎的基础上,根据逻辑,它必须从一开始就涵盖一切。因此,理论必须具有普遍性和排他性。这看似是自洽的,但科学往往是基于有限的观测结果,如果我们不对这些观测结果加以泛化,它们就不能为逻辑推理提供一个普遍正确的推理起点。没有归纳法,就没有从特殊到一般的推理；纯粹的演绎逻辑是有缺陷的。第二个根本错误：许多理论认为回溯逻辑是一种有效的、科学的逻辑形式,而没有认识到它是一种存在重大缺陷的逻辑形式。第三个根本错误：大多数理论完全忽视了哲学奠基人提出的辩证逻辑！在科学领域,逻辑的巨大混乱最终误导了许多传统的科学哲学理论。

我们可以把找出科学方法看作有价值的探索。如果我们能找到它,那么科学研究可以实现流水作业,这样,科学研究就可以像生产线上的工作一样,由接受过较少科学训练的人来完成。然而,由于这种观点的提议者忽视了科学问题和科学家的多样性,他们未能提供一个完全可靠的通用方法。经验丰富的科学家很少就任何科学方法达成一致。他们发现科学哲学所讨论的科学方法与科学研究的现实无关。我已经说明:如果人们遵循流行的科学方法,他们更有可能进行不重要的研究或得出错误的结论。对归纳逻辑的怀疑误导了科学方法的发展。提议者既不了解科学家是如何思考的,也不了解科学研究是如何开展的。每位科学家都会遇到的共同问题是:有太多的创造性想法和可能的方法可供选择。而科学家们只能检验其中的一部分想法和方法。然而,检验这些想法和方法时,科学家们只会遇到更多的问题,而这些问题又需要更多的创造性想法。最终,只有一小部分(根据爱因斯坦的说法)创造性想法会成为知识。在这一过程中,任何"科学方法"都无法为科学家提供指导,帮助他们否定自己的大部分创造性想法,更不用说为每位科学家提供普适"菜谱"了。也许有人会说,好厨师是不按菜谱做菜的;菜谱只适合那些不会做菜的人。这种说法可能是正确的,但大多数人都不是好厨师。最糟糕的情形可能是,由于没有按照不懂烹饪的经理提供的菜谱做菜,一个好厨师可能会被解雇。

科学的合理化和科学史的重建从一开始就是两个有缺陷的概念,因为它们假设重建者知道"什么是正确的合理化",但历史不会遵循任何合理化。当科学哲学理论无法解释科学史时,一些理论建议重写科学史,以符合这些理论提出的合理化(Lakatos, 1970)。然而,这些理论并没有解释如何知道自身提出的合理化不是错误的。重写科学史的隐含假设是,提议重写科学史的人知道通往真理的道路。在所有相关研究中,这是一个存在根本性缺陷的假设,是一种自循环逻辑。这些理论没有认识到,不同的实验结果及其解释可以导致不同的科学进程或路径。"科学史可以被合理化"的观点简直是痴人说梦。在科学史中,例子不能用来证明任何理论,但如果某种理论是有效的,那么例子可以用来说明这种理论可能是如何运作的。同样,任何理论都一定可以找到反例。我们不应该指望一种排他的、绝对的普适性理论是有效的。理论应该允许有例外。那么，人们会发现，例外太多了，这从根本上削弱了普适性理论存在的意义。

另一方面，由于人类理解知识的不断拓展以及新技术和新方法（比如计算机、智能手机和卫星）的出现，科学似乎能够成功挑战所有传统的科学哲学理论。我们掌握的部分理解知识肯定是正确的或符合事实的，而不是像波普尔假设的那样。

传统科学哲学理论巨大失败的根源可能在于：该领域的辩论中存在极端主义。值得注意的是，演绎逻辑需要极端主义。根据这种激进的思想，每一种理论都必须是普遍成立的，并且排斥所有其他可供选择的理论，例如，要么是证明主义，要么是证伪主义。如果没有可供选择的理论或观测结果和评估的限制，那么任何科学家都不会认同这种激进的思想。科学哲学的奠基人认为答案很简单：科学家根据自己的哲学信仰只有一个选择：要么基于经验主义，要么基于理性主义。当科学家遇到观测结果与理论不一致的情况时，如果他是经验主义者，那么理论是错误的；如果他是理性主义者，那么观测结果是错误的。尽管现代多元主义不要求人们选择一个极端，但它没有告诉我们如何在各种选择中做出正确的决定。

在许多科学哲学理论中，人们不受约束地"凭空臆测"所有的可能性。在科学中，当评估被要求加入时，一方面，经过同行评审过程中的辩论环节，大多数不相关的可能性可以被有意识地排除；另一方面，评估可以对结论提出警告。大多数凭空臆测都变成了不相关的可能性。答案可能取决于某一理论的特定假设是否适用，或观测结果或仪器的不确定性和局限性范围是否足以解决相关问题。任何观测结果都有一系列可能的解释。用经验主义和理性主义来划分科学哲学，更是不得要领。相反，科学的任务之一是逐渐减少理论和观测结果中的不确定性。这就是"评估"发挥关键作用的地方。根据整体主义，科学无法发现其知识网络中的缺陷，而整体主义从根本上曲解了这种情况。

　　用费曼的类比来说,科学方法或科学哲学的传统理论对科学家而言,就像鸟类学家对鸟的评论一样。鸟类学家从局外人的角度对鸟进行分类。他们听不懂鸟语,却认为自己比鸟儿聪明得多,知道鸟儿为什么要做某件事情。既然鸟类学家不了解鸟类行为的原因,那么鸟儿为什么要根据鸟类学家的观点改变自己的行为呢?本书旨在从根本上改变科学哲学的现状和框架。

■ 思考题

1. 如果你从新闻中听说有人发明了一种治疗癌症的新方法,那么请问这是科学还是知识?请说明你的理由。
2. 如果你读到一篇文章,说各大洲原本是相连的,但现在却渐行渐远,那么请问这是知识还是科学?请说明你的理由。
3. 你能说出你选择学习的学科在科学中的位置吗?它属于哪个分支,哪门学科,哪门分支学科?

第九章 科学理论

9.1 科学的整体结构

科学的目标是在创造新知识的同时滤除伪知识。科学由三个关键要素组成：观测、概念化和评估。这些要素通过推理联系在一起。观测和概念化是知识的两个基本来源，评估使科学有别于哲学[1]和历史[2]等所有其他形式的知识探究。评估之后可以进行推论。然而，这提出了一个哲学问题：如果来自两个来源的无缺陷的推论不一致，那该怎么办？一般来说，当这种情况发生时，科学家可能不得不发明各种方法，如修改理论或数字，来证明理论推论和观测结果是一致的。当我们只掌握部分信息时，这也是可能的。因此，理论推论和对观测结果的解释都存在不确定性，而这为修改

---

[1] 数千年来，哲学中关于本体论的争论和很多最基本的问题一直没有定论。如本书第七章和第八章所述，传统的科学哲学仍在经验主义、理性主义和其他各种"主义"之间争论不休，但并未取得重大进展。造成这种情况的重要原因之一：传统的科学哲学中没有评估体系来控制这些争论。在缺乏定量控制的情况下，人们在讨论地震等重大自然灾害时，无法排除诸如蝴蝶扇动翅膀等微乎其微的可能性。

[2] 由于对历史的解释，尤其是对每个参与者动机的解释，本身就具有相当大的不确定性，因此历史几乎不可能被量化，也就不可能成为一门科学。

操作提供了空间。这种不确定性会造成另一个问题：一个观测结果可以与多种推论相兼容。科学的主要目的是确保观测、概念化和评估是通过严格推导得出的，而这往往要求减少推论和解释中的不确定性。最终，不确定性变得如此之小，以至于能够区分理论的对错。将这三个关键要素与科学推理相结合，可以解决"科学如何找到正确的方向"这一问题。因此，我们必须对所有可能的推理、比较和用于比较的方法进行（最终定量的）评估。

我们在本书7.2节已经讨论了各种推理形式，尽管科学界普遍接受的推理形式只有四种：科学演绎推理、科学归纳推理、科学辩证推理和奥卡姆剃刀原理。然而，这些推理形式中的每一种在创造新知识的过程中，都只能发挥特定的功能或达到特定的目的，而且每种推理形式都有局限性和潜在的谬误。这些局限性和潜在的谬误在科学界，尤其是在经验丰富的科学家那里，有意无意地广为人知，尽管这些局限性可能并不为普通大众或大多数科学哲学家所熟知。在学校里，除了逻辑学家讲授的逻辑学之外，没有系统的科学推理教学。因此，我将在本章中全面讨论每一种科学推理形式。经过讨论，从原则上说，"如何找到正确的方向"和"如何知晓我没有错"这两个问题得到了解决。由于第二个问题最为重要且更难解决，我将在本书第十一章对其展开进一步讨论。

如果没有标准或公认的科学方法，那么科学家如何解决他们之间的分歧呢？与可能导致死亡或丑闻的政治冲突相比，科学相对而言更文明、更和平。这应该是科学哲学和科学社会学需要认识、讨论、研究和回答的最重要的问题之一。如本书第八章所述，科学建立在诚信原则的基础之上，是严谨的事业。虽然每位科学家在才智上可能都是自由的，但他们属于自己的科学共同体，在科学活动中必须表现出专业精神。他们的观点必须以科学推理的方式呈现，否则就会被认为是有缺陷的。科学协会组织以诚信原则为基础，并包含民主成分，没有人凌驾于他人之上。该组织除了提供科学交流论坛和学习环境外，还对科学出版物和新科学项目提案的同行评审过程进行管理与监督。这种制度不仅能培养个人的创造力,还允许对立的观点文明共存,并防止徒劳的行为失去控制。没有人能保证这种制度可以始终完美运作,偶尔也会发生异常情况。然而,在大多数科学领域,尤其是与政治等领域相比,这些异常情况的数量极少、剧烈程度和发生频率极低。

本书第四章至第六章及第十章所讨论的传统科学哲学理论并没有真正触及科学家面临的核心问题:如何找到正确的方向?如何知道我没有被自己愚弄?例如,简单地接受经验主义或理性主义并没有多大帮助,因为所有的科学家都在一定程度上相信每一种科学推理形式。他们的大部分观点都是以观测结果为基础,但是谁的观点是正确的或者更正确的呢?如果科学家不知道如何对这一问题做出判断,那么所有的科学哲学理论都与科学家基本无关。这就是我们将在本章中解答的问题。首先,我们将讨论四种公认的科学推理形式,然后概述如何做出科学判断的指导方针。

9.2 科学演绎推理

科学中使用的演绎推理与科学哲学中通常使用的演绎逻辑有些不同,如本书7.2节所述,后者强调"形式"。科学演绎推理主要用于基于一般知识推导出对具体问题的理解。其推理过程是从公认的定律或假说出发,直接通过演绎推导得出结论。当评估被要求加入科学过程时,在大多数情况下,我们都可以通过数学推导或基于数值方法求解控制方程来进行科学演绎推理。演绎推理类似于一个管道,具有正向确定性和真值保持性:如果输入是正确的,那么输出(结论)就是正确的!

演绎推理与数学:人们常常将科学与数学直接联系起来,认为研究科学等同于使用数学。这是因为数学(不是三段论!)是科学中最重要的演绎推理形式。这对科学家而言有点不可思议。当科学家求解一组非常复杂的偏微分方程时——一个科学问题怎么能变成一个数学求解或计算机编程问题呢？这种转变会导致错误吗？

首先，我们必须能够正确地进行数学推导；这一点说起来容易，做起来难。例如，在理论物理学中，基础训练的一部分是在不出错的情况下完成100页的推导。在空间物理学中，我们通常要处理至少13个基于第一性原理的偏微分方程，涵盖从太阳表面到电离层的信息。我们怎么知道计算结果会完全符合我们的需求呢？在通常情况下，当计算结果与观测结果不一致时，我们应该归咎于理论、计算、观测、数据处理技术，还是仪器本身？这个问题是否令整体主义者感到头疼？根据科学演绎推理：如果理论是纯数学的，并且我们在推导过程中没有犯任何错误，那么我们可以相信数学；如果理论结果不符合观测，但只要符合数学计算过程的条件，那么错误是由数学计算过程之外的任何其他因素造成的。这就是数学的力量！

许多科学定律是基于概念化观测结果得出的，并写成数学方程式的形式。应用科学和工程学基于这些定律开发模型，以便工程师能够在各种相应的初始条件和边界条件下，运用数值方法求解方程式，并比较这些方程式在不同效应下的数值解。科学中的一个基本假设是，如果演绎推理是基于数学知识，那么在数学计算过程中就不会出现"渗漏（丢掉可能的情况）"和"污染（夹杂进不可能的情况）"。"渗漏"会导致合理的可能性减少，而"污染"会导致错误的可能性增加。数学知识确实提供了一个严谨的演绎逻辑链条。然而，它"惊人地"完美运作，这使我不得不对它提出质疑，因为数学计算过程是独立于科学定律及其数学形式而发展起来的。科学定律"碰巧"是以一种特定的数学形式书写的，但为什么控制这种数学形式的数学计算过程，会与我们正在研究的科学问题有关呢？当数学计算结果与观测结果不一致时，数学计算过程是否会造成"渗漏"或"污染"呢？为什么不会呢？即使在我提出了本书中所概述的科学理论之后，这依然是科学哲学中最令我感到困惑的问题。

在科学研究中,如果数值解与观测结果或预测的不一致,那么我们可以质疑所使用的方程式、所运用的近似值、所包含的项以及方程的初始条件和边界条件,但我们不能质疑数学计算过程!为什么不可以呢?这太奇怪了!匈牙利裔物理学家、诺贝尔奖获得者尤金·维格纳(Eugene Wigner)曾说过,"在自然科学中,数学是不可思议的有效,但我们对此无法做出合理的解释。"尽管我们做出了种种努力,但是科学哲学仍然需要更好地理解科学(数学除外)与数学之间的关系。

令人遗憾的是,只有极少数情况可以通过数学解析的方式来解决。最常见的情况是,我们必须使用计算机算法求解方程组的数值解。如果方程组与时间相关,则其数值解会随时间变化,这通常被称为计算机模拟。如果将纯粹的科学演绎推理类比为管道输出,那么数学推导如同正常流通的管道,是一个密封或隔离的系统。正如管道可能会发生渗漏一样,数值解也可能是不完美的。因此,管道可能会出现渗漏或受到污染。根据所使用的数值算法,相对于问题所要求的准确度而言,"渗漏"和"污染"可能并不重要,也可能非常重要。因此,当涉及计算机模拟时,即使使用了数学这种严谨的科学演绎推理形式,也可能会造成错误或无效推理。但如果演绎推理不是基于数学知识,那么它将无法对输出进行定量控制。

推理流程:科学演绎推理不能逆向推理,即不能根据已知的结果推断原因,否则这就是有缺陷的回溯推理。回溯推理是一种常见的有缺陷的推理,即证明假设时,将假设本身当作推理的起点。科学问题中的演绎推理可能非常复杂。有时,它最终会回到推理的起点,即成为自循环逻辑,这存在缺陷,例如,回溯推理就是如此。在数学中,当方程式的数量小于未知数的数量时,就会出现自循环逻辑。在这种情况下,一些未知数由其他未知数来表示。我们需要更多的信息来解决这类问题。

人们很少能仅仅根据一组定律解决一个真正的科学问题,因为其他人已经解决了这样的问题。更常见的情况是,问题可能会涉及几个完全不同的过程,每个过程都受到一组特定的定律所支配。这可能需要涉及一些管道组装工作,即管道连接。我们都知道管道连接处是最容易出问题的地方。因此,仔细检查不同观点或方法的交汇处对于任何科学研究而言都至关重要。

图9.1展示了人类知识的概念化或发展过程。这一过程的目标是:基于现有的观测结果和知识,将事实知识联系起来,并将其概念化为理解知识;这一过程还包括创造新知识。在图9.1中,左图和右图的左上方和右下方各有两种现象(现象A和现象B)。每种现象可能指的是一组现象,例如,可以用普遍规律描述的一组现象,但这两组现象之间可能没有明显的联系,比如自由落体运动和行星运动,或者小行星撞击地球和恐龙灭绝。科学的目的是找到现象之间的内在联系。这两种现象可以通过各种方式联系起来,每一种方式都可以被视为一种概念化或一条理解知识。

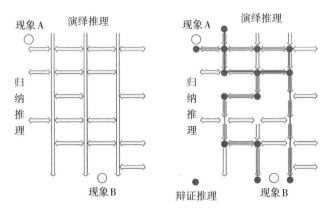

图9.1 科学推理理论的图示。本图描述了人类的认知过程。左图和右图的左上方和右下方分别展示了两种现象或两组相关的观测结果。垂直推理流程是演绎性的,比如数学知识,并且它包含向前推进的因果关系。水平推理流程是归纳性的,比如两个观测结果或变量之间的相关性分析结果,但它不能确定因果关系。在右图中,浅色线和深色线分别表示两种推理、理解知识或概念化。在右图的每个交汇点上,实心交汇点表示用于排除备选的辩证推理。

带箭头的双线表示因果关系的推理。原则上,科学演绎推理的因果关系是向前推进的,即像管道中的水从进水口流向出水口,如图9.1左图中从上到下的单箭头垂直推理线所示。事实上,每条演绎推理线都可能基于各自的一种理论框架。从数学角度看,方程式的解是结果,方程式的输入值是原因。有时,方程式中的变量不止一个,例如,牛顿第二运动定律将力和物体的位置都视为变量。

如本书7.5节所述,如果在控制方程中没有时间导数,比如准稳态系统(比如理想气体定律和欧姆定律)中的控制方程,那么我们无法确定系统内的因果关系。原因一定是外部变化。如果控制方程是动态的,即包含时间导数(比如牛顿第二运动定律中的加速度),那么与力相对应的净效应就是时间导数变量(速度和位置)的原因。

演绎推理的潜在问题: 最重要的问题是,演绎推理本身不能提供推理的起点。当人们将错误的东西放入管道(输入不正确或非最佳)时,演绎推理系统将无法帮助找出缺陷,从而导致"垃圾进,垃圾出[1]"的情形。在没有合理起点的情况下,推理是"无限后退的";如本书4.2节所述,人们可以质疑推理的起点,并从这点起无限地向后回推。

要解决这类问题,推理的起点必须是"不证自明[2]"的。然而,当你认为某件事情"不证自明"时,其他人可能在你之前就有了同样的想法,而且也许已经对其进行过检验了。结果,合理的起点可

---

[1] 俚语"垃圾进,垃圾出(garbage-in and garbage-out)"通常指:错误的输入必然会导致错误的输出。该俚语强调了输入内容的质量对于输出结果的影响。如今,该俚语经常作为一个概念广泛应用于数据分析、计算机科学、教育学等领域。——译者注

[2] 不证自明指一个命题不需要经过论证、检验或呈现证据,就可证明为真。——译者注

能是自然法则,或者可能是有误的。正因如此,除了发展滞后的研究领域之外,科学中较少使用"不证自明"的论点。"不证自明"推理的起点应该是自然法则。当我们引入一条定律时,必须仔细审查其适用性和相关性。

在尚无自然法则的研究领域,人们可以基于观测结果或实验结果,通过归纳推理发明自然法则。然而,发明定律并非易事;这可能需要在各种条件下和不同过程中进行大量的观测和实验。这是因为自然法则要求普适性。在某一条件下对某一过程的观测结果或实验结果不会被认为是自然法则。如果不需要发明新定律,那么我们可以直接引用相关条件下观测到的可靠事实。然而,对这一观测结果的泛化会导致潜在的谬误。正如本书前面章节所讨论的,对事实的解释通常涉及或基于归纳推理,并且解释可能不是唯一的。如果对事实的解释不是唯一的,那么一切都值得怀疑。

由于自然法则或对观测到的事实的解释必须涉及归纳推理,因此基于演绎推理本身无法得出科学的结论。对科学哲学而言,仅基于演绎推理发明科学理论是痴人说梦。

9.3 科学归纳推理

泛化与概念化:对有限观测结果的泛化是基于科学中的归纳推理,这种推理形式类似于传统科学哲学理论中讨论的归纳逻辑。然而,为了避免本书讨论传统科学哲学理论时提到的逻辑谬误,在科学中,科学归纳推理是有附加条件的、受限制形式的归纳推理。首先,科学中的泛化只能应用于相同类型或参量的主体。我们将在本节后面部分"概念化"中讨论从一种类型的主体到另一种类型的主体的泛化。其次,科学中的泛化必须包括基于评估的控制,这主要来自插值法和外推法。这与穆勒的共变法是一致的。定性的泛化,比如基于模式化的泛化,不是科学归纳推理。因此,用来发明传统科学哲学理论的大多数例子都是非科学的归纳推理——这些例子中没有定量的控制。在科学中,大多数归纳推理提供了各种因素和变量之间的定量经验联系或相关性,以便基于对有限观测结果的泛化来创造人类的知识,例如基于观测结果所得出的相关性或自然法则。本书将在10.4节探讨如何得出经验的相关性。它既不基于形式逻辑,也不需要解释为什么目前存在这种关系。这就是观测的力量!

如果通过泛化没有产生理解知识,那么只要泛化的结果是可靠的,它就是事实知识。正如我们所了解的,事实知识不具备很强的预测能力,而且有可能是易错的。由于预测是从一般到特殊,因此其本质是演绎推理,而不是归纳推理。如果通过泛化得出了自然法则,那么泛化的结果可以用于预测,如本书9.2节所述。不过,预测的准确性仅限于定律的有效范围内,它在外推法中可能会出错,例如预测未来或下一次观测结果。

概念化可以被认为是高级的归纳推理,它提供了许多事实知识之间的联系。例如,波义耳定律、查理定律和阿伏伽德罗定律分别是通过直接观测来提供两个参数之间的相关性。因此,这三条定律都是基于定量归纳推理的泛化。理想气体定律是将这三条定律结合起来的概念化。同样,牛顿力学体系是结合伽利略相对性原理、地球引力测量和开普勒定律的概念化。诸如此类的定量的概念化是科学的支柱,通常被用作科学演绎推理的起点。一般来说,如果没有概念化,基于归纳推理就不能得出理解知识。

如果没有概念化和定量的控制,那么对同一现象观测结果的泛化是模式化,而从本质上看,对多种类型的主体进行泛化是类比。如本书7.2节所述,模式化或类比都可能是错误的,都不是科学推理的形式。对这些类型的泛化需要概念化,并且经常使用辩证推理来仔细审查其适用性。对此,我将在本书9.4节进行探讨。

关于大规模相关性分析的一个有趣例子是中医,它基于对多个参数之间相关性的大规模长期观察。这些参数可分为三类。首先,个人参数包括个人的体质、年龄和性别。比如说,体质可以分为五个值,是控制参数之一。其次,还有食物、季节和当地气候等其他参数,比如说,这些其他参数也可以分为五个值。根据这两组参数,我们可以确定个人健康状况的维持情况。最后,让我们来看看疾病和药物治疗,这可能会涉及三个主要因素:症状、疾病和中药,而这三个主要因素是关于体质、年龄和性别的函数。药物治疗涉及这种纯粹基于观察结果的复杂相关性矩阵。在世界上人口很多的民族,数千年来观察到的这些相关性正是中医的基础。

从科学的角度看,中医理论是一种可能的概念化,它应该与观察数据区分开来。该理论虚构了一个故事情节,以便医生能够记住复杂的关系,从而将信息转化为理解知识,尽管其可能包含潜在缺陷。这是非常典型的归纳推理和概念化。应用中医理论需要对具有一组特定症状的特定患者进行演绎推理。然而,在应用如此复杂的中医理论时,并没有基于具体的、严格的演绎逻辑,因此医生的个人经验成为导致治疗结果不确定的关键因素。治疗失败既可以归咎于中医理论的概念化,也可以归咎于医生个人经验的缺乏,从而导致演绎推理的应用存在缺陷。但各种因素和症状的相关性大体上是正确的,因为几千年来,中医理论在包括中国在内的东亚和东南亚国家,挽救了无数人的生命。正如任何科学理论都可能会出错一样,中医理论也有可能会出错或需要修改。观察到的相关性可以作为其他新理论的基础。我将在本书10.5节详细讨论一个相关的例子。

很多研究领域也存在类似的情况,比如心理学。当所有定律都不是通过深度思考的概念化严格推导出来的时候,理论是基于简单的(半定量的)归纳推理的泛化。解释和预测是否正确,关键取决于泛化的可靠性。如果泛化的误差或不确定性较大,或者基于少量的样本,那么基于演绎推理做出的预测是不可信的。例如,"人类的学习与老鼠和其他动物的学习基本相同"的结论可能是人们可以找到的最具"创造性"的观点,但它并不是科学的。

推理流程:根据图9.1的左图,我们可以清楚地看出,在通常情况下,人们不能仅仅基于演绎推理,就将不在同一条垂直推理线上的两种现象联系起来。如果两种现象可以仅仅通过演绎推理直接联系起来,那么这就不是一个科学问题,而是一个应用问题。归纳推理可以跨越演绎推理线的界限,将一条定律与另一条定律联系起来,如图9.1左图中的水平推理线段所示。在科学中,在不诉诸已有定律的情况下,观测两个(或两个以上)现象或参数之间的相关性是一种常用方法。这种相关性本身就可以被证明,并进而成为定律。

关于泛化的相关性研究可以得出两个可能的一般性结论。首先,相关性可以追溯到演绎推理的一些合理预期,即归纳推理的结果可能与演绎推理的结果相对应,如图9.1中的垂直方向所示。例如,当我们测量给定温度下气体的体积与压强变化的关系时,会发现:气体的体积与气体的压强成反比,其系数几乎是恒定的。这与理想气体定律所预期的情况相符。在这两种推理结果相对应的情况下,归纳得出的结果可以用来证实和解释演绎得出的结果。其次,观测到的相关性是不可预期的,也是令人费解的。在这种情况下,归纳推理的结果与演绎推理的结果是相交的。在两种推理结果相交的情况下,归纳推理的结果通常可以作为演绎推理的起点(如本书9.2节所述)或简化数学推导。

在科学中,这两种推理结果相交的情形更为重要,因为它包含了新信息,并可能导致发现或创造新知识。例如,在上述理想气体的例子中,我们会发现:当温度极低时,比如接近 $-273\ ℃$ 时,气体体积和气体压强之间的相关系数不再是恒定的。这一观测结果促使荷兰物理学家范德华(Van der Waals)发明了范德华状态方程。这种对理想气体定律的偏离可以通过气体分子的有限大小来理解,这是一条新的理解知识。

科学归纳推理的潜在问题:在科学归纳推理中,我们需要注意几个问题。第一,例外情况通常或总是存在,例如黑色的天鹅或非黑色的乌鸦。在相关性分析中,由于可能存在多重效应,因此测量点分散在潜在趋势周围(如果存在潜在趋势的话)。任何基于归纳推理得出的结论都必须为这些分散的点留有余地。因此,结论不是描述"所有……"或"都没有……"的情况,在结论被完全理解之前,它描述的是事情发生的可能性。它基于概率推理,而这在科学哲学中有时被错称为"贝叶斯推理"。本书将在10.4节探讨科学哲学中关于概率论和相关性分析的混淆、误解和曲解。当涉及概率时,单个反例不能证伪结果的有效性。因此,从根本上说,波普尔理论在科学中是无效的,因为它是基于科学哲学所要求的演绎逻辑的绝对性。

第二,两个相关的观测结果可能与科学原因无关。有时,这些观测结果之间的联系可能是偶然的。当数据集不是很大时,偶然发生的例子可能会成为存在潜在缺陷的结论的支持性证据。

第三,在科学中,当我们发现两种效应之间的相关性时,我们通常无法从相关性中得知它们之间的因果关系,因此,我们应该允许两种效应中的任何一种可能是另一种效应的原因,如图9.1所示,归纳推理线的两端都有箭头。如果一些实验包含时间过程,那么它们可用于确定因果关系。然而,密切相关的两种效应可能是由同一个原因引起的,比如雷电。

第四,因为基于单个相关性可以得出许多不同的解释或结论,因此对相关性的解释本质上具有不确定性。有些解释或结论可能是不确定的,或完全错误的①。有些实验结果更难以解释。例如,吸烟与肺癌的高度相关性能否解释为吸烟导致肺癌? 这就产生了一个问题:因为并非每个吸烟者都会患肺癌,而一些不吸烟者却会患肺癌。显然,我们需要更好地了解癌症,例如肺癌是如何引起和发展的,以及吸烟在这一过程中所发挥的作用。正如我们已经讨论过的,仅仅基于相关性本身是无法对未来做出科学的预测的。相反,科学的预测需要建立在理解知识的基础上。

第五,当存在强度不同的多种因素时,其中一些因素之间可能存在关联。例如,教育水平、智力水平和年收入在一定程度上是相

---

① 第二次世界大战期间,美军驾驶员发生了很多起交通事故。为了减少此类事故和不必要的人员伤亡,美军邀请一个心理学领域的权威专家小组找出肇事驾驶员的个性特征。心理学家们建立了一个大型数据库,库中包含对事故负有直接责任的驾驶员的信息,他们对这些信息进行了相关性分析。根据这些信息,他们使用许多指标对驾驶员进行分类。他们发现:身上的文身与肇事驾驶员的相关性最高。当时还没有激光文身技术,文身的过程非常痛苦。因此,一种可能的解释是,有文身的人"更喜欢拿身体冒险",因此他们更有可能引发事故。在你质疑得出这一结论的逻辑之前,你可能会觉得这个解释似乎是合理的。这意味着士兵会从文身和车祸中寻求身体上的疼痛感。但这似乎说不通,因为这假定驾驶员会计划发生事故,寻求这种冒险带来的疼痛感,如果事故会夺去他们的生命,他们就会避免事故的发生。显然,在事故发生之前,人们不会不断地评估事故能否在不夺去其生命的情况下带来快感。既然交通事故被称为"事故",人们通常认为"事故"不会发生。这与事故是否痛不堪忍,或能否带来恰好的疼痛令人产生快感无关。另一种可能的解释是,驾驶员高估了自己的能力或低估了危险。这可能与引发事故和选择文身所共有的若干心理特征有关,比如倾向于炫耀。如果比较这两种解释,你觉得哪一种更合理呢? 这个例子说明,同一个实验结果可以有多种解释。

关的。在相关性研究中,我们很难区分教育或智力所产生的影响与收入所产生的影响。颇具争议的是,在社会学、医学和行为学研究等分支学科中,相关变量在研究中的使用已经泛滥成灾。例如,回想一下,有多少次有人建议你服用或不服用某种维生素。这些混淆很可能是由研究中使用的相关变量造成的。同样,在一些社会学和政治学研究中,种族往往被用作描述问题的万能参数。当然,这类研究得出的任何结论都能显示出种族之间的差异,而且很容易成为头条新闻。但在许多问题或现象中,其他变量可能是决定性因素,比如教育、经济状况、宗教、文化背景、社区规范、党派等。而种族可能不是决定性因素。然而,在这种关于特定问题与种族的研究中,得出的结论可能是这一问题是由种族决定的,因此它是一个种族问题。从某种意义上说,美国当前的政治环境可能是由这些滥用相关变量或不可靠的研究造成的。

第六,科学哲学家经常讨论的相关性分析的潜在谬误之一是所谓的可靠性主义理论,如"亨利和谷仓假象"的例子。在这个例子中,亨利驱车行驶在公路上,看到路旁有许多谷仓。他在一个谷仓旁停下,检查了一下,发现那是个真谷仓。于是他得出结论:这个村子里到处都有谷仓。但事实上,只有他检查过的那个谷仓(因为离亨利最近)是真谷仓,其他的只是"谷仓的画板(其实不是真谷仓)"。这种推理是基于对一个例子的模式化,这是最常见的、易错的、非科学的推理。这种情况可能会发生在英美法体系中,即根据相关案件的先前判例做出判决。然而先前的判例对新提交的案件的适用性并没有经过仔细检查。与之相比,科学研究也通常从个例研究开始,然后是统计研究。作为一位科学家,我不能完全排除将可靠性主义应用于科学领域的可能性。相反,我觉得这更像是臆测。如果有人举了一个例子就得出"其他一切都一样"的结论,那么总有一天一个学生会去检查其他的例子。如果这个学生发现个例研究中的例子是一个特例,它与统计结果有本质区别,那么他可以推翻个例研究和统计研究的结论。因此,对该学生而言,基于有缺陷的研究所得出的结论或许是一份厚礼,也就是说,他或许可以成为发现"研究出错了"的英雄。

9.4 科学辩证推理

第三种科学推理形式是科学辩证推理。本书7.2节和4.4节已探讨了辩证法与波普尔的证伪主义之间的相似之处。我在前面说过,波普尔理论受到了科学哲学家们的强烈质疑,而科学家们大多赞同波普尔。在科学哲学中,我们有必要进一步探讨辩证法。

辩证法:在逻辑学中,辩证法被称为"小逻辑"。相比之下,相应的"大逻辑"表现为"批判(critique)"的形式,它要求找出理论中的缺陷或错误。与此相反,辩证法并不需要指出问题或错误的确切起点,而只须指出理论中的矛盾之处;如果有人发现了理论中的矛盾之处,那么理论的提出者就有责任找出问题所在。在哲学中,这可能不是正确的论证方式,因为人们可以凭空臆测任何问题;但在科学中,存在一种受限制形式的辩证法可以用来论证。辩证法需要规定具体的要求,否则它可能会被滥用,成为凭空臆测。在科学中,因为任何观点或成果都必须公开发表,并且必须经过审查或评审过程,在这两个过程中,其他人有权对其提出质疑。观点的提出者或出版物的作者有义务应对所有合理的批评或质疑,同时整个过程也会受到科学界的监督。如果你是某一观点的提出者,你就必须准备好去应对他人运用辩证法提出的质疑。因此,你最好先对自己的观点进行自我批判。如果想成为优秀的科学家,那么质疑观点的人和提出观点的人都必须遵循公认的科学推理。不专业的凭空臆测将被置之不理。

科学辩证推理的规范形式始于一个"合理的"、与所探究的理论"相关的"假设,但这一假设是用不同的假设去替代新理论。然后,我们使用严格的科学演绎推理或科学归纳推理(通常遵循与所提新观点相同的推理思路)得出一个相互矛盾或负面的结果。值得注意的是，这种推理只有在得出负面结果时才是有效的。它基于证伪，能从多个角度或方向检验一种观点，以排除其他可能的观点。一般来说，辩证推理具有破坏性。但发现错误并不等于证明反例。然而，在科学领域，辩证式辩论的结果往往不像政治领域那样，一方失败而另一方获胜。相反，人们会修改新观点，以解决质疑者所关注的问题。观点的提出者可以为自己的观点辩护，使其能经受住证伪。当质疑者提出的假设不合理、不相关或其推理存在缺陷时，提出者无须修改其观点。

经受住所有可能的质疑或证伪（科学辩证推理）的新观点暂时是可被接受的，并具有进一步发展和应用的潜力。这应该是波普尔证伪理论的正确形式。与波普尔理论不同的是，科学界确实通过科学辩证的过程提高了新观点的可信度，尽管这一观点仍有待进一步检验或证伪。

这种方法最常用于归纳或演绎推理中的任何关键交汇点，如图9.1中两条推理线相交处的实心交汇点所示。然而，在辩证推理中，由于回溯推理的易错性，正面结果不能算作证实。在这种情况下，证明可能是不相关的，也可能本质上是自循环论证。我们在科学界经常看到这种情况：有时，缺乏经验的科学家所做的假设隐含着有待证实的观点，即自循环逻辑。而其他时候，支持性证据可能是个例外，但它被用于支持更普遍的观点。在这些情况下，辩证推理是揭示推理存在缺陷的有力工具。科学家需要学会对自己的观点运用科学辩证推理。这是解决"如何知晓我没有错"这一问题的最重要方法。

在科学哲学界，因辩证法与黑格尔和马克思有关，人们对它的看法见仁见智，尤其是黑格尔的辩证法三段论：正题、反题和合题。在科学哲学中，"光是什么"这一著名例子经常被用来解释辩证法三段论。牛顿认为光是一种粒子（正题），而麦克斯韦证明光是一种波（反题）。随后，量子理论表明光既是粒子又是波（合题），即所谓的波粒二象性。马克思理论认为辩证法三段论可以在更高层次上继续普遍发挥作用,并将其视为文明发展的普遍定律。然而,科学辩证推理除了证伪正题之外,并没有任何关于下一步(反题或合题)的指示。因此,辩证法三段论很可能与科学无关。

科学辩证推理是探究性的,不应被视为论证性的。在科学中,有一种特殊形式的辩证推理叫作"gedankenexperiment",其在德语中的含义是"思想实验"。也就是说,人们不需要进行实验,而是想象一个实验,然后对实验结果进行推理等。只有在对新理论进行辩证推理并得出否定结果时,这种方法才是有效的。我要强调的是,如果这种推理得出了肯定结果,那么它可以用来"描述"这种观点,但不能被视为证据,因为这是回溯推理。要根据"思想实验"方法证明一个理论,我们就必须穷尽所有可能但相关的实验。从理论上讲,这并不能得出结论。当我们获得更多信息时,可能会提出更多可能的"思想实验"。

科学辩证推理的潜在问题:使用科学辩证推理时有四个注意事项。首先,科学辩证推理不是结论性的:如果运用得当,人们可以(在某种程度上)确定什么是不对的,但不能确定什么是对的。其次,从理论上讲,它存在无限可能性:我们无法检验所有证伪的可能性,也就是说,我们无法为观点找到最具决定性的证据。从这个意义上说,波普尔的证伪主义在一定程度上是有效的,但并不是普遍的或唯一有效的。我们可以通过科学演绎推理和科学归纳推理获得证据。再次,在辩证推理中,与演绎推理和归纳推理步骤相关的问题(比如本书前两节讨论的可疑假设、无关性、偶然性、例外性、渗透性、"渗漏"性和"污染"性)也会导致错误的证伪。最后,由于辩证推理不能用来证实,而是用来证伪,因此它不能用于确定因果关系。

然而,我们要求对科学问题的论证和证伪都必须包含评估。成功证伪的可能性比那些传统的科学哲学理论所想象的要小得多。此外,由于缺乏可用的方法,许多可能性无法被直接检验。我们还可能注意到,有时由于知识有限或推理过程存在缺陷,正确或部分正确的想法可能会由于错误的原因而被筛选。在这些情况下,除非想法的提出者放弃这一想法,否则他可以将其修改后再次提出。然而,这样做的次数不能太多,否则别人就不会认真对待这个想法。当构思出一个新想法时,人们可能需要回到推理思路中,重新评估那些被否定的想法,因为它们可能是由于错误的原因而被否定的。

有时,如果有少数不称职的人参与进来,那么我们会从辩证式辩论中得出错误的结论。在科学领域,少数科学家对某一错误的观点达成一致意见是很正常的。但是从科学史的角度来看,如果出现这种情况,人们也不必过于担心,因为随着问题的重要性不断增加,更多优秀的科学家会对这个问题进行批判性研究。还有一些时候,辩论是徒劳的,既不能提供有用的结论或达成一致意见,也不能为所有参与者所接受。有些人会接受正反两方的立场(比如正题和反题),尤其在不同的条件下或某一过程的不同阶段中。然而,如果信息是片面和不完整的,那么人们无法解决争议也很正常。这些有问题的结果不可能达到知识的水平。因此,我们不必在科学哲学层面上担心它们。

在科学研究中,观点似乎会不断变化并变得"不可证伪",这可能是一个棘手的难题。在这种情况下,尽管证伪者做出了很多努力,但观点的提出者总能找出使证伪无效的方法。根据波普尔的定义,这是因为该观点是伪科学,还是因为该观点是正确的?下面是关于第二种可能性的一系列问题。第一,论证与潜在真理之间的相关性是可证伪的,尽管尚未被证伪。第二,用于证伪的观测结果中的简单相关性可能具有偶然性。第三,用于证伪的证据(注意,这里指的不是观测结果本身,而是对观测结果的解释)可能存在缺陷。第四,论证数据的质量可能无法达到结论所要求的具体程度,因此解释的不确定性本身就很大。第五,证伪的推理可能存在缺陷,尤其是在每个关键的交汇点上。弄清楚证伪的极限通常是科学研究中更为重要的一个方面。论证的方法、精确度、条件或概率都在提供和证伪新知识方面发挥着关键作用。

科学辩证推理是科学中最重要的,也是最难的过程之一,当科学家质疑某一新观点时,观点的提出者必须为其辩护,以"经受住所有的证伪"。在这一过程中,第一个问题是论证和证伪之间的相关性。第二个问题涉及对任何一方提供的证据的解释。论证数据可能足以在一定程度上支持某个结论,而理论中使用的假设的合理性会限制其适用性。对于富有经验的科学家而言,证伪的结果往往会限制该观点的适用范围和条件,或者如果一种观点原本就承载了真理,那么证伪的结果会提高这一观点的合理性。关键是推理中的每个关键交汇点。弄清楚适用性的极限往往是科学研究最重要的方面(创造力是次要的!)。

9.5 奥卡姆剃刀原理

如本书7.2节所述,奥卡姆剃刀原理可用于打破相互竞争理论间的共存局面,它假设较简单的理论或观点出现的概率更高。依据简单性本身并不一定可以确定理论是否是正确的[1]。正如我们之前提到的,在恐龙灭绝的原因中,简单性推理可能会存在缺陷。理论和证据的严谨性也是至关重要的。一般来说,在科学中,定性的理论通常比定量的理论更简单,但定量的推理可能会提供更多

---

[1] 关于奥卡姆剃刀原理的一个例子是本书6.5节讨论的磁层-电离层耦合的两种理论框架,即基于电机工程的理论框架(以下简称"EE理论框架")和基于磁流体动力学的理论框架(以下简称"MHD理论框架")。从理论上讲,在大多数情况下,EE理论框架和MHD理论框架是等效的。与EE理论框架相比,从数学角度看,MHD理论框架更复杂;但从物理学角度看,MHD理论框架更简单,所需的假设也更少。但是帕克已经证明,EE理论框架在数学上是"不可驾驭的",而MHD理论框架是"可驾驭的"。

的细节,而这可能会导致更多的证伪,从而需要为理论进行辩护。因此,相互竞争的理论必须在本质上具有相似性。当两种理论在量化方面相似时,我们就可以比较它们的推理思路。在没有数学细节的情况下,定量的推理极其简单纯粹。例如,在研究行星的运动时,我们可以根据万有引力定律为系统中的每个天体写出一个动量方程。由于万有引力定律的方程式和动量方程与参照系无关,我们可以在相对于太阳、地球或观测行星的静止参照系中写出这些方程,因此,人们可以按照伽利略的设想和本书1.4节中所解释的那样,基于地心说、日心说或某行星中心说来研究行星的运动。我们更喜欢日心说(注意这是一种"选择"),因为根据奥卡姆剃刀原理,基于日心说更容易描述太阳系中所有行星的运动(尽管这三种理论的假设数量相同)。这种选择并不意味着地心说是完全错误的,因为从理论上说,地心说也可以正确地描述行星的运动。许多科学哲学理论认为地心说大错特错,这种观点本身就是一个根本性错误。从历史上看,哥白尼为他的日心说理论做出了正确的论证。在他的辩护中,他没有论证地心说是错误的,而是论证了在牛顿运动定律未知的情况下,日心说所需的系统的假设之间的一致性。这可以被视为奥卡姆剃刀式的论证。

几十年前,当我还是一名研究生时,有一种流行的观点,即用美学(如对称性)作为打破不同理论共存局面的推理。当时,我对此非常感兴趣。尽管我认为审美是主观的、因人而异的,但后来我没有再关注这个话题。对大多数人而言,比如哥白尼,简单就是美。但是,我不同意运用美学来对科学观点进行关键性的评估。奥卡姆剃刀原理的用处之一是使推理思路简单化,本书将在9.6节对此进行探讨。

9.6 科学推理体系

科学论证中的两种推理形式: 在科学中,关于特定学科的推理有时会很复杂或晦涩难懂。一些科学哲学家用数学来代表演绎推理,但这仍可能会导致错误。准确鉴别推理类型的方法是判断推理是从一般到特殊的具体化,还是从特殊到一般的泛化。前者是演绎推理,后者是归纳推理。例如,根据观测数据推导出数学表达式(比如最佳拟合)是归纳推理,而将数学形式应用于特定情况则是演绎推理。同样,"任意一个球体围绕一个点源运动时,就会产生月相"的(一般性)结论可以根据归纳法得出;"月球是一个球体"的(特殊性)结论可以根据演绎法得出。完全无误地归纳出的结果可以被视为事实知识或定律。值得一提的是,一般来说,知识和定律不能通过演绎法推导得出,但它们通常是基于类比来解释或理解,而类比是基于归纳法的。知识和定律准确地反映了现实(真理)。

达尔文的进化论和牛顿力学都是基于大量不同类型的观测结果,即大量事实知识。然而,他们的理论旨在揭示这些观测结果之间的内在联系。为此,科学家需要深度思考的概念化,即通过归纳推理来扩展或泛化这些结果——还有无数的尚未观测到的情况。这些概念化是推动理解知识发展的里程碑。

将理论应用于特定的物种或现象是演绎推理。就黑色乌鸦的例子而言,"所有乌鸦都是黑色的"这一假设是基于归纳推理,但并未得到证实;而"下一只乌鸦是黑色的"这一预测是基于演绎推理。然而,由于该假设实际上未经证实且存在缺陷,因此预测错误也就不足为奇了。乌鸦悖论的致命错误在于,用一个未经证实的、有缺陷的"假设"作为演绎推理的起点。即使这个假设被证实了,因为概念化程度很低,它不是定律,不能提供理解知识,也不具有(演绎)预测能力。类似的例子还包括罗素的火鸡问题。大多数科学哲学家将两步逻辑(先泛化,再预测)整个纳入归纳法,这是概念化的缺陷,因为预测总是演绎的。

科学发展的方向:科学研究的目标可以分为以下五个步骤来实现:①将事实知识联系起来,并通过概念化将其转化为理解知识;②减少知识中未经证实的观念,代之以归纳推理和演绎推理;③减少和凝练归纳推理,代之以更多的演绎推理,从而使研究结果更具确定性;④以数学形式呈现更多的定律,从而使研究结果更加量化;⑤用更多的一般(普遍)定律来减少或放宽其要求和条件。

例如,在步骤⑤中,开普勒的理论和伽利略的理论都将许多实验结果和观测结果与数学形式的定律相结合。牛顿的理论将这两种理论中的数学知识整合成更简洁的形式,从而使它们可以应用于解决更多的问题。在一些科学学科中,因为研究过程可能本质上具有概率性,如在生命科学和量子力学中,因此研究结果的确定性可能较低,而概率性可能较高。在这种情况下,步骤③需要确定性的概率,而不是简单的随机猜测。确定性的概率应该逐渐更多地被演绎推理(数学知识)所取代,而较少地被归纳推理(观测结果)所取代。

科学推理体系:鉴于科学有三个关键要素,即观测、概念化和评估,我们显然不能仅根据任何一种科学推理就得出合理且科学的结果,因为没有任何一种推理形式能满足这三个要素的所有需求。如本书9.2节至9.4节所述,每种推理形式都有其缺陷或局限性。对科学研究而言,这三种推理方式缺一不可。经验性的观测结果通常是研究的起点,它既是归纳推理的基础,也可以与演绎推理相结合。然而,关键在于如何解释观测结果。对于理论研究和对观测结果的解释或理解而言,演绎推理都是至关重要的。当辩证推理与演绎推理相结合,并与各种观测结果进行比较时,它可以用来检验演绎推理的输入和结果,以及推理思路发生变化的每个关键点。这对于回答"如何知晓我没有错"这一问题至关重要。同行评审或回复评审的过程以及研讨会和会议报告大多涉及此类推理。

在图9.1的右图中,浅色线和深色线分别表示两种可能的推理、概念化或理解知识。科学归纳推理通常采用相关性分析的形式,将两个变量与两条演绎推理线相关联。当人们以这种方式进行推理时，他们可以从一条演绎推理线跳到另一条演绎推理线，这为使用数学工具解决问题提供了更多可能的选择。从科学的角度来看，一般来说，基于归纳的相关性研究本身不能确定两个相关变量之间的因果关系，如图9.1中每条水平推理线段中的两个箭头所示。不过，我们可以根据图9.1中的整个推理流程来确定因果关系。例如，在一条归纳推理线段中，浅色推理线和深色推理线的走向相反。两条推理线上的因果关系是不同的。另一方面，当人们考虑在每个实心交汇点上改变推理思路时，辩证推理是最有用的。在每个实心交汇点上，人们都有多种选择，但必须决定朝某一个方向前进，还是朝另一个方向前进。然而，他们必须提供论证或证据，说明为何不朝其他方向前进。根据辩证推理的要求，人们需要通过严格的演绎推理和归纳推理来追踪每一种潜在的可能性，直到得出一个否定结果，即表明（根据该理论）这条路线是一条死胡同。如果人们不能得出一个否定结果，那么他们必须认真考虑将这种可能性作为正确的选择，即使它不是推理思路提出者最中意的选择。

浅色线的推理思路提出者可能是理论型科学家。他会尽量避免使用大量的观测结果。另一方面，深色线的推理思路提出者更倾向于依据观测结果。他非常熟悉许多类型的观测结果，可以轻松地列举出许多观测到的相关性。深色线所涉及的数学知识可能相对简单。此外，深色线更多地采用归纳推理，并从一个交汇点跳到另一个交汇点，以避免复杂的数学知识。两条推理线的起点不同，深色线比浅色线稍微更接近现实。由于它们的终点（每种理论的预测）都与观测结果相似，因此，我们需要更多的信息才能更好地将两者区分开来。有时，当我们使用数学方法进行推理时，可能会发现它难以驾驭，或者会遇到一些困难。因此，仅凭数学知识可能无法找出两种现象之间的必然联系。如图9.1的右图所示，第一条演绎推理线在离起点两步远之处遇到了数学难题。图9.1展示了科学中理解知识的发展过程。

根据奥卡姆剃刀原理,浅色推理线被认为是更好的推理思路,因为它更短,涉及的推理变化更少,即浅色推理线上实心交汇点的总数更少。如果每次推理改变都会产生一些不确定性或降低预测成功的概率,那么浅色推理线预测成功的可能性就会高于深色推理线。实际上,这两种推理思路的形成是有先后顺序的,深色推理线代表的推理思路是由观测者最先提出的,而浅色推理线代表的推理思路是由理论家在十多年后提出的。浅色推理线在逻辑上更直接,在数学上更简洁,因此,科学界会逐渐从基于深色推理线的理解知识或描述转向基于浅色推理线的理解知识或描述。最终,基于浅色推理线的描述会在几十年后出现在教材中。这一论点可能有点类似于科学哲学中的最佳解释推理。然而,我们的标准和每一步推理都比最佳解释推理的具体要求更为详尽具体。从深色推理线转向浅色推理线这一过程中所取得的科学进展,发生在实现科学研究目标的步骤③和步骤④中,本节开头"科学发展的方向"这一小节对这两个步骤进行了描述。

关于"科学的方法(scientific approaches)"的注释:在科学领域,有几种常用的科学的方法,一些科学家可能将其称为"科学方法(scientific methods)",但它们与科学哲学中讨论的科学方法不同。这些科学的方法包括系统实验法、分离变量法、按照次序对效应进行分析、排序和重要性排序、将不同的自变量相关联及寻找替代方案。正如本书7.1节所述,这些方法由伟大的科学家讨论过。然而,使用这些方法并不能保证得出正确的观点或创造出新知识。

科学中不存在所谓的"放之四海而皆准"的科学方法,这是大多数优秀科学家的共识,也是许多科学哲学家得出的最终结论。然而,令人遗憾的是,普通大众已经陷入了早期科学哲学理论所倡导的科学方法的误区。这种观点的缺陷本应该很容易通过辩证式论证得到证明:如果科学中存在这样一种方法,那么所有科学家都会得出相同(或至少相似)的观点和成果。如果事实果真如此,那么科学就不会充满乐趣和挑战了。所谓的科学方法可能是最有影响力的方法，但这种影响力却是负面的。这是科学哲学的奠基人留给现代社会的一笔遗产或债。由于科学问题的多样性、现有观测手段和已有知识的局限性，科学家需要采取一切必要的适当方法来推动人类知识的发展，而不是采取一种从科学哲学领域中衍生出来的所谓的科学方法。

开展科研项目的动机可能是一个观测结果，也可能是一系列看似相关或不相关的观测结果。在这种情况下，科研项目的目标是为观测结果找到解释，或为现象的发生找出原因。科学问题并不简单，因此，我们不能通过模式化或类比来证明，也无法通过从观测结果到理解知识的回溯推理来证明。相反，我们必须将对观测结果的解释概念化，然后按照从解释到观测结果的顺序来进行正向证明，就像小行星撞击地球导致恐龙灭绝的例子一样。科研项目也可以从将理解知识应用于不同的观测结果开始。

在大多数情况下，科学领域并不缺乏新想法。相反，科学界最耗时的工作之一就是筛除那些不太可能实现的"新想法"。在这个过程中，想法实现的潜在可能性在不断变化。科学巨匠们之所以能够加快这一进程，主要是因为他们颇具洞察力，能够认识到每一种可能性的潜力。这种洞察力可能在很大程度上依赖于经验，有时也可能纯粹依赖于直觉，而直觉也可能依赖于经验。大多数科学经验都与过去成功和不成功的尝试有关。在这些尝试中，尤其是在不成功的尝试中，科学家在最终放弃许多可能性之前，会对其进行研究。正如本书第三章所述，在这一过程中，重要的是人们能够通过思考发现知识之间的潜在联系。从失败的尝试中汲取的经验并没有被详尽地记录在出版物中。在构思出一个令人兴奋的新想法（如果有用就更好了）之后，科学家会花更多的时间来为它找到正确的方向，做出准确合理的陈述，并确保"自己没有找错方向"。

在图9.1中，在浅色线所描述的理论中，大部分演绎推理是由数学完成的。如果不存在通过深度思考的概念化所得出的基于数学知识的定律,那么就会出现三大潜在问题。第一,如果存在不以数学知识为基础的理论框架,比如经济学中的"看不见的手"理论,那么演绎推理就是定性的。这就有可能导致推理过程存在缺陷(比如"污染"和"渗漏")。第二,在"较新的"科学领域中,许多"定律"并非基于深度思考的概念化。如果没有这种概念化,这些观点本质上就是模式化或类比,比如心理学中关于人类学习与老鼠学习相同的理论。根据这些"定律"得出的结论很有可能是错误的。简单地将这些结论合理化,并不符合"科学"的预期。这样的结论也不应该被称为"科学理论"或"科学成果"。运用这些"定律"来解释某一特定现象,看似是从一般(动物)到特殊(人类),即演绎推理,但事实上,这种解释本质上更具归纳性(类比)——基于"所有乌鸦都是黑色的"这一假设得出"所有天鹅都是白色的"这一结论。对于演绎推理而言,推理的起点必须经过深度思考。否则,这就是"垃圾进,垃圾出"的过程。第三,许多预测模型都是基于历史数据的参数化。例如,早期的天气预报模型是基于搜索类似条件下的历史数据记录。同样,经济学或金融学领域的大多数预测模型都是基于历史数据。神经网络和人工智能模型也大多如此。这些预测模型都不是基于理解知识,而是基于事实知识。同样,如本书9.3节所述,尽管这些预测看似是从一般到特殊,但由于它们并非基于严格的演绎推理,因此仍然是归纳性的。由于预测和解释不是基于理解知识,因此它们不是基于科学的。

■ 思考题

1. 达尔文进化论背后的推理是什么?请问它是科学的吗?
2. 牛顿理论背后的推理是什么?请问它是科学的吗?
3. 请问本书概述的科学理论是科学、知识还是臆测?

第十章 科学哲学的其他理论

既然我们在学科学哲学,那么至少还需要了解目前在哲学界常被讨论的一些理论,尽管我在前几章已经说明,这些理论是在整个学科主题的误导下发展起来的。然而,如果不了解它们,科学哲学教育就不完整。这些错误的想法帮助我确定了本书讨论的问题。检验这些有缺陷的理论可能会给读者带来一些启发。因此,在介绍这些理论时,我会在适当的时候加入自己的评论。读者也可以对这些评论提出质疑。

10.1 自然主义

哲学上的自然主义认为世界是在自然法则和自然力量的支配下运作的。在科学哲学中,自然主义不涉及哲学本体论的问题,它认为理解自然的最佳思想可能来自于对自然界本身的理解。对自然界的解释应该符合我们的观测,并且可以被检验和验证。它不需要遵循任何哲学或认识论理论。换句话说,根据自然主义,科学哲学可以使用科学的结果,而不仅仅是科学哲学的逻辑,来帮助回答哲学和科学哲学本身的问题。值得一提的是,这种论证思路来自一位哲学家,而不是科学家。然而,这个想法立即遭到了基础主义①者的攻击,基础主义者认为科学哲学应该从"一个外在和更为

---

① 一种认识论的观点,认为有些观点可以在感性知觉或理性直觉的基础上被人们直接掌握,而无须经由其他观点推论而来。——译者注

安全的立场"进行论证,以防止在研究中产生自循环逻辑。根据基础主义者的观点,科学哲学理论应该凌驾于所有科学之上;这也是传统科学哲学的做法。但结果是,它变得与科学没有关系了,因为许多来自科学的哲学问题甚至不再被讨论了,正如我在本书第八章和第九章中所讨论的那样。

奎因(W. V. O. Quine)①于1969年出版的《认识论的自然化》是一部有影响力的著作。在这本书中,奎因对传统科学哲学的有用性提出了挑战,因为它无法回应针对归纳法的批评,也未能发展出一种普遍适用的科学方法。奎因对科学哲学的批判主要聚焦于它未能推导出一种纯粹的演绎逻辑,以取代科学中广泛使用的归纳法。他认为,由于科学知识与其逻辑结构之间没有直接明确的关系,实证主义者主张的所有语言学和逻辑分析的观点都没有用,也没有意义。奎因的理论声称,任何为科学提供一般哲学基础的尝试都注定要失败,因为科学在任何情况下都不需要哲学基础,这与传统科学哲学引以为傲的主张不同。奎因的成果通常被认为是对本书第四章中所讨论的传统科学哲学的最后一击。在这方面,自然主义得出的结论与本书第七章至第九章中所得出的结论相似。我同意他的"诊断",但不同意他开的"药方"。

自然主义提倡"用科学来解释科学是什么",这一观点被批判为理论的自循环;作为反击,自然主义提出科学是由心理决定的。而且,在这种情况下,认识论并不是由真理而是由我们对真理的心理判断来决定的,这个判断基于可以被观测和检验的自然存在。心理学最终应该能对信仰是如何形成的及是如何变化的给出一个纯科学的描述。然而,这个论点引发了更多的反对意见,因为它似乎与本书10.7节将要讨论的还原主义背道而驰。许多科学哲学家认为,科学始于对自然界的物理性理解,然后转向化学、生物学,最

---

① 奎因(1908—2000,英文全名 Willard Van Orman Quine),美国哲学家、逻辑学家,是逻辑实用主义的代表。——译者注

后到心理学。根据本书提出的理论,无论是从物理学到心理学还是从心理学到物理学,都存在混淆的情况,因为心理学主要关注的是行为问题,而不是知识问题。而且我们仍然不知道如何对行为问题进行科学建模。

在自然主义中,有两个主要分支:规范自然主义与工具理性主义。前者认为科学哲学应该涉及价值判断,判断某些事物"应该是怎样的",而不仅仅是判断它们是"什么"。然而,正如我们之前所讨论的那样,如何决定某事物"应该是怎样的"是非常值得商榷的,因为针对此问题还没有达成共识。作为一位科学家,在讨论科学发展时,我完全反对任何哲学关于规范性的思想和概念,因为科学是在探索真理。真理是客观的,与哲学家是否认为它"应该是怎样的"无关。另一方面,后者认为科学哲学无须价值判断,如何实现目标才是唯一重要的事情。目标是什么或目标的好与坏并不是科学哲学关注的问题。尽管有些人会指责这一观点的目的性太强。

工具主义有时被称为"反现实主义",我将在下一节中进行讨论。对于工具理性主义者而言,问题在于观测是否可信。他们认为,当科学变得复杂时,对许多科学现象的理解并不直观。因此,科学理论可能只是有用的工具、启发式装置和我们组织经验的工具,而不应简单地去探讨真假。工具理性主义者只是在一个理论有用时就引用它,如果不起作用则放弃它。在这种情况下,观测结果往往不是对自然界的直接反映,而是基于某些理论的构想(称为"理论负荷")。因此,单个观测结果可以有不同的解释。尽管在某些方面,这个结论与我们在本书第七章至第九章中讨论的相同,但奎因的结论却并非如此。根据奎因的理论,我们不能孤立地检验单个假设或句子。任何检验都是对一系列假设的检验,这被称为"整体主义",这在本书4.5节中已经讨论过。自然主义的结论是,关于观测在科学中的作用,传统经验主义的观点是有缺陷的,简单的证伪主义对科学判断不起作用。尽管该结论又与我们的结论相同,但整体主义者的论据显然是有缺陷的。诚然,对于哲学家而言,对任何科学思想的检验都涉及一系列超出哲学家专业知识范围的假设。然而,验证这些假设的适用性和准确性及由此产生的不确定性并不是哲学家的任务。如本书8.3节所述,技术性的审查过程由专家执行,他们渴望发现检验中的缺陷。因此,一个科学哲学理论不能建立在"哲学家所不了解的技术细节存在潜在缺陷"的一般性猜测基础之上。

库恩最初引入"理论负荷"的术语似乎是基于他观测到的一个事实:新观测可以被不同的理论阐释,每种阐释听起来都很有道理,但却包含着哲学家无法理解的理论或技术术语。从后来的科学哲学家和科学社会学家给出的例子来看,"理论负荷"似乎意味着科学不能具体地证实事物,因为其中所涉及的技术和理论细节很复杂(如基于整体主义)。自然主义确实正确地识别出单个观测结果的多重阐释问题。然而,它却试图在传统理论框架内通过质疑观测和经验主义的可信度来解决这个问题。

本书在9.3节中讨论了这个多重阐释问题,并阐述了如何在科学中做出判断。在科学中,每个潜在的理论阐释都由顶尖专家进行评估,他们原则上是中立的,并能够理解其中涉及的技术细节。原则上,如果某人对测量工具没有把握,那么观测的数据就不能发表;如果数据有很大的不确定性,那么就应在发表的文献中讨论这些不确定性。科学无法得出一个可靠的理论阐释,是由于不确定性和某一时刻信息的不完整性或不充分性,而不是因为科学家不知道问题出在哪里。因此,科学哲学家所使用的"理论负荷"一词是对"事实"和"证据"之间产生差异原因的错误理解和歪曲阐释。成功的新科学理论、新技术和新发明证明了科学体系的可靠性和可信度。另一方面,理论负荷理论低估了科学家寻求真理的冲动、勇气和能力。在科学的定量控制下,纯粹的"理论负荷"发生的概率非常小。在这里,我想再次强调,科学家的目标要么是发明新东西,要么是发现东西的缺陷。辨认别人的错误比创造新知识容易得多。在专家们之间,某人因"理论负荷"而产生的歪曲阐释对其他人来说反而是一个机会。自然主义对科学观测的怀疑是错误的,因为真正的问题是,"证据"是对观测结果的一种阐释。

自然主义要回答的关键问题之一是以下这个认识论的问题:常识和我们与世界真实接触的科学描述之间的关系是什么?这是我们在本书第八章所讨论的知识和科学之间的关系。科学是发展中的知识,比知识更容易出错;然而,当科学结果瓜熟蒂落时,知识可能会变得陈旧并且需要更新。

自然主义者正在积极研究的另一个问题是两个科学分支之间的边界问题。他们设想自己巡视相邻科学分支之间的关系,并偶尔乘直升机俯瞰全局,看看这些部分是如何结合在一起的。这种自我分配的任务可能是哲学家无法成功执行的任务。在本书中,我已经举了一些例子,展示了科学哲学家在科学问题上的混淆,比如称哥白尼的理论为科学革命,或声称牛顿的理论已经垮台。在科学中,学科之间的边界产生了跨学科研究,这是当下最活跃的研究项目的汇集地,就像本书6.5节中所讨论的问题一样。这些边界与学科交叉融合过程交织在一起。除非科学哲学家在应对科学问题上是技术性的卓越专家,否则他们中的大多数人可能无法理解这个问题。在科学哲学家对科学哲学理论达成更普遍的认同之前,哲学家们很难就"科学如何进行"及"科学是什么"向科学家提出建议。这类似于这样一种情况:高速公路巡警之间没有广泛共同认可的交通法规。当公路上有意外发生时,巡警们会在直升机上互相争辩。不过,他们争辩的目的并不坏。边界问题主要由(热爱哲学的)科学领袖监管。

自然主义对科学哲学产生了怀疑,这是因为科学方法可以用于科学哲学;随之而来,哲学就可以成为一个科学分支。但在科学中没有科学方法供哲学家使用,正如本书所讨论的那样。在哲学层面上,科学在解决知识问题上是成功的,但在行为问题上却不一定。在行为问题方面可能还存在特殊性,不能使用与科学相同的概念来进行研究。

10.2 科学现实主义

科学现实主义主要关注的不是如何从科学中推导出真实的东西,或者某些东西是否真实。相反,它主要关注科学与现实之间的关系,即科学是否反映现实。注意,这涉及科学,而不是知识本身。在我看来,科学现实主义更像是一种哲学观念或一种普遍的认识论陈述。例如,根据常识现实主义,我们都生活在一个共同的现实中,它的存在独立于我们对它的思考方式,毕竟我们的思考方式可能是不同的。科学现实主义直接反对工具理性主义,它认为科学所描述的世界是真实的世界,而不仅仅是工具性的。这场争论涉及一些现代科学理论,比如亚原子粒子,即使使用现代技术也无法直接观测它们。科学现实主义将自己的论点建立在科学的成功上,这意味着科学理论与真理或现实有关。例如,关于电子和原子存在与否的争论似乎已经证明了科学现实主义的正确性。对于未经检验的理论,科学现实主义者在它们被证伪之前准备先认定它们为现实。举个例子,在大多数科学模型中,电子是一个球。有人可能会质疑它到底是不是一个球,而现实主义者则认为它就是一个球。我们来回顾一下,工具主义认为科学理论只是有用的工具、启发式装置和我们组织经验的工具,而不一定是现实。但在我看来,科学现实主义和工具主义之间的辩论忽略了这个关键点:科学是创造新知识的过程;知识是主观的,是现实的映像。就像图像反映现实的程度关键取决于相机和信号处理的质量。在这个意义上,科学现实主义更容易遇到问题。拉里·劳丹(Gutting, 1980)汇编了30多个例子,如燃素或以太的存在,它们相对于科学现实都是错误的。

理论上,科学现实主义给科学开了一张空白支票,供科学家做任何事情,这对科学事业来说是好事。然而,它并不能帮助科学家努力探索已有理论存在的问题或推动人类知识的发展,特别是当一些吸引人的理论是错误的或者不能正确描述现实之时。例如，热质说认为热是一种物质。热质驻留在物体中，可以像流体一样从温度较高的物体流向温度较低的物体。据此，法国物理学家尼古拉·莱昂纳德·萨迪·卡诺特（Nicolas Leonard Sadi Carnot）提出了卡诺循环原理①，这一原理结合热质说被用作汽车发动机的设计基础。可见，热质应该是一种可以捕捉到的物质。举个例子，热质说认为在金属等物质内部应该有大量的热质。在金属上钻孔时，热质就会被释放出来。这证明了热作为一种物质而存在，并解释了为什么钻头和钻屑会非常热。但是当钻头变钝时就会出现一个问题：金属和钻头可能变得极热，但却不会产生更多的钻屑。最终，是英国物理学家詹姆斯·普雷斯科特·焦耳（James Prescott Joule）的实验②表明了热是一种能量，而不是一种物质。

科学现实主义的更多问题来自科学研究，因为科学通常不会描述人们可以感知的现实，而更多地描述推测性的想法。黑洞或夸克是现实吗？我们对它们没有清晰的感知或常识性的了解。

科学现实主义内部存在着争论。其中一方被称为"乐观的科学现实主义"，认为我们可以对科学能够持续成功地揭示世界的基本结构并理解其运作方式而充满信心。而另一方，悲观的科学现实主义对此则更加谨慎或略带怀疑。根据我们对基础物理学的信

---

① 卡诺循环（Carnot cycle）是只有两个热源（一个高温热源温度T_1和一个低温热源温度T_2）的简单循环。由于工作物质只能与两个热源交换热量，所以可逆的卡诺循环由两个等温过程和两个绝热过程组成。——译者注

② 人们还在坚持热质说的时候，焦耳就开始注意到通电导体发热的现象了。于是，焦耳发现，通电导体发热所产生的热量和电流大小的平方成正比。如果导体材质、大小、形状都确定了，二者的比值就是一个常数，也就是后来我们称为电阻的数值。于是，焦耳提出，"热"是一种能量。
——译者注

心，假设世界的低层次结构特征已经被我们的模型和方程可靠地推导出来了，并且大部分为演绎推导。但在其他领域，如生物学、心理学或医学，我们还没有建立强大的数学形式体系。由于科学中的基本观点经常发生变化（特别是在物理学中），所以我们要预想到我们现在的一些观点是错误的！这是一个多么悲观的结论啊！尽管如此，悲观的科学现实主义还是认为，人们对已经确立的理论也许太乐观了。

科学现实主义混淆了科学与知识。科学是知识发展的阶段，只能在给定时间内凭借不完整的信息部分地反映真理和现实。对科学家而言，科学现实主义在远离现实的研究中可能是有用的，比如夸克和玻色子的研究，因为它给予了人们信心去做这些研究。在我看来，来自这些科学研究的最终知识可能是我们对当前理论的大幅修正版本，这正如悲观的科学现实主义所预期的那样。理论的中间版本可能是错误的、部分错误的或不完整的，如热质说或以太的概念，其中任何一种都是无法被直接观测到的，而据我们当前的了解，事实上它们也并不存在。因此，科学家面临的一个困难是，他们不知道他们正在努力探究世界而形成的理论版本是否是最终版本。尽管我们相信科学必须并最终会反映现实，但这并不保证某个特定的科学观点会反映现实。实际上，正如我们之前讨论的那样，一个理论出错的概率比它正确的概率要大得多。

只有波普尔和一些自然主义者赞同科学现实主义，库恩和许多社会学家并不赞同。科学家必须不断在多个科学观点之间做出决断。我们不能假设所有这些想法都反映现实，因为盲目相信科学反映现实并不能帮助科学家进行科学研究。在科学中，观测在某些情况下承载着真理，但对于它的多重潜在阐释，大部分一定是错误的，或者是需要做出重大修改的。

10.3 科学社会学

由于科学是一种社会事业或社会过程,而社会学是对人类社会结构的总体研究,因此社会学家也从社会学角度提出了一些关于科学的观点。我们应该注意到,社会学可能不是基于逻辑,而更多的是基于对观察的阐释。那么此处的直接问题就是,社会学中对观察的阐释是否正确或合理?一些社会学家认为,社会学在现实生活中可能主导着哲学。其他研究科学社会学的人也可能把自己当作哲学家。因此,本章将讨论他们的观点。

总体思想: 科学社会学认为性别、金钱、声望、政治和智力都不应该成为科学中的一个因素,我也支持这种观点。然而,让我很不解的是,科学社会学声称科学不是为全人类服务,而是主要为某些人服务,如富人或穷人,因为一个新的科学成果对某些群体更有利。但我相信科学不属于某个阶级或某个国家,它是为整个人类社会服务的。与之相反,科学哲学的关注点在于如何正确地进行科学活动。至于政府应该支持哪些科学研究及科学成果应该如何使用,这些问题与科学家的主要关注点无关,并且分散了他们的注意力。然而,出于教育的目的,我将用一些篇幅来描述他们的一些观点,扩大相关研究的视野。这些观点表明,有些人对科学的看法与之前在本书中所讨论的完全不同。

科学社会学认为,科学哲学被误导了,因为它提出了它自身都无法回答的庞大(而错误的)问题,虽然是出于不同的原因,但我在本书中也得出了相同的结论。于是,科学社会学提出了一系列与之不同的问题。早期的科学社会学研究了科学的结构及其发展历史,以找到科学规范和支配科学团体的基本价值观。它确定了一些原则,将科学和科学家与其他社会过程和人群区分开来。第一个原则是普遍主义,认为个人属性和社会背景与一个人想法的科学价值无关。第二个原则是共有主义,认为科学思想及其成果是全人类的共同财富。第三个原则是无私主义,即科学家不是为了个人利益而工作。第四个原则是有条理的怀疑论,这涉及同一群体内挑战与检验想法的各种模式,而不是简单地相信这些想法。尽管我认为这些原则没有系统的科学观察作为支撑,但是在理想的情况下,我支持它们。它们是更理想化或浪漫化的观念。因此在讨论具体问题时,这些原则可能很快就会相互矛盾,或与现实相矛盾。

科学社会学的旧理论讨论了科学的奖励体系(Merton,1973)。根据这个理论,科学家不是被好奇心所驱动,而是被想要得到的认可和回报所驱动,这与"无私主义"的主张相反。历史上的一些关于发现先后顺序和抄袭的丑陋争论可以为之佐证。这是一个非常好的例子,说明在归纳推理的基础上对一个事实的阐释存在不确定性,所以归纳推理不能用于证明因果关系。基于结果推测动机是回溯推理,不能证明一个观点的有效性。对于一个被好奇心驱动的人来说,在成果发表后争取应得的荣誉也是完全合理的。因此,维护发明者的权益压根就没有提到发明的动机。科学社会学理论主张在科学中建立一套认可和惩罚制度,此举合乎情理但并非是基于推理得出的。该理论提倡对于第一个发表新观点或申请专利的人给予认可,并提出让最优秀的科学家担任国家委员会或审查委员会的成员,而那些实施欺诈、剽窃、诽谤或诬告的人则应受到惩罚。尽管这与上面四个原则不一致,而且颠倒了动机与因果的关系,但听起来还不错,即科学家在好奇心的驱使下,期望在首次提出一个伟大的观点后得到应有的认可和奖励。

然而,在一些领域中实施的奖励制度已经演变成所谓的"不发表就灭亡"心态,也就是说,一个人必须持续不断地发表新观点,否则他就会失去工作。"不发表就灭亡"的政策给年轻科学家施加了巨大的压力。问题就在于这个不成文的政策中没有质量控制。结果,在这个过程中产生了大量的学术垃圾。还有一些人通过推特(Twitter)等社交媒体来反对期刊的质量控制。这种行为是一种新现象,它借助社交媒体向科学引入了外部干扰力量。目前,还没有机制来解决这个问题。因为期刊出版商除推动科学发展外还有其他动机,当出现这种情况时,出版商还往往会将负面推文视为公共关系危机管理问题来处理。他们愿意牺牲一切,包括期刊的科学诚信,来平息事态。

认识到旧理论存在的问题,科学社会学的新理论使用社会学方法来解释为什么科学家相信他们所相信的,为什么他们会有这样的行为,以及科学思维和实践如何随着时间的推移而变化。如果研究得法,所有这些问题听起来都很有趣。新的理论采用对称原则,根据这个原则,观念的解释资源对辩论双方应该是等同的,这很公平。请注意,这个原则是基于观念,而不是基于事实或观察。

根据新理论,科学家并不是一群纯粹无私的思想家,他们的行为更具有"部落性"。每个科学社区都有一种本地规范(如在一门学科或分支学科中)来调节观念和分歧。科学想法可以反映出一个社会和政治团体的利益并使其受益。每个科学家只知道与自己相关的本地规范,而不知道外部规范,但这些本地规范只能通过外部和非科学规范得到论证。如果"社会和政治"这些术语不包括在内的话,这种想法还是包含了一些有趣且存在部分合理性的东西。根据我的观察,至少在学科层面上,科学家并不是按照社会和政治信仰进行分组,而是根据理论框架进行分组的。该理论低估了个体科学家提出新观点的动力和勇气,因为新的理论框架可能会从旧的理论框架中产生。如果部落理论成立,一个部落组织或它的规则必须能够处理自身的分歧问题。科学界对个体科学家行为的影响非常有限,因为个体科学家并不受雇于科学界。

科学事实的制造:科学社会学家认为科学事实是在实验室中"产生"的,也就是说,并非来自自然界,正如拉图尔和伍尔加(Latour & Woolgar)在《实验室生活:科学事实的制造》(下文简称《实验室生活》)中所描述的那样。或许将该书称为小说更合适,它的创作来自对一所分子生物学实验室的访问;该实验室的研究成果获得了诺贝尔奖。这本书把对实验室的观察描写得更像是一个"故事"。这本书最初的想法，或者称为"故事情节"，可能听起来很有趣：研究科学过程就像人类学家研究一个完全陌生的部落一样。在科学中，当我们遇到一个完全陌生或者没有任何线索的问题时，我们经常会处于这种类似的情况之中。然而，正如我们在本书7.2节中讨论的那样，人们可能会质疑科学和部落之间的类比是否合理。请注意，科学是一个过程，而部落是一个组织。在一个部落中，与部落成员相比，酋长拥有相当大的权力。但在科学中，每个科学家都是独立思考者，不屈服于任何权威，正如我们在本书第七章至第九章中讨论的那样。然而，从这个故事中，人们可以想象并了解社会学家如何看待科学研究活动，特别是他们如何得出自己的结论。

有趣的是，他们对实验室的第一印象是"黑板前的激烈辩论是某个赌博比赛的一部分"。对于一个无知的观察者来说，科学讨论确实可能看起来像是赌博，因为当每一方捍卫自己的想法并挑战与之对立的想法时，辩论往往会非常激烈。然而，在辩论中，每一方都必须遵循本书第九章中概述的科学推理；因此，这不仅仅是一场赌博。但由于知识是有限的，信息也是不完整的，每一方的想法可能都存在一些不确定性，这可能会给人留下科学家在赌博的印象。然而，正如我在书中所描述的那样，这种辩论在科学中是富有成效的，因为他们阐明了彼此观点的核心差异。科学家们可以各自回过头寻找证据（带有理论阐释的事实），以解决问题。因此，社会学家所做的观察和描述是相当准确的。然而，他们的阐释却有严重问题，我们将在本节后面讨论这一点。让我们先听完这个故事。

随着社会学家的深入观察，他们发现，众多讨论都集中在出版文献中；大部分科学活动都可以概括为给科学期刊撰写论文。因此，论文就是一种科学产品，科学社会学家看不懂其内容也没关系。尽管这听起来有点天真，但这个总结可能是对一些科学学科既生动又忠实的描述。难道社会学家就不撰写论文和书籍吗？正如我在本书第三章中所讨论的那样,科学和知识的物质形式最终应该是可以传递给后代的出版物。当然,这并不是区分科学与其他研究领域的特殊之处。

在社会学家的观察中,有一件事让他们印象深刻。科学家们似乎认为"对荣誉的渴望"是次要的,例如,科学家可以为解决科学问题贡献他们的想法,但并不期望成为最终产品(论文)的共同作者。这种情况在科学界很真实。如果这让观察者们感到很惊讶,那么唯一能得出的结论就是,在小说家(社会学家)所属的学科或学界中,人们必须谨慎地保护他们的想法,而不能像在科学界中那样自由地讨论想法。至少在我从事研究的科学界中,大多数科学家都遵守一套共同的科学伦理和行为准则:如果某人的贡献对最终结果有实质性影响,就可以提供共同作者身份。但共同作者身份很少成为科学辩论的先决条件,就算是激烈而又漫长的辩论也是如此。如果发生学术不端事件,例如辩论者从提出者那里借鉴想法却没有提及最初提出者的贡献就发表论文,人们会避免与这个有不端行为的人合作。因此,我把这一观察当作是对科学家的一种赞美。

除此之外,随着社会学家观察到更多现象,他们发现科学家更看重科学家的"可信度"。科学家在评估某些论断的时候,往往也会评估此论断的提出者。令《实验室生活》这本小说的两位作者感到惊讶的是,对于一位工作中的科学家来说,最关键的问题**不是**"我是否作为'还债'引用了某人的文章,因为他写了一篇好论文?"而是"他是否足够可靠,值得信任吗?他的主张可信吗?他会给我提供确凿的事实吗?"我必须要说,两位作者的描述是正确的,他们的观点比所有传统的科学哲学理论都更为合理。也确实如此,科学家更关心作品或作者的可信度。但是我被这个观察结果所隐含的信息震惊了。作者所属领域的规范似乎首先会考虑是否"引用"了一篇好的文献,而不是这篇文献是否正确。然而,他们的观察和理论只是正确地捕捉到了科学家的一部分想法。在科学讨论中,虽然我们提到了名字，但实际上我们指的是这个人发表的具体文献、提出的特殊模式或想法。当问题变得不确定时，作者先前的文献（可信度）可能会成为判断的部分依据。一名优秀的科学家是通过仔细且富有洞察力的工作来赢得声望或"信誉"的。一场辩论通常只围绕着少数几个想法或几篇论文展开，其中较好的论文或想法会得到更认真、更仔细的考量。如果某个科学问题仍然悬而未决，这也是需要进行辩论的原因——因为没有一个想法能够提供令人满意的答案。科学家是在知识有限和信息不完整的条件下进行工作的，而且针对这个问题已经提出了数不清的想法，并开展了相关的研究。在这种情况下，想法提出者的可信度当然很重要。科学家在修正或拒绝一个来自值得信赖的科学家的想法之前，必须要更加仔细地检验他的研究工作。

然而，科学家是通过他们所做的工作获得可信度，而不一定取决于他们获得博士学位的学校、他们的职业头衔或他们导师的名头，这与社会学家在他们小说中所说的不同。在我的职业生涯中，我遇到过一些来自著名高校的低水平科学家。他们的母校并没有为他们增加更多的可信度。这就是为什么我之前说一个优秀的科学家在他的整个职业生涯中不能犯重大错误。在这方面，费耶阿本德提出的"科学应该是一个自由市场"的理论是行不通的，除非同时引入品牌命名的概念，即高质量的产品。因为科学家根本没有时间去阅读垃圾论文。我猜哲学家们会问产品品牌的命名权应该属于谁。答案是，属于每个科学家个人。由于只有少数文献与一项研究直接相关，科学家们理应会对它们进行仔细的研究并做出判断。那些在"品牌名称"上反复做出错误判断的人在科学上不会有什么成果。当然，不同的科学家会得出不同的评价，这也是争论的原因之一。尽管小说作者提出了有趣且合理的观察结果，但对于科学，他们却描绘出了一幅令人十分惊讶的图景。

根据两位作者的说法，实验室是一个具备输入和输出功能的机器，它的目的是*制造*科学主张。如果作者没有偏见，也没有隐藏的动机,那么应该将这个目的表述为"提出新观念,创造新知识"。他们认为科学家在他们的机器周围建造了屏蔽结构,以致外部人员无法完全理解里面正在发生的事情。而在这些屏蔽结构的掩盖下,一些人造事实被转换为自然事实。根据两位作者的说法,将某些(不是事实,而是人造的)东西变成事实或现实,就是使它们看起来不像是人类的产品,而是自然界直接赋予的。(这里存在潜在的逻辑跳跃:我们知道所有的知识和科学观念都是主观的,并且严格来说,在某种意义上都是人造的。但是提出一个想法或创造一条知识并不意味着能使之成为现实。)根据社会学家(或小说家)的说法,实验是昂贵的公共关系(public relations,PR)活动。但是与之竞争的想法也可以进行一场公关活动,不是吗?社会学家对这个问题有个答案:他们解释道,在富有争议的科学辩论中有一方成功而另一方失败,获胜的一方不需要从自然界的角度来解释原因。获胜方所制造的事实不易受到挑战,也是因为他们的"公关"活动做得更好。这可能是他们的版本,即我们所讨论过的"经受得住所有证伪"的版本。根据社会学家的理论,科学完全受人类集体选择和社会利益的控制,最后一点显然是有缺陷的,因为许多科学发明是个人活动的结果,不涉及社会利益。根据两位作者的说法,推动科学前进的是争辩协商、分歧解决、等级制度和权力不平等;事实是人造的,与探寻真理无关。

这个理论(其推理和结论)是一个很好的例子,它阐释了科学哲学应该解决的两个核心问题的重要性(如何找到正确的方向?如何知晓我没有错?)。如何找到正确的方向?小说家们认为答案是观察。原则上,这是一种有效的方法,但也存在问题。在他们的书中,观察是指像人类学家观察一个部落那样的行为。这与费曼所描述的鸟类学家观察鸟类的方法相同。这存在什么问题吗?在这两种情况下,隐含的假设都是观察者的智力优越于研究对象。也就是说,人类学家和鸟类学家可以理解部落成员和鸟类,但反过来就不行了。这会带来什么影响吗?会的。如果小说家们写了爱因斯坦或牛顿的传记,他们会假设爱因斯坦和牛顿分别在与牛顿和亚里士多德赌博吗?即使作者无法理解或欣赏爱因斯坦和牛顿所做的事情,他们也不会对其正确性进行否定猜测。可见,撰写《实验室生活》的两位社会学家显然对科学和科学家持有偏见。

最后,两位作者得出了一个有关科学阴谋论的结论,即所有科学家都是骗子,对自然界的好奇心并不是他们的驱动力。两位作者认为科学家不是在探寻真理,而是在伪造一些东西,然后进行公关活动。我们都知道,当某人以一个错误的基本假设为基础,编造一个大的谎言时,这个谎言很难被攻破。无论如何,为了让这个理论成立,这些骗子团结一致,把科学界精心地组织起来,让所有骗子每次都对同一件事表示认可,即编造出相同的谎言,哪怕其中的一小部分骗子需要承认他们是辩论中的失败者。社会学家问过他们自己是否可能出错了这样的问题吗?显然没有。这个阴谋论听起来颇为合理,但是有一个问题。在此情形下,所有欺骗者似乎团结一致,为了整个骗子群体的宏大事业而准备牺牲自己的工作和声誉,沦为失败者。他们似乎更像是殉道者而不是骗子!难道这些骗子在他们的组织内部不会互相欺骗吗?欺骗游戏中的失败者难道不会选择公开揭露对方的肮脏伎俩吗?如果他们这样做,他们可能会成为公众的英雄而不是失败者。有人可能会注意到,这种论证方式就是我在辩证推理的例子中所描述的:假如假设为真(所有科学家都是骗子),然后找到否定的结论(辩论中的失败者必须是殉道者,而不是骗子)。

至此我得出结论,这本书属于娱乐书籍,而非学术图书。故事情节类似于小说《实验室生活》,由于上述自相矛盾的问题,可能难以兜售给青少年。此类作品可能会严重损害一个研究领域(如科学社会学)的声誉和严肃性。由于这个有影响力的作品存在如此多的严重缺陷,我从现在开始会对社会学研究中得出的任何结论持谨慎态度。我想起了在科学中关注一个人可信度的原因。如果社会学想要被称为科学学科,它还有很长的路要走。它必须学习科学家的思维方式,如果不是出于娱乐目的,它在评判科学方面没有优势。

10.4 概率论和贝叶斯主义

根据波普尔的证伪理论,当对一个事件的预测是"是非问题"时,单个反例就可以证伪一个想法。科学哲学的一个重大进步便是将概率引入到一个想法的可预测性中。当以概率为基础进行预测时,由于涉及数学,所以它变得更站得住脚,同时听起来也更加科学。概率论之所以在科学哲学中流行起来,是因为量子力学也是基于求解概率函数建立的。毫无疑问,量子力学的不确定性本质引发了许多关于科学本质的哲学问题[①]。但许多传统的科学哲学理论混淆并误解了概率的哲学意义。概率论在科学中存在三种不同的应用。

概率论在科学中的应用:概率论在科学中的第一种应用对于归纳推理是至关重要的。在科学中,大多数现象并不是由单一效应决定的。当一个现象涉及多重效应时,根据每个效应的相对大小,给定的单一效应可能无法对一个现象的重复观测给出定量解释,因为每种情况都可能因其他效应的影响而在一定程度上有所不同。这就引出了概率问题,即基于归纳法的预测可以在一定范围内呈现。有限数量观测结果的泛化面临两个问题:有限的观测结果在整体情况中有多大代表性? 在预测下一个观测结果时,观

---

① 一些"爱好科学的"哲学家夸大了量子力学中的不确定性原理,并认为由于物理世界无法精确确定,且不确定性超出了人类的控制范围,因此人类不应对任何不当行为承担道德责任。从哲学上讲,量子力学的不确定性原理可能是由尚未被认识到的附加效应引起的。正如爱因斯坦的名言"上帝不会与宇宙玩骰子"所表明的那样,量子水平上的另一个因素可能还没有被发现。

测结果与已有结果有多大不同,下一个观测结果能对整体情况产生多大的变化?这两个问题涉及大多数数据的分析。值得注意的是,我们在这里不对这两个问题的正确答案做任何假设。数据分析自会给出此答案的提示。

概率论能回答这两个问题。这是统计学或概率论在科学中最重要的用途之一。它极大地强化了科学中使用的定量归纳推理。此外,在科学中,概率很少像抛硬币出现正面朝上的"机会"那样产生,因为它可能是由不同阶段发生的强度不一的多种潜在效应引起的,用简洁的话来说,它是由测量时多重效应的相对强度引起的。观测数据中涉及多种影响因素的波动,预计会散布在主导效应所描述的关系总趋势附近。测量点的偏差或散布通常被认为是由"噪声"引起的,可以假设将"噪声"添加到理论预测中或从理论预测中删除,尽管某些效应可能不是"噪声"。从哲学上讲,这种类型的数据散布并不能用来证伪归纳推理,即休谟的理论①将与多重效应相关的结果一起归因于归纳推理或自然的非齐一性,这从根本上就是个缺陷。

概率论在科学中的第二种应用是统计泛化,以概率(某事发生的机会)的形式来预测事件的发生,类似于穆勒的求同法。它与第一种应用的区别在于,相关因素是定性的,因此无法进行穆勒的伴随分析(将一个因素的幅值作为事件发生的函数)。此类研究仅显示事件发生的概率(以百分比的形式),但不提供关于原因或理解

---

① 18世纪,苏格兰哲学家大卫·休谟认为归纳推理的正当性不可能从理性层面证明。他首先提出,无论何时提出归纳推理,似乎都要预设所谓的"自然的齐一性",即我们未检验过的物体将在某些相关方面与我们检验过的同类物体相似。但休谟提出,这个基础不可能被证明,因为用"自然的齐一性"这一迄今为止保持正确且有效的经验作为论据,来论证"自然的齐一性"的正确性本身就是一个归纳推理,最后会陷入自循环推理。——译者注

的信息,如对电梯中行为的观察。这是本书9.3节和9.6节所讨论的模式化及归纳推理的定量版本。这种应用对于事实知识,在其发现阶段可能非常重要。

第三种应用可以被认为是第二种应用的特例,但其目的是评估一个想法或命题的可信度。托马斯·贝叶斯(Thomas Bayes)指出,当不断进行更多实验时,可以根据数学中的"条件概率",即满足特定条件时的概率,来估计命题为真的可能性。例如,如果某种现象在必要条件下发生,那么可以把必要条件的概率考虑在内,以增加成功预测该现象的概率。一些科学哲学家借鉴这个想法并发展了一种科学哲学理论,即使用条件概率论来确定科学想法的可能性。根据该理论,能经得起更多证伪的想法就更有可能成功,而这一结论反驳了波普尔的观点,即成功的测试不能增加命题为真的概率。这个理论被称为"贝叶斯主义"。请注意,贝叶斯主义并不像前两种应用中讨论的那样,仅仅指概率在科学中的一般用法。有一次,我的一位同事错误地将上面第一种应用中讨论的数据散布称为贝叶斯主义,这其实是一种混淆。

贝叶斯主义的潜在问题:根据贝叶斯主义,在对一个命题进行重复测试的过程中,命题为真时的条件可以用来预测命题是否成立。在这种情况下,如果该条件满足,那么其条件概率会增加,因而在此条件下,预测的成功率也会随之增加。在实际问题中,条件概率无法从理论上确定,而是由用户"确定",最终由用户的信念度转化而来(Rosenberg,2005)。因此,条件概率实际上并不是一个客观的测量方法。显然,这个理论已经偏离了科学求真的初衷。正如本书第九章所述,对于科学家来说,接受或拒绝某个理论是基于推理和可获得的信息,而不是基于条件概率。毕竟,科学不是一场赌博游戏。

第三种应用(贝叶斯主义)在传统的科学哲学理论中更常被引用,但在科学中很少使用。第二种应用(定量模式化)通常用于数据收集阶段的"较新"的定性研究领域。只有第一种应用,即散布数据分析，在科学中得到了广泛的应用。这种情况给科学哲学家带来了极大的困惑，因为他们可能认为这三种应用是相同的。因为归纳推理在科学中至关重要，所以我将在本节的其余部分讨论科学中使用的统计和概率的概念，即第一种应用，以及它如何与归纳推理相关，尽管这一讨论似乎已经超出了科学哲学的范畴。然而，这正是许多传统的科学哲学理论开始出现错误论证的地方。

相关分析：数据分析的假设是多个因素或效应对观测结果产生影响。在分析中，因素X被用作支配现象Y的主导效应。如果没有其他因素的影响，则应该存在一个$Y(X)$的关系，可以在图上以曲线的形式呈现，并且数据中不应有散点，所有观测到的参数$Y_i(X_i)=Y(X_i)$都应该落在曲线$Y(X)$上，其中下标i表示第i个测量值。但是，由于其他影响因素，观测到的点$Y_i(X_i)$可能与预测值$Y(X_i)$略有不同。实际观测到的Y_i值可能大于或小于$Y(X_i)$，即在曲线的上方或下方。如果其他影响因素与X无关，则观测值Y_i大于或小于$Y(X_i)$的概率相同。因此，一个观测点位于基本趋势$Y(X)$两侧的可能性是相同的[①]。正如我们在本书9.3节中讨论的那样，由于我们通常不知道X和Y之间的确切因果关系，因此可以交换两个参数，从而得到不同的关系$X(Y)$。

总离散量可以用X和Y之间的相关系数（correlation coefficient, cc.）来描述，其中，cc.=1.0表示没有散点，cc.=0表示散点均匀地分

---

① 如果数据分布是随机的，那么接近基本趋势的数据点应该较多，而较远的数据点应该较少。正散射和负散射预计会相互抵消，以便可以保留基本效应或低阶效应的总体趋势。完全随机的波动可以用概率论中的"正态分布函数"或钟形曲线来描述，它可以用三个参数来表征：数据点的总数、偏离基本趋势的总体散射及平均值。更多的数据点会增加统计结果的可靠性或可信度，而更大的总体分散表明其他影响也很重要，可以利用概率论来确定数据点落在趋势一定距离内的概率，并根据此概率进行预测。

布在图上各处,且没有明显可见的潜在规律。相关系数是Y和X与其他效应相比的相关性概率。现在,大多数计算器、计算机和数据分析软件都包含统计与概率分析功能。它以数字形式提供X和Y之间的相关系数及基本趋势的参数。一般来说,当cc.>0.5时,X和Y被认为是相关的。在这种分析中,假设所有其他因素都必须是随机的,即与X不相关,这样当样本量足够大时,这些其他因素的影响会互相抵消。另一方面,如果cc.<0.5,则其他因素或效应的组合比因素X更重要,就需要测试不同的因素,如X'。

在一些科学哲学教科书(如,Godfrey-Smith,2003;Kasser,2006)中,作者指出,推导潜在的总体趋势存在一定的任意性。这是非科学家普遍存在的误解。实际上,在科学中,学生在训练过程中必须学习一些标准的程序和方法。以下是一些基本做法。最常用的相关分析是线性拟合方法,它会给出两个拟合参数:斜率a和截距b。这个方法可以使用不同的比例尺和各种拟合函数。如果在二维线性比例尺上进行线性拟合,则X和Y之间的关系可以写成$Y=aX+b$,两个参数a和b由拟合程序提供。如果X和Y在对数比例尺上,则关系为$Y=bX^a$。这就给出了两个量之间的幂律关系,斜率为幂指数a。如果X在线性比例尺上,而Y在对数比例尺上,则线性拟合为$Y=b\exp(aX)$,即Y以a的速率呈指数增长(当a为负时则下降)。

在数学上,基本趋势也可以用多项式函数或正弦和余弦函数来描述。如果结果不确定,则需要重新考虑变量或对数据集进行再次分组。具有大量数据点和较高相关系数的结果被认为是可靠的(robust);事实知识可以从这样的分析中归纳推理出来。在这里,我需要提到,更复杂的拟合函数会在结果中引入更多待确定的(拟合)参数。这相当于按比例在参数之间稀释数据点的数量,从而降低结果的可靠性或可信度。因此,除非基本趋势在视觉上明显表现为特定函数,否则最好使用最简单的拟合函数,即具有两个参数的线性拟合。当我们有多种可能的拟合时,如何确定哪种拟合更好呢?这个可以用相关系数来判断,即相关系数最大的则拟合是最好的。

在数据覆盖范围内得到的适当结果本质上是插值，而在数据范围之外使用结果则是外推。当预测超出观测范围时，任何外推推断都存在潜在风险。原则上，对未来的预测（在时间上）是一种外推。在这种情况下，归纳推理的预测是无效的，尽管它可以基于本书第九章中讨论的理解知识做出来。

相关分析也可以用于多个变量或因素的分析，被称为"多元方差相关分析"。它要求变量必须是独立的。如果变量不独立，科学家必须找到正确的集合。随着"大数据""数据挖掘"软件和"人工智能"的出现，用多元方差分析来进行预测变得越来越流行。然而，我还不相信它们在科学中的用处，因为如果做得正确，基于这些方法可能会得出事实知识，但不会得出理解知识。科学不仅是关于预测，还包括理解。在我所研究的课题中，有几个源自数据挖掘、神经网络和人工智能方法的经验模型。尽管它们是由来自著名大学的著名数学家团队开发的，但它们一点也不令人信服。例如，当被问及结果中的具体特征时，他们的答案大致是"相信我，这就是模型显示的内容，而这个模型是由著名的某某开发的"。再强调一次，此处的问题是：在科学中人们必须要提供对问题的理解，而不要只是说"相信我"。在特定科学主题以外领域的声誉和威望，并不能为预测的可信度提供任何支持。

多个变量的相关分析可以按阶数进行。首先推导出最显著的趋势或一阶（主导）效应。然后，可以从数据中减去一阶趋势，得到如约翰·斯图亚特·穆勒所描述的一阶分析的残差，并再次用残差进行相关性分析，得出影响过程趋势的二阶因素。

科学研究中收集和使用的数据技术细节对数据分析至关重要。如果数据挖掘或人工智能研究中使用的数据来源多样，且质量不一，那么其结果可能会非常值得怀疑。对数据本身的了解是科学归纳推理的基础；这里没有捷径。我希望上面的讨论有助于解释一些与贝叶斯主义相关的科学哲学理论的相关缺陷。

投票预测：投票预测被广泛应用于许多学科，如政治学、社会学和心理学。有时，它会被误认为是基于贝叶斯理论。值得注意的是，这里通常只涉及发生的概率，而不涉及条件概率；将其归为定量模式化可能更为准确，因为它通常不是通过深度思考的概念化形成的，即推导出定律并且不提供理解知识。这些研究的主要关注点是投票的样本量大小和分布，以避免抽样偏差。

然而，作为一项有效的研究，投票预测研究的基本假设是样本对象真实地表达了他们的观点和感受。如果存在不真实的样本，概率论则要求观点不同的双方具有同等数量的不真实样本，这样双方的不真实样本在统计上会相互抵消。如果这个问题对样本对象的个人利益并不重要，那么这个假设可能不会有什么问题。尽管如此，研究人员必须牢记这一方法的潜在缺陷，因为通常没有独立的方法来验证样本是否真实。有时，如果投票的主题具有伦理意义但盖有极浓的政治色彩，那么更多的样本可能是不真实的，而且不是随机的。例如，在一项调查中，有人问我更信任出租车司机还是警察。大多数人对出租车司机或警察都既有好的印象也有坏的印象。由于这个问题暗示了一个人对法律和秩序的政治倾向，我不确定那些没有说出真实意见的人数在这两个选择上是否相等。我还观察到了一些投票预测，在这些投票预测中，投票人被问及他们打算如何对某个提案进行投票。绝大多数人表示，他们会投票给看起来更符合政治上正确的一方，但这一方可能违背他们的个人利益或福利。然而，投票结果却显示，压倒性的支持却是给了另一方，即大多数人会根据自己的个人利益投票，而不会向投票调查员透露他们真实的投票意图。这告诉我，如果提案违背了投票人的个人利益，仅靠将一个问题描述为具备更高的道德风尚并不一定会显著改变人们的投票意图。如果政治学想要成为一门科学，它必须从根本上重新考虑其理论和方法。贴上贝叶斯理论的标签并不能使其成为科学。

一般来说，概率论的应用需要谨慎。当前的投票预测方法存在严重缺陷。另一方面,贝叶斯主义,即本节开头解释的概率论的第三种应用,基本上与科学无关。

10.5 关于双盲法与中医的评述*

因果关系在科学哲学中始终占有特殊地位。在本书第九章讨论的科学理论中,因果关系必须由理解知识来提供。原则上,两个观察现象的相关性并不意味着归纳推理中的因果关系。然而,人们经常要求科学提供因果关系。在本书7.5节中,我们讨论了因果关系,并发现潜在的原因和结果之间存在一些模糊不清的地方,如不对称性(旗杆)、无关性(男性服用避孕药与不能怀孕)和共同原因(打雷和闪电)。然而,在某些情况下,也存在明显的因果关系。例如,某种药物对治疗特定疾病或症状具有明显的效果,即使我们可能对药物如何治愈疾病没有明确的理解知识;在医学科学和制药科学中,科学家往往不知道药物中的哪些化学成分可以治疗疾病。

随机实验的概念首先被引入到临床试验中,随后被应用于心理学,然后是教育学。它基于"如果样本量很大且取样完全随机,各种因素就会被抵消"的想法,正如我们在本书10.4节概率论中讨论的那样。尽管这个想法有时被滥用,产生了一些使学术界感到困惑的误导性结果,但随机对照试验(randomized controlled trials,RCTs)已经成功应用于医学科学和制药科学中。这种方法也被称为"双盲实验",被认为是西方医学的黄金标准,是基于概率论的随机实验的最佳案例。

双盲实验成功的关键在于"控制"。毕竟,医学和药学中的任何错误都可能导致死亡。在双盲实验中,参与者被随机分成两组。一组人服用实验药物,另一组人服用安慰剂(一种糖丸),但参与者不知道他们服用的是什么。这些实验有三个阶段,每个后续阶段都更加严格,受到更严苛的控制,并须提供更具体的记录。使用这个黄金标准，许多新药物已经被发明、测试并顺利应用。新型冠状病毒肺炎疫苗的开发可能是最好的例子。

  我应该在这里加一条注释：双盲法是一种科学程序，而不是科学哲学所定义的科学方法。接下来，我将在下面讨论一个案例以展示概率论的局限性。例如，虽然随机对照试验也许能够成功证实一个想法，但如果结果是负面的，它能否证明一个想法是错误的呢？

  在这个特定的案例中，双盲法被用来测试本书9.3节中讨论的中医。让我先简要介绍一下中医。中医可以追溯到公元前14世纪至11世纪。如本书9.3节所述，从科学哲学的角度来看，它有两个基本组成部分：大规模的相关性观察和理论解释。这个理论基于人体内部能量通道（经络）中的能量流动，西方医学还无法找到其生理证据。这个理论引入了几个故事线，用五行学说（金、木、水、火、土）来描述身体，并解释五脏六腑、人体健康和症状之间的联系。根据这个理论，人们在不同元素之间失去内部平衡时就会生病。例如，肝被认为属木和春季。在春季植物生长时，肝脏很容易失去平衡。水有助于木生长，火可以燃烧木。使用类比法，肝脏可能会被愤怒（火）所损伤。肝开窍于目，其华在爪（肝脏的窗口是眼睛，它还可以通过指甲体现出来）。换句话说，要了解一个患者的肝脏健康状况，医生会观察其眼睛和指甲。损伤的肝脏可能会导致眼睛发黄和指甲变薄。按照中医的说法，如果你的指甲突然变得软薄弯曲，你可能需要去看医生，因为这可能是肝脏问题。值得注意的是，在几千年前，没有血液检测，在中国传统文化中，进行尸检是一种罪恶。所有的信息只能通过"望闻问切"来获取。正如我在本书9.3节中所解释的，人们不应该过于认真或字面地理解中医"理论"，因为几千年后随着人们不断获取新信息，这些理论可能会出错。另外，我认为中医的故事线使这个职业显得更加深奥微妙，可以使医生的职业更有保障。

  中医真正的宝藏，正如本书9.3节所讨论的那样，在于食物、个人体质及各种草药药用功能之间的关联性。值得一提的是,中医是以个性化医疗的理念为基础。根据观察和实验,可以将人分为五种不同的体质。我们把这些体质称为热、温、中、凉和寒,其中热性体质可能意味着最有活力,寒性体质可能意味着最缺少活力。例如,热性体质更容易出现便秘,而寒性体质更容易出现腹泻。中医还对各种肉类、海鲜、蔬菜和水果进行了测试,并记录了它们对每种体质健康的积极影响和消极影响。甚至烹饪方法,如油炸、烧烤、烘烤、蒸煮和炖煮,也可能是其中的一个重要影响因素。例如,热体质的人最好避免吃炸薯条,因为这可能会加重便秘。如果这还不够复杂,性别、年龄和季节都影响着这个经验数据库中一个人的健康状况。如果一个人有慢性病,就需要根据自己的体质、年龄、性别和所处季节,注意哪些东西不能吃及食物的烹饪方法。

现在,我们再回到用双盲法测试个性化的中医问题上。到目前为止,几乎所有按照双盲法得出的测试结果都是负面的。为什么呢?许多西医得出结论说,所有中国人都被他们的医生愚弄了!但这是不可能的,因为这项工作已在人口规模巨大的国家发展了几千年,一些患者甚至是皇帝和皇后!如果医生试图欺骗皇帝,他们会有生命危险。

实际上,这些负面测试结果可能很容易被理解并得到解释。在中医理论中,个性化药物只对五种体质中的其中一种最有效。我前面说过,双盲测试是在不考虑个人体质类别之间差异的情况下进行的。如果个人体质分布均匀,个性化药物会对大约20%的人有效。因此,平均而言,大部分中药无法通过双盲测试,因为在整个人群中进行测试时,它们要么没有效果,要么有负面效果,这并不令人感到惊讶。让我们假设有5种简单的理想化药物,从A到E,分别对应从a到e五种体质,每种药物与其对应的体质完美适配,1.0分表示完美有效性。我们再进一步假设,其有效性在适用于下一个相邻的体质时逐渐降低0.5分,如表10.1所示。

在五种个性化药物中,药物C在整个人群中的总体有效性最高,其有效性为0.4。根据合格等级的总分数标准,有可能所有的个性化药物均不能通过双盲测试,尽管在理想情况下,每种药物都能对每个相应的组别呈现完美的效果。这种现象被称为"辛普森悖论"(Simpson,1951);在这种情况下,体质在统计学中被称为"混杂变量"。问题在于人们如何从结果中得出一个结论。

表10.1 个性化中药双盲法测试

中药	A	B	C	D	E
体质a	1.0	0.5	0	−0.5	−1.0
体质b	0.5	1.0	0.5	0	−0.5
体质c	0	0.5	1.0	0.5	0
体质d	−0.5	0	0.5	1.0	0.5
体质e	−1.0	−0.5	0	0.5	1.0
药物净分值	0	1.5	2.0	1.5	0
整体人群的归一化有效性	0	0.3	0.4	0.3	0

正如我所解释的那样,中医理论只是对世界上人口最多的民族之一数千年来进行大规模观察后形成的一种可能阐释。如果它没有从根本上改变几千年前形成的理论,那么它存在问题的可能性就很大。就拿亚里士多德的理论来对比说,它是在中医理论建立之后一千年才发展起来的,而我们现在知道他的理论大多是错误的。对中医理论的质疑和挑战是合理的,应该得到鼓励。但是,即使中医理论不够科学,缺乏解剖学证据,也不应立即否定其经验结果。当然,从这些理论中发展出来的一些预测并不完美,有时治疗方法也并不奏效。针灸中的能量通道在生理学上找不到,但是可以简单地认为是占位法,它是根据本章前面讨论的工具论或科学现实主义发展起来的。我从科学哲学的角度发现,在否定中医理论时完全拒绝大规模和长期的实证观察,是当今医学科学中流行的推理方式的一个根本性缺陷。人们可以挑战中医理论,但应该仔细区分已观察到的相关性和用于解释观察结果的理论。

当双盲法无法正面证明某些传统中医疗法或药物时,有两种可能的结论:要么中医理论有缺陷,要么双盲法不适用于这种情况。无论是哪种可能性,人们都无法证伪来自大数据库的长期观察结果。这与在本书6.4节中讨论的迈克尔逊-莫雷实验证伪伽利略相对性原理的情况非常相似(如今,即使在非相对论的情况下,伽利略相对性原理仍然有效)。如表10.1中所示,双盲法可能存在局限性,为测试中药而进行的实验也存在缺陷,因为对于个性化药物,人们不应该期望每种药物对整个人群都有效。例如,对于个性化药物,双盲测试中的参与者必须属于该目标组。

2007年,《自然》期刊上的一篇社论文章说:"那么,如果传统中医是如此伟大,为什么对其结果的定性研究没有打开治愈浪潮的大门呢?……它在很大程度上是伪科学……"我认为这个评论不合理。主编明显混淆了两件事:已观察到的相关性和理论解释。他们依据一些奇怪的推理,断定中医是彻头彻尾的伪科学:如果某个研究领域还没有"掀起改进的浪潮",那么它就是伪科学。这比波普尔的划界标准还要严格得多。根据这种推理,许多新的科学领域都将是伪科学。我在这里引用这篇文章的原因是,许多幼稚的医疗专业人员根据这篇文章提出了论点,总结了经验,完全否定了中医的科学意义。更极端的是,一些医疗专家还在讲座和研讨会上把中医说成是医疗欺诈与骗局。

一个没有偏见的科学家会质疑中医的解释或理论,但没有理由怀疑观察到的整体相关性。将双盲法应用于个性化药物的测试需要进一步对目标组进行更多测试。对传统中医技术的断然否定使人们好奇:在过去几千年里,中国的患者和医生是否对他们的健康状态一无所知。但如果人们接受的治疗和药物在几千年里都没有起作用,人们就不会去看医生。医生就不会在中国社会作为十分受尊敬的职业之一存在了几千年。在中国,尽管一千年来发生过几次局部的流行病,但是各种瘟疫并没有发展成猖獗的大流行病。这些局部范围的流行病造成的实际死亡人数比欧洲的大流行病要少得多,尽管中国在地理位置上可能更接近欧洲大流行病的病源地。传统的中医理论,虽然有缺陷,但必定产生了一定的效果。

对传统中医的讨论揭示了当受试者被多种因素影响时,双盲实验的黄金标准有其局限性,且在出现负面结果时尤为明显。当对一个目标亚组的问题进行测试时,参与者应当仅限于目标亚组人群。

10.6　归纳法之新谜*

归纳法之新谜旨在表明,本书4.4节中所讨论的、为证实归纳观察结果而发展出一个演绎理论是不可能的。在开始说明这个谜题之前,我们回顾一下演绎逻辑的三段论"所有B都是A,所有C都是B;因此,所有C都是A"。这个结论仅取决于逻辑的"形式",而不取决于(如图4.1中的图1所展示的)A、B和C的具体定义或内容。逻辑实证主义者想要表明,归纳逻辑可以用同样的方式进行呈现,所以结论仅仅取决于语句的形式而不是内容。这个谜题驳斥了这种可能性。这个谜题是这样的。

一个观察者观察到许多翡翠都是绿色的。于是观察者提出了以下论点:

> 论点1:2050年之前,在许多不同的情况下,所有被观察到的诸多翡翠都是绿色的,因此所有翡翠都是绿色的。

另一位观察者也做了同样的观察,但将翡翠的颜色定义为"蓝绿色(grue)",即一种介于绿色和蓝色之间的颜色。他进一步对"蓝绿色"进行界定,即如果翡翠是在2050年之前首次被观察到的,就定义为绿色;如果它不是在2050年之前首次被观察到的,就定义为蓝色。据此,第二位观察者提出以下论点:

> 论点2:2050年之前,在许多不同的情况下,所有被观察到的诸多翡翠都是蓝绿色的,因此所有翡翠都是蓝

绿色的。

因为论点1和2都有相同的演绎形式,如同三段论一般,所以我们可以得出以下论点:

论点3:2050年之前,在许多不同的情况下,所有被观察到的诸多E(代表翡翠)都是G(代表绿色的或蓝绿色的);因此,所有E都是G,其中如果E是在2050年之前首次被观察到的,那么G就被定义为绿色的;如果E不是在2050年之前首次被观察到的,那么G就被定义为蓝色的。

论点1和2都是基于观察得出的,因此都是归纳逻辑,尽管它们对颜色的定义不同,但都是对未来的泛化,只是这种界定及泛化与归纳法的运用条件不太相符。在2050年之前,这两个论点的预测是相同的。然而,在那之后,根据论点1,所有的翡翠都是绿色的,但根据论点2,所有的翡翠都是蓝色的。论点3是从演绎逻辑中得出的(注意这是在使用逻辑的一般形式),根据论点1和2在演绎逻辑方面具有完全相同的"形式"来进行预测。但结论是:在2050年之后,翡翠的颜色是G,即绿色或蓝色。逻辑经验主义者试图将归纳逻辑变成演绎逻辑的努力失败了。这个"新谜"得出的结论是,不可能将归纳推理变成演绎推理,从而产生一个合理的结论。

这个新谜在科学哲学中引起了许多争论,被认为是对归纳推理的致命一击。它也宣告了逻辑经验主义根据语言和逻辑的理论对科学进行理性重构的失败。由此得出的结论是,归纳推理是不科学的,不能在科学中使用,因为它的预测可能是错误的。这个关于归纳推理的结论显然是有问题的,因为科学在很大程度上依赖于观察和实验及它们的泛化。然而,还有另外一种可能性:作为谜题的构造者和审查者的逻辑学家,可能出错了①。在这种情况下,归纳推理在科学中仍然可以使用。因此,关键问题是新谜是否有逻辑上的缺陷。如果有,错误出现在哪里?然而,如果有的话,从新谜中得出的结论就是无效的。

首先,让我对新谜的作者纳尔逊·古德曼(Nelson Goodman,1983)对颜色的挑选做出评论。人们通过被物体反射到眼睛里的光线来观察颜色。在科学中,我们已经知道,最强的太阳辐射在可见光谱的波长中,颜色为绿色时达到峰值。人类的眼睛在发展过程中已经适应了这种颜色,因此这是我们最敏感的波长。其他动物可能已经适应了其他波段。如果你注意交通信号灯的颜色,你会发现绿灯的颜色差异比其他颜色更多样化,从黄绿色到蓝绿色,再到彻底的蓝色,差异比较明显。因此,古德曼很可能通过精心挑选颜色,使谜题更加扑朔迷离。例如,如果一项新技术能生产出最可靠、最明亮的蓝绿色灯泡,并且能耗最少、价格最低,那么大多数交通信号灯都会使用这项技术。然而,如果这种新的绿光是偏蓝的而不是偏绿的,可能在未来的某一天,比如说2050年,我们可能会改变我们使用的语言,将这个"绿光"称为"蓝光"。因此,一些哲学家认为绿色、蓝色或蓝绿色属于语义学的范畴,归纳法之新谜中不存在逻辑问题。

现在,让我们忽略论证的观察和归纳法部分,专注于论点2的结论。我们将颜色的例子改为简单的算术例子,以避开古德曼的把戏或潜在的语义问题;这个问题可能会变得更加明白易懂。让我们定义一个数字"fove",它代表英文数字four和five的组合或之间的一个数字;这相当于颜色grue介于英文词绿色green和蓝色blue的组合或之间的颜色。将论点1视为"2+2=4(four)",在2050年之前和之后都是如此。根据论点2,"2+2=fove",这个数字fove在

---

① 关于这种可能性,回想下科学家要问的一个基本问题:"如何知晓我没有错?"逻辑学家也应该问自己这个问题。

2050年之前是4，在2050年之后是5（five）。论点2在2050年之前是正确的，因为"fove=4（four）"。然而，在2050年之后，它是5（five），所以2+2=fove=5。论点1和2确实具有完全相同的形式，但在2050年之后，它们的结果却是不同的，因为古德曼在论点2中设置了一个错误，让定义随时间变化而变化。在引入定义时，"grue"是介于绿色和蓝色之间的颜色，但在使用定义时，根据观察时间的不同，grue要么是绿色要么是蓝色。在我们的算术例子中，"fove"要么等于4，要么等于5。论点2改变了颜色的定义，但没有改变整个颜色系统的命名。这是一个逻辑上的缺陷！在我们的数字"fove"例子中，虽然人们有权重新定义一个数字的符号和发音，但整个算术符号系统同时也要做相应地改变。这意味着，2050年必须在整个社会中对所有使用4和5的事物进行调换，包括所有数学书籍、会计、金融、货币系统、地址编号和所有过去的文件。这不像一些传统的科学哲学理论所认为的那样，被简单地称为"语义"或"语言学问题"，尽管把翡翠的颜色称为绿色或蓝色可能更多的是一个语义或语言学问题。在算术例子中，新谜的缺陷非常明显。它把我上面强调的"介于……和……之间"改为了"要么……要么……"。2050年是用来转移注意力的。并且，古德曼确实成功了。我希望逻辑学家和语言学家不要被他的这个把戏愚弄了。

因此，这个新谜在逻辑上存在缺陷。它不能用来质疑归纳推理的有效性。实际上，它不能证明或证伪任何事情。尽管新谜有助于找出逻辑实证主义的缺陷，但它一直专注于逻辑的"形式"。在科学中，我们关注的是"推理"，而不仅仅是它的形式。对于新谜讨论的结论应该是，逻辑的形式不是万无一失的，因为人们可以像古德曼那样在论证的内容中插入逻辑缺陷，并且，在科学哲学中使用符号进行表述也是有缺陷的。不幸的是，人们花费了太多时间和精力来帮助解决这个新谜，而不是指出其逻辑缺陷，结果得出如下结论：归纳推理对于科学来说是有缺陷的，正如我之前指出的那样，这正是许多传统科学哲学理论的又一个基本错误。

从这个新谜中,我们可以清楚地看到,当人们就表示蓝绿色的"grue"和"bleen"(它们由blue和green两个英文单词混合而成)进行激烈辩论时,传统的科学哲学理论已经走上了错误的道路。如果用不会随时间变化而变化的波长来定义颜色,就不会有任何争议。这就是科学中所需的评估能够发挥作用的地方。在科学哲学的早期发展中,过分关注纯逻辑学或语言学(如有关"形式"的研究)是个错误的方向,尽管它们确实提出过一些有趣的观点。毕竟,如果一个研究结果关键取决于语言技巧,那么它就不是真正的科学结果。这个新谜确实在逻辑教育方面有一定的价值。然而,这与科学推理无关,可能会误导学生。

根据本书所提出的理论,归纳法之新谜所揭示的问题如下:这个谜题提出了一个关于单纯使用演绎推理进行"概括"的正确问题。正如我们之前讨论的那样,演绎推理不能进行概括。因此,要进行概括,必须使用归纳推理。但是,众所周知,归纳法存在潜在缺陷。因此,简单的归纳法不能用于科学概括,这是演绎预测的出发点。这里的问题是如何在没有潜在谬误的情况下进行概括。已有的科学哲学理论过分简化了基于归纳法进行预测的过程。它实际上包括两个步骤:通过归纳法从有限的观察结果中进行概括,并通过演绎法从概括的结论中进行预测。预测是否可靠取决于概括结论的质量。如果概括产生自然法则或者理解知识,那么在法则和知识的有效性范围内,预测是可靠的。否则,(演绎)预测的主要潜在谬误就会是错误的输入导致错误的输出。一些理论,如覆盖律理论,提出预测需要基于一个"法则式的"的归纳结果。理论上,这将强化预测。但是,"法则式的"的观察到底是什么还尚不可知。难道太阳每天早上升起的事实不符合法则吗?尽管迄今为止没有发现例外,但休谟仍然怀疑它的预测能力。"人们更喜欢即时和确定的消费而不是未来和不确定的消费"是否符合法则?正如我们在本书7.6节中讨论的那样,尽管这个论点是基于观察的,但它可能存在缺陷。因此我们的结论是,预测必须基于自然法则或理解知识。

10.7 科学哲学在未来科学中的作用

尽管我们在本书2.6节中讨论了传统的科学哲学，并在本书8.7节中讨论了它的成功与失败之处，但正如科学哲学的各种定义所表明的那样，人们对它有不同的看法。我更喜欢《科学哲学：中心问题》(Cover, Curd & Pincock, 1998)书中给出的定义："科学哲学是对反映科学所产生的哲学问题的研究。"这些哲学问题必须是所有或至少是许多科学学科的共同问题，并且不能根据从单个学科中获得的知识来回答。未来的科学哲学研究应该包括对各种问题进行全面的理论研究，如造成科学推理缺陷的潜在原因、科学理论的可靠性、科学与真理的关系、数学与其他科学分支的关系、如何在信息不足的情况下做出合理的科学判断、科学如何调和互相冲突的观点及如何将科学概念扩展到新的研究领域。

最后一个课题是最紧迫的。在过去的几十年里，许多研究领域开始采用科学的概念，如心理学、经济学、医学、社会学和考古学及计算机科学的某些方面。其中，每个领域都积累了大量的信息和数据，并且仍在不断增加。正如我之前提到的，这些领域还没有建立起一个通用的理论框架或概念表达，也没有建立起一个可靠的研究范式。我呼吁科学家更多地参与到科学哲学新理论的构建中来，为这些领域乃至整个科学提供一个可以应用的结构和理论。

科学的最终目标是创造新知识，以加深我们对自然界的理解。新知识必须引导我们更接近真理，同时最小化出现系统性错误的可能性。科学哲学可能需要研究科学是如何在个人、研究团队和社会层面上进行的。科学哲学应该尝试回答关于科学家的两个核心问题："如何找到正确的方向？""如何知晓我没有错？"我在本书前几章中试图回答这两个问题，并将在本书第十一章更详细地讨论第二个问题。科学体系如何确保科学成果的可靠性,同时不破坏体系本身,并保持每个科学家的独立思考能力?我在本书第八章描述了科学是如何组织起来,以避免这种破坏发生的。这可能不是最合理的体系,但这是几个世纪以来科学成功运作的方式。未来的科学是否会有更好的体系呢?

科学的三个关键要素(观测、概念化和评估)已经确定,科学推理的四种形式(演绎推理、归纳推理、辩证推理和奥卡姆剃刀原理)也已经确定。但所描述的科学理论仍非常初步,需要进一步深入发展。此外,该理论是基于哲学中的知识问题构建的。新的科学学科,如心理学、社会学、经济学和政治学,则主要涉及哲学中的行为问题,尽管其中有一部分涉及知识问题。我前面说过,知识问题大多是决定性的,或者至少具有概率上的决定性,不管我们是否喜欢其结果。科学家花费了更多的时间来验证结论的唯一性和正确性。行为问题涉及个体可以选择的多个选项。在这种情况下,个体的价值观、偏好和心理都可能成为影响因素。由于这是一个受观点影响的问题,所以不存在正确的选择。即使是"更好的选择",也可能因个人的心理状态和政治环境而随时改变。这些科学的理论框架要么不存在,要么正在发展之中。目前尚不清楚本书描述的理论是否适用于这些科学,特别是研究和预测大多数人类行为的分支学科。

一个优秀的、有经验的科学家必须从哲学层面思考,忽略技术细节。这就是爱因斯坦所说的"看到整片森林"。在这个过程中,人们能够更容易地识别科学推理中的漏洞或缺陷。科学哲学应该加强这个过程中的一般性思想。如果没有哲学思考,当遇到挑战时,科学家可能倾向于通过展示数学、计算机算法和数据细节来解释问题,这可能会使挑战者不知所措。科学中的这种行为通常被称为"躲在技术性的背后"。相反,一个优秀的科学家可以更多地从哲学层面上解释问题并回答具有挑战性的问题,如使用类比来解释(注意:类比不是用来证明)概念和理解知识。能够以较为简单的方式解释复杂的思想(以简驭繁),通常是优秀科学家的特征,他们花费更多的时间更深入地去思考这些问题。因此,学会在哲学层面上思考是教育的一个重要组成部分,特别是在博士培养过程中。在这个过程中,人们必须不断质疑自己的想法。一个人的学业导师和同行是其获得批评和改进的最佳来源。最终,学生应该能够用他们在项目中的新发现来指导他们的教授。然后,他们就可以毕业了! 科学哲学应该把这个过程理论化。

科学哲学的另一个紧迫任务是清理传统科学哲学理论中形成的错误概念和思想,特别是科学方法和逻辑重构的概念。这些有缺陷的思想现在已经渗透到社会的每一个角落。我听很多科学家说,国家层面的科学管理要求科学家遵循传统科学哲学理论提供的、容易造成失败的假设-演绎方法。

在科学哲学中,有一种理论叫作还原主义,它认为所有社会科学问题都可以先被归纳为心理学问题,然后归纳为生物学问题,再归纳为化学问题,最后归纳为物理学问题。作为一名物理学家,我认为这是一种有缺陷的逻辑。诚然,包括生物在内的一切事物都由基本粒子组成。在每个生命体内,每个粒子都在不断变化着,实际上这样的变化几乎是无限的。在物理学中,大量粒子运动的最简单形式是理想气体模式。描述理想气体可以采用统计力学,这种方法涉及复杂的数学知识。当一组粒子不是均匀的,也不是气态或固态的,而是具有黏性和活性的时候,没有现成的一般物理理论可以充分描述这个过程,更不用说这组粒子的体积是无限大的,而且粒子可以带有电荷。我认为现在讨论这个问题并不会有结果,也许在未来一千年内也不会有。任何严肃的科学哲学理论都不应该基于还原主义。

在这里,我要补充一点,新知识不需要是传统科学哲学理论喜欢讨论的"重大"(革命性)知识。一条新的知识是否有意义,不应该由科学哲学来衡量。时间投资的回报效率是科学家个人或科学项目需要考虑的问题。因此,对于科学哲学来说,问题只在于找到正确的方向本身。

■ 思考题─────────────────────

1. 科学哲学的一个理论将达尔文的自然选择原理(principle of natural selection,PNS)描述为"假设有两个竞争的种群 X 和 Y,如果 X 比 Y 更适应环境,那么从长远来看,X 将比 Y 留下更多的后代"。作者认为,自然选择原理假设其结果是真实的,因而有自循环论证的嫌疑,达尔文理论因此存在问题。但是,这是达尔文理论的问题还是作者的论证问题? 提示:达尔文理论应该被描述为以下内容。有两种可能性 X 和 Y。(由于你只观察到了 X 而不是 Y,因此 X 更合适。在自然选择原理中,作者误将自然选择原理描述为演绎逻辑的一个小步骤。)

2. 科学社会学中的一个理论认为"科学是一个过程"。根据这个理论,科学的演变方式类似于生物进化的过程。然后,问题在于如何定义什么是"最适合的"。如果将"最适合的"定义为繁衍后代最多的,那么可以说人类是最不适合的,因为一对夫妇一生只能繁衍几个后代。相比之下,蚊子比人类更适合。它们不仅在短暂的生命中繁衍出更多的后代,而且采用了更好的策略,通过将食物的生产、准备和消化外包给它们的猎物——人类,而它们只需要从人类身上吸取最美味、最有营养的食物——血液。你认为科学是达尔文式的过程吗?

第十一章 挑战现有知识

科学家要么发现或创造尚不存在的新知识,要么证明现有知识是错误的。通过新的观测发现的知识可能是最没有争议的。例如,尽管人类怀疑食物中的细菌可能是一些疾病的原因已经有一段时间了,但是直到安东尼·列文虎克(Antony van Leeuwenhoek,1632—1723)发明了显微镜,才真正赋予人类观测微小生物的新能力。哈勃太空望远镜在遥远的太空向人类展现了新知识。尽管人类对这些观测发现的新成果争议较少,但在这一层面上,它们都是事实知识!科学更多的是要获取新的理解知识,这就需要对新的观察结果进行解说和阐释,特别是进行定量阐释。新的理解知识将不得不挑战现有知识。

要挑战现有知识,科学家首先必须要有勇气去挑战已有的观念,这是每位经验丰富的优秀科学家职业素养的一部分。据我观察,这种勇气几乎与个性或性别无关。这是可以理解的,因为一个人需要花费十年、二十年、三十年或四十年的时间,才能达到这一境界。在这段漫长的时间里,即使一个人原本是一个害羞安静的人,他也可能通过许多小规模的辩论来培养在这一时刻所需要展现出的勇气。据我的观察,一些沉默寡言、少有争论的科学家其实是最有勇气的。有了勇气,任何科学家,无论他是否是有经验的辩论者,都不希望提出错误的主张,因为这可能会损害他的声誉。那如何防止提出错误的主张呢?

11.1 心智检测（Sanity Check）

假如你得出一些新知识，或者你认为自己已经证明了现有知识是错误的，你首先需要检测一下自己疯没疯。这意味着你应该暂停并从细节中跳出来，以便在哲学层面上检查你的工作，毕竟你现在应该知道哲学和科学哲学是多么有用、多么重要。你已经学会了如何看到"森林"。你应该问自己以下一些问题：为什么其他人没有发现呢？为什么没有呢？新知识可以应用在其他地方吗？

你对这些问题的回答可能基于多个因素的考虑，但"因为我比他们更聪明、更有创造力"不能是其中之一。你可能会觉得我这么说很奇怪，因为你可能从来没有想过自己比别人更聪明、更有创造力。如果你不认为自己比别人更聪明，那么你可能还没准备好去挑战已有的理论。挑战现有知识需要极大的自信心，你确实需要"感觉"自己比别人更聪明。否则，当众人从各个可能的方向批评和攻击你的新观点时，你就不太可能在证伪过程中继续坚持自己的观点了。然而，我说过，比别人更聪明、更有创造力不应该成为你能创造出新知识的理由。为什么这么说呢？在现实中，知识是全世界的人类在几千年的文明中积累起来的。现在，每年都有几位诺贝尔奖得主，每位获奖者肯定比你更聪明、更有创造力。如果你还不同意，就想一想牛顿、爱因斯坦和达尔文等科学巨匠。因此，一个人既要有自信，但又不能过于自信。假如没有自信，一个人就无法在证伪现有知识的重大发现过程中去捍卫自己的想法；而过度自信又会导致重大错误或缺陷。

在创造新知识的整个研究过程中，你很可能有许多夜晚因为沮丧或兴奋而无法入睡。在这些夜晚，你一定有很多（不只是一个！）精彩的想法。其中一些想法最后没有成功，但其他想法经过修改后确实成功了。你一定认为这些精彩的想法对新发现而言必不可少。然而，仅仅是聪明或有创造力并不足以让人创造出新知识。在哲学层面,我要求你用一句话来简单解释为什么其他人没有按照你的方式思考。这个原因应该在你从本书里所学到的科学哲学知识中!也就是说,只有三个理由可以为人们所明确接受:新的观测、新的概念化及新的评估方法或理论。因为新的想法可能已经被其他人提出了,所以你需要能够追溯它们的来源。

一种想法的形成可能有多种可能的来源。然而,在科学中,新的观测结果往往是新想法的触发器。一个"新观测结果"与可识别的新能力、新设备及新方法有关。你应该能够说出它的名字,并解释它的新意是什么。如果你发现很难给它命名,你可能就要降低所提出观点的新意程度。这是因为当前知识的复杂性使我们很难在自制的设备或小实验室的基础上做出顶级的发现,除非是在那些尚待开发的研究领域。有个好消息是,许多国家项目和国际项目已经制定了开放源码的数据政策,这样每个人都可以获得新的观测或实验结果,而且也不需要经过多少时间延迟。

新知识的产生也可以基于对不同现象的现有观测结果。在这种情况下,新知识在这些现象之间建立了一种联系。在科学中,我们经常用盲人摸象来比喻这种类型的新知识。将许多观测结果拼凑起来就是概念化。例如,牛顿的理论不是来源于一个落下的苹果砸到他的头上。相反,他把伽利略的重力实验和惯性概念加上开普勒对行星日心运动的观测和数学计算,将他自己的运动定律和万有引力定律概念化。

如果新知识产生的原因是前面提到的三个原因以外的原因,即新的观测、新的概念化及新的评估方法或理论之外的原因,那你就得特别小心了!例如,如果原因是你在某一现有理论中发现了一个错误,你可能就需要更加努力地思考。这是因为如果一个重要的理论存在错误,它就会与一些观测结果不一致。

如果没有发现矛盾,也就不会有相应的研究,那么这个理论很有可能就不那么重要。现在回想起来,我在读博士期间质疑的理论模型,如本书5.3节所述,涉及物理学的某个分支学科层面。从这项工作中得到的新知识是基于新的观测结果。具体来说，带来新观测结果的新能力来自一个配备了更高端仪器的新卫星，而且它被发射到了太空的一个新区域。最终，索思伍德(Southwood)和基维森(Kivelson)切断了模型与上层的理论框架之间的联系。结果，对模型的挑战不再是对理论框架的挑战。

11.2　新意是什么及如何获得新意？

你还需要问自己以下一些问题：新意是什么？有新意又如何？谁会在乎呢？(What is new? So what? Who care?)第一个问题的答案应该在三句话以内，不要使用任何方程式或缩略语。如果你无法在三句话以内回答这个问题，你需要更加仔细地思考新意到底是什么。在这样做的过程中，你会发现大多数让你激动不已的技术细节并**不**重要。实际的句子数是衡量你新想法重要性的一个指标。例如，"我发明了一种治疗艾滋病的新药"。通过这一句话，每个人都明白了你工作的重要性。不过，问题是你是否真的取得了你所声称的成就。如果你是第一个观测到引力波的人，你会发现许多人不知道引力波是什么。你需要加一句话，比如"根据爱因斯坦广义相对论……"然后再提出你首次观测到的引力波是什么。如果你只在观测环节做了巨大努力，你可能需要添加第三句话，具体说明你的贡献。如果你只对这项工作中的一个外围环节做了贡献，你需要对你的声称进行相应的调整。

"有新意又如何"的问题涉及你的发明的意义和后果。这也涉及你的直接贡献，而不是整个宏大想法的价值：你的贡献是项目的重要部分，还是边缘部分。这个思考练习是为了帮助人们有意识地认识到自己的作用。不要声称不属于你的东西。在此，我要指出，在一个人的科学生涯中，他不可能在每个研究项目中总是扮演关键角色。在团队合作中，即使在扮演辅助角色时，他也要尽可能地努力工作。

"谁会在乎呢"的问题涉及你的发明的潜在应用。通常,这涉及未来的经济支持。如果有人在乎,那么他会在财力上支持项目继续开展。如果新的想法属于基础科学,没有特定的利益集团关注,那么你需要计划很长一段时间,就算你认为这个发明具有惊天动地的价值,也不会有大幅增加的资助。

这三个问题将帮助科学家清楚地描绘出这个想法在社会中的地位。有人可能会说,在这种情况下,良好的销售技巧可能有助于推进这一过程。但我必须警告你,这些问题的答案在科学界必须要经过审查。一般来说,科学家不相信企业和广告的销售技巧。任何夸张的说法都会被否定;推销员的污名可能会伴随一个人的整个职业生涯。因此,人们必须仔细思考,以一种可辩护的方式准确地表述他们的答案。"新意是什么?""有新意又如何?"以及"谁会在乎呢?"这三个问题,是大多数有经验的科学家在审查科学论文或项目策划申请时问的问题。

接下来,虽然我们仍处于哲学层面,但我们要提供一些技术细节。首先,我们要充实心智检测中的"新意"。由于我们已经确定了科学中的三个要素,人们能够准确地指出这三个要素中的哪一个具有新意。

观测:在心智检测中,你确定新发现来源于新的观测、设备或方法。我们现在要求你确切地指出哪些新信息是以前没有的或未知的。如果没有引入新信息,就不能纯粹从观测中解出新的未知量。如果现在能把以前无法获得的未知量变成新的已知量,那么一定是得到了额外的测量量或加入了新的假设。这是由于运用了新的参数、优化的时空解析维度、提升的精度或缩小的不确定性、新的数据处理算法呢,还是运用到新的环境或参数区间呢?

很多时候,由于涉及复杂的技术问题,要确定一条新信息是来自于直接测量还是假设,并不容易。在这种情况下,计算信息的总量和答案的总数将是一个有效做法。每个测量出的参数或每个使用的数学表达式都被算作一条信息。这里有个例子。几年前,我参加过一个观测黑洞新方法的研讨会。发言人声称能够将图像的空间分辨率提高到黑洞的100倍。这非常了不起,令人印象深刻;这意味着一个点,即图像上的一个像素,变成了一张10×10像素的图像。发言人展示了一张具有许多细节的黑洞图像。于是我就问他,这些提高分辨率的信息从何而来?是通过插值法[①]吗?他回答说:"不是。"这不是来自插值法,而是来自他复杂的新算法。他的新算法在数学上较为先进,他报告说,有了这个算法,就能够分辨出黑洞的表面特征。我问道,这些数据是否仍然来自同一台仪器。答案是肯定的。众所周知,因为黑洞距离我们十分遥远,所以望远镜图像上的黑洞是一个单一的像素。现在,他不使用插值法,就可以把图像的显示度提升到10×10像素。但是,他需要解释清楚其他99个像素的信息是如何得到的,那位发言人却无法回答这个明显的问题。他苦苦思索,最后终于说清楚了,原来他使用了100张图像,这些图像拍摄的都是同一个黑洞,只是每张图像与上一张图像拍摄的时间间隔很长。他从每张图像中抽取一个点。于是,这100个测量点的光强度成为时间序列数据。他假设了一个具有一些表面特征的黑洞模型,构建了一张10×10像素的图像。然后他把这张10×10像素的图像中的黑洞模型的总光强转换成单点光源。然后,他让黑洞旋转产生100张这个单光源的图像,从而构成时间序列数据。他调整了模型的表面特征分布与旋转角度,将模型输出结果与观测到的100个黑洞光强度进行比较,使时间序列数据在一定程度上表现得一致。

可见在科学中,事实、观测、阐释和证据之间可能不是简单的

---

① 图像插值(interpolation)指利用已知邻近像素点的灰度值(或红、绿、蓝三原色图像中的三色值)来产生未知像素点的灰度值,以便由原始图像再生出具有更高分辨率的图像。不过,需要说明的是,插值法并不能增加图像信息,尽管图像尺寸变大,但效果也相对要模糊一些,这个过程可以理解为白酒掺水。——译者注

关系。他于是得出结论：他的黑洞模型是有效的；当模型预测和观测相吻合时，他的模型正确地描述了黑洞的表面特征和旋转速度。我记得在本书7.2节关于回溯推理的部分讨论过这种推理，即用一个方程式解得两个未知数。正如我们所知，回溯推理是有缺陷的。它主要的潜在问题是，多个模型可以产生相同的净强度变化，时间跨度可以长达几年，例如黑洞的自转轴可以有多种可能的方向。每个倾斜角都可以推导出一个表面分布情况。假定黑洞是一个球体，所有的变化都是由于其表面的旋转造成的。当然，假设的表面特征只是其中的一种可能性。然而，在地球和黑洞之间可能存在多种结构和物质；在拍摄这100张图像期间，人们无法区分表面特征和不在表面的特征。现在回想起来，如果发言人学过科学哲学，他就会更自觉地考虑这些可能性，至少会充分准备好以更快、更简洁的方式回答我的问题。

概念化：概念化是对多种信息从具体到一般的高层次的归纳推理。一个新的概念模型往往是由现有模型可能难以解释的新观测所引发的。当挑战现有模型时，首先要做的是比较每个等级的理论框架，以了解新想法的理论框架在哪个等级上与现有的理论框架有分歧。你必须能够准确地指出分歧点，并为你的替代方法提供令人信服的论据。你将无法回避这个问题，因为现有模型的提出者会为自己的模型进行辩护！这些论据可能包括但不限于每个理论框架的条件或假设、观测的关键特征和控制方程的数学描写（包括主导效应、初始条件和边界条件）。每个理论框架都有一组近似假设。新的假设条件和其有效性必须经受仔细检查。主导效应往往可以在控制方程组中确定。为了简化问题，我们可以使用方程组的一个子集。然而，这可能是一些重要的影响被忽视的地方。有时，很难确定一个效应。例如，"不稳定性"被广泛用作救命稻草。在一些研究领域，不明确的"不稳定性"相当于说"这东西我不理解"。它们会成为一种累赘，以后可能会不断地困扰着模型的提出者。

评估：评估分为两种类型。第一种是对观测数据的处理和分析。数据分析中的常见问题已经在本书9.3节和10.4节中讨论过了。许多研究从几个精心挑选的例子开始，这些例子包括清晰可见的"想要的"特征，然后再进行统计分析。更多的时候，这些例子是基于研究者想要得出的结论而找到的特殊案例，有时可能还会带有偏见。重要的是，挑选的例子要显示出整个数据库平均值附近的属性和数值，即要居于统计分析的中间范围。如果例子的数值处于统计的极端值，那么案例研究和统计结果之间的关系就不可信。

概念化也需要被评估。这是科学**最**重要的特征，它将科学与其他类型的研究区分开来。一些科学学科可能没有以数学为基础的理论，但却有被广泛使用的计算机模型，例如在经济学中，这些模型被用来描述或预测经济现象。一个常见的问题是，这种数字或计算机模型的近似值和理论基础没有经过仔细研究。预测的可靠性基本上是未知的。预测在某些时候可能是相当精准的，但在其他时候却不那么精准，如果不是完全误导的话，充其量也就是如此。

在我参加的一个科学项目中，一个团队采取了工程学方法。他们把整个科学问题分成几个部分(类似笛卡尔的分治法)，而每个部分都已经有工程学中使用的数字模拟程序。他们假设科学问题可以用串行耦合这些程序进行模拟。因此，这个项目变成了在每一对连接程序之间编写一个软件接口。因此，他们为每个接口找到了最优秀的程序员。然而，在他们的模拟结束时，结果却与观测结果毫不相关。他们的预测和观测之间的差异大到几个数量级，且趋势相反。这种方法有几个致命的缺陷。第一个也是最重要的缺陷是，每个程序都是基于一个特定的理论模型开发的，而每个模型又都是基于一系列的假设。然而，所涉及的不同模型之间的假设可能存在内在矛盾。即使软件接口可以让两个相邻程序的数值解在数值上平滑和匹配，并将信息从一个程序传递到另一个程序，但从科学上讲，最终的答案信息可能与现实不符。这个问题在许多科学领域广泛存在。在某些情况下，当输出结果与观测结果不一致时，就会引入人为过程，使结果与观测结果有一些相似之处。然后，整个程序就会被认为是"有效的"。这种情况让人想起本书1.4节讨论哥白尼地心说模型时提到的拼接怪物。我认为在某些科学领域中，使用假设不一致的串行耦合模型有可能是该领域的毒瘤。

在许多科学问题中，存在临界点。到达这些临界点后，控制过程不会以连续的方式变化。一个著名的例子是本书6.4节中讨论的帕克的太阳风理论。当边界条件稍有变化，过程的解就会变得完全不同。尽管太阳"微风"模型在数学上是完美合理的，但它不能预测太阳风的存在。临界点在数学上可能对应于数学解中的一个奇点，在这个奇点上，解将发生非连续的变化，如在激波穿越或雪崩爆发的时候。一些描述连续过程的数值模型可能无法正确预测不连续的过程。例如，股票市场崩盘是一个临界点，但是它只是在事后才容易被人们广泛认识到。在人们了解不连续过程（如股市行情）的原因之前，数值模型将不断地在临界点附近做出错误的预测，这可能导致错误的警告或错过对崩盘的预测。

11.3 可接受的证据是什么？

"什么是可接受的证据"取决于一个科学学科的惯例，不同领域接受可靠程度不同的证据。

普遍接受的证据：可接受的证据有三种基本类型。第一种类型是数学证据，如果有的话，它主要涉及理论模型。因为所有以数学为基础的理论模型只在涉及的定律有效的条件下才成立，所以必须仔细检查理论的适用性。例如，牛顿力学只有在物体的速度远小于光速时才有效。然而，这也取决于应用的要求。在某些情况下，一个相对较小的速度会产生一个误差，这个误差大到足以影响结果的应用。例如,围绕地球运行的卫星的速度是每秒几千米,这比每秒三十万千米的光速小得多。然而,当使用全球定位系统(GPS)来准确定位地球表面的位置时,必须要考虑到相对论效应的影响。因此,在进行数学证明(观测)之前,须对所有假设或近似值的有效性加以验证,并在整个证明过程中进行跟踪。

第二类证据来自于观测。与理论计算相比,未经过科研训练的人员可能经常将数据视为噪声。当一个人长时间盯着数据时,通常可以识别出更多的特征。对数据的熟悉可能是一件好事,需要一套思考方法和技巧,但也可能是一件坏事,因为人可能会变得带有偏见。观测得到的信息往往被浓缩成数字。对于一个具有重要影响的结果而言,其主要特征对未经过科研训练的人员来说,必须是显而易见的。如果不是这样,人们就必须找到一种不同的方式来呈现。如果没有令人信服的方法去呈现这些特征,那么这些特征可能就是想象出来的。

对某一特定现象的选择标准必须明确地写出来,因为随着审查案例的增多,人们可能会发现这些标准会发生变化。需要对标准清单进行审查,以确保没有逻辑缺陷,数据处理步骤也应该明确地写下来,并且每个步骤都要有文件证明。现在,越来越多的研究开始使用计算机程序来选择案例。这是个好消息,因为计算机化的标准不那么含糊,而且不会因个案而改变。然而,研究者必须用数据库仔细测试算法,以使这些标准不会因为某些事件的特殊情况而错误地选择或拒绝一些事件。研究人员应该手动(目测)检查大量的例子。我已经见过很多有问题的事件选择算法。

第三种可接受的证据来自本书7.2节中讨论的被引文献。被引文献被认为是证据这一点可能会令人感到惊讶,但被引文献在评审过程中可能是非常重要的。一项科学研究包括许多小步骤,每一个步骤的推理都可能被仔细推敲,且要经过证伪。很多时候,在这些小步骤中,研究者需要运用推理来让观测和概念化之间产生联系。你可能需要引用理论或观测结果来建立这些联系。这些联系需要在新的成果或前人的成果中展示出来，而这些成果需要被同行评审期刊引用。所引用的观点必须通过上面讨论的数据或数学表达来明确显示，或者在文献摘要或结论中明确说明，也就是说，不能只隐藏在流水的行文中。这里的逻辑是，这些被引用的成果已经过专家审阅，这些专家和你新成果的审稿人一样优秀。因此，审稿人在评审过程中不能挑战这些已发表的成果。如果审稿人想挑战一个已发表的成果，他们会单独写一篇论文，且必须经过相应的评审流程。因此，引用是科学中一个重要的机制，除了为新想法提供灵感外，还可以填补推理中的空白。尽管审稿人可能倾向于要求作者引用审稿人自己的成果，但这样的自我推销不太可能使一项不重要的成果变得重要。随着信息的爆炸性增长，人们花在阅读原始文献上的时间越来越少。这就出了一个新问题：在科学领域，一些被引用的文献中提到的与成果相关的"注意事项"经常无人关注，甚至直接被后来的研究者遗忘了。

　　人们倾向于使用局限在同一个领域中的叙述来为他们的成果辩护。有时，这些叙述可能与原文的想法不同，不能证明所引用的观点。例如，有一个著名的实验叫"视觉悬崖研究"。在这个实验中，6个月到14个月大的婴儿被放在一个安全的环境中，但在视觉上却形成一个悬崖。婴儿受到一些激励会爬到悬崖边，但大多数婴儿拒绝爬到悬崖边，怕掉下去。这个实验表明，人类在这个年龄段已经形成了深度或高度的概念。该研究的作者特别指出："这个实验并不能证明婴儿对悬崖的感知和回避是天生的"。然而，这个实验却被广泛引用，作为"人类天生害怕从悬崖上掉下来"或"人类天生有恐高心理"的证据，这都是对原作的错误引用。对于一门想被称为科学的学科来说，这是个有严重问题的案例。

　　引用的问题在于，就其本身而言，如果没有其他可接受的新证据，仅凭引用无法证明一个新想法或见解，因为如果这个想法已经发表，它就不再是科学中的新想法了。这就成了一个真的"心智"检测问题了。

可能的证据：同样，这在很大程度上取决于该学科领域的发展水平。

随着计算机技术的发展，计算机模拟已经成为科学研究的重要工具。基于第一性原理的模拟模型以数值方法求解一组控制方程，为空间中的每个变量提供一个数值解，且数值解会随着时间的变化而变化。模拟可以产生一部精彩的动画片，使人们相信模拟描述了现实中发生的事情，至少在理想化的情况下是这样。然而，研究者必须首先区分模拟是用于评估一个工程学的问题还是用于证明一个科学上的新想法。在科学中，我们只关心模拟是否为新想法提供了额外的信息与证据。正如我们在本书9.2节中所讨论的，众所周知，数值模拟在演绎推理中会出现"渗漏"和"污染"。有时，这些不良效应会支配数值解。

有一次，一位科学家激动地跟我争辩说，他在程序中人为地引入的效应不仅是数值效应本身，而且是稳定程序所需要的。因此，他说，这些人造数字是绝对必要的，而且在本质上就是事实。为了稳定程序，他将人为效应夸大了1 000倍，使人为效应在数值上大于主要的物理效应！从本质上讲，他是在模拟别的东西，而不是他声称要模拟的过程。

在模拟模型的早期发展阶段，这些数值效应不为人所知，或者不是什么可担心的问题。就空间物理学而言，模拟中的人为数值效应问题在20世纪90年代才被人们广泛认识到。在过去几十年里，我们已经积累了大量关于人为效应的知识，大大提升了识别模拟中人为效应的能力。在许多其他学科和分支学科中，这些问题仍然没有被充分认识，我依然发现呈现出的新模拟结果还是被人为效应所支配。

计算机模拟模型是根据某一组假设构建起来的，这些假设来自控制方程和初始及边界条件。它们必须经过仔细检查，才能适合并用于模拟真实问题。例如，我听过一个关于宇宙演化的报告，报告人用大量随机移动的粒子模拟宇宙演化。报告显示，这些粒子互相碰撞并凝聚成一些结构,这些结构被认为是星系。然而,当我问及支配其运动和碰撞过程的方程式或机制时(例如,如果两个粒子相撞,它们是破碎成碎片还是连到一起?),报告人却无法理解这一问题的本质。在我看来,这个案例明显有问题,即这一模拟模型不是基于第一性原理,它也没有在合理的理论框架指导下构建。因此,这个模拟与它所要描述的过程是无关的。一个模拟程序首先要在简单的条件下进行测试,在这些条件下分析解是已知的。然后,需要应用一套标准测试,如收敛①测试。一个新的数字程序或模型必须在相关条件下用观测来独立验证,然后才能用来模拟一个待研究的复杂问题。

综上所述,计算机模拟是科学研究中的一个有用工具。它通常可以提供信息,帮助理解一些过程。数值模拟如果做得正确,可以用来减少阐释的不确定性或模糊性和约束性。有时,人们只是被模拟制作出来的精美图像所折服。这在科学界是一种非常危险的心态。我个人通过与模拟学家的合作受益匪浅,我们共同开发了多种理论模型来解释空间物理学中的许多过程。然而,我对每一个模拟结果都持异常审慎的态度,直到我完全了解它实际描述的过程。要是它被用作复杂系统的直接证据,我会对此非常怀疑。如果系统不是很复杂,它就不需要数值模拟来证明这个想法,而只是要量化它。

有许多非第一性原理的数字模型,特别是那些用于经济或金融预测的模型;它们不能用于科学研究,也不能被视为科学。

不可接受的证据:在空间物理学中,我们不能接受两种典型的证据。

第一种是我们所说的"挥手(hand-waving)"。当一个过程没有被充分理解时,有各种可能性去解释这个观测结果。科学家有很

---

① 收敛(convergence),此处为算法收敛,指经过一定迭代次数后,数值不再随迭代次数的增大而增大,而是无限趋近于某一个定值。——译者注

大的自由度,他们可以根据上述三种可接受的证据提出没有经过实质性证明的论点或假设(猜想),特别是绕过评估这一手段。"挥手"论证,往往引用一些不明确的机制,它对于描述证据是有用的,但通常不被认为是证据。要证明一个想法,比简单的"挥手"要困难得多。人们需要用坚实的推理和证据及评估来论证"挥手"。

第二种是独立的神经网络或者人工智能模拟。这些工作可以描述或复制一项观察研究中统计数据的一些关键部分。甚至可能有助于在正常条件下进行预测或识别一些现象及相关性。但到目前为止,仅靠它们还不能理解要研究的问题。现阶段,它可能更适合于工程学、商业或管理问题,但不能用于科学证明。目前的神经网络或人工智能方法必须要能够揭示复杂自然系统的内部工作机制和原理,才能成为科学的工具。

11.4 结束语

回顾传统的科学哲学理论可知,其根本性缺陷在于混淆了科学、理解知识和真理。大多数理论认为科学等于理解,而理解等于真理。它们把科学当作知识,因此科学哲学成为认识论的一个常见问题。科学不是搜集或学习已有知识,而是在信息不完整的条件下创造出新知识,其重点是要确保创造出的新知识是真实的。目前的认识论理论无法在这个过程中提供指导,特别是如何在多种具有潜在竞争性的科学理论中做出正确判断。大多数科学成果将无法达到被社会上大部分人所接受的理解知识的水平。因此,已有的科学哲学理论对许多与科学和科学家无关的问题进行辩论。真理是客观的,而知识是一种观念,即它是主观的,是多门学科或分支学科科学成果的浓缩形式。因为真理是客观的、普遍的,但科学成果只是在某种程度上反映了真理,所以两者之间存在着不可调和的根本性差异。科学哲学中的大多数辩论都是关于如何根据认识论中形成的概念来绕过这些不一致的地方。

在更低的层次上,则是事实、理论和证据之间的混淆。一般来说,这涉及事实和理论之间的"阐释"。"阐释"要素的不确定性导致了关于证实和证伪的争论,因为在信息不完整或不充分的情况下,两者都不可能是决定性的。科学哲学中一直争论不休的"归纳问题"主要是由泛化和预测之间以及事实知识和理解知识之间的混淆造成的。由简单的泛化产生的事实知识并不能提供可靠的预测;理解知识必须在不同类型的观测基础上发展而来,即来自于具有潜在联系的许多不同类型的事实知识。理解知识可以大大提升预测的可靠性,但因为在理解发展过程中获取信息的不完整性,它仍然不能消除可能的错误预测。预测中的个别失败不应该被用作质疑人类知识发展过程的证据。相反,它们可以被用来确定发展人类认识所依据科学的可能缺陷或局限性。

科学包含三个支柱:观测、概念化和评估。前两个支柱提供信息和灵感;最后一个支柱是将科学与其他研究方法区分开来的要求,它可以大大减少潜在猜测的数量。许多已有的科学哲学理论都是基于"凭空臆测",它们与科学无关,主要是缺乏评估控制的结果。虽然对普通大众而言,科学是建立在理性和证据的基础上,这样才能正确反映事实,但对科学家来说,问题是存在多种理论解释,每个证据往往又是基于某种具体的理论解释及对某个事实的阐释。科学家根据不完整的知识和部分信息,需要在不同的理论解释及可能的阐释中做出判断。科学哲学应该为这一判断决策提供一个指导原则。

科学是由科学家个人的好奇心这只无形的手推动的,并随着社会层面的自然选择过程而前行。对科学家来说,正如爱因斯坦所说的那样,科学哲学就是如何在研究树木的同时能看到森林。科学哲学最重要的问题是:"如何找到正确的方向?""如何知晓我没有错?"所谓的科学方法并不存在。在科学中,有两种方法可以找到正确的方向,即实验和概念化,而评估是用来控制这个过程的。科学推理则被用来连接这三者。推理的两种主要形式是科学演绎推理和科学归纳推理。科学演绎推理常被用作推理的主线，例如基于已知自然法则和命题的推理。然而，限制因素和使用条件对于检查推理的适用性至关重要。科学归纳推理是一种受限制形式的归纳逻辑，往往会推动一项研究；它对于确定演绎推理的输入内容以及从演绎推理的输出结果到获得结论是至关重要的。任何相关现象都必须以量化的方式定义。简单的"有或无"相关性无法保证科学结论的有效性。尽管"归纳问题"是真实存在的，但"归纳法不能用于科学"这一结论存在根本性缺陷。

科学界更多的努力是为了解决"如何知晓我没有错"的问题，科学辩证推理是一种受限制形式的辩证逻辑。努力的重点应该放在一个方法的开始、对结果的阐释以及每次推理路径改变的地方。我们需要审查所有"合理"且"相关"的可能性与替代性路径。当一个替代性的推理路径无法被排除时，它就应该被置于结论之中。奥卡姆剃刀原理可以用来反对有更多假设和推理变化的推理路径，以及有更多归纳推理或没有明确证据的推理。科学哲学的传统理论犯了两个不可饶恕的重大错误：将回溯推理提升为主要的科学逻辑（这是科学中一种存在根本性缺陷的逻辑），并否定辩证推理。

科学中可以供其他研究领域分享或效仿的常见成功做法如下：在科学推理的基础上进行公开辩论，并进行量化控制，将现实作为任何含混问题的终极判断依据。

带着这些批评、建议和新问题，我期待着科学哲学新时代的到来。

参 考 文 献

[1] ABBOT F E. Scientific theism[M]. Boston: Little, Brown, and Company, 1885.

[2] ALFVÉN H O G. Cosmical electrodynamics, international series of monographs on physics[M]. Oxford: Clarendon Press, 1950.

[3] BARTLETT R C. Masters of Greek Thought: Plato, Socrates, and Aristotle [Z/CD]. Chantilly, VA: The Teaching Company, 2008. http://www.TEACH12.com.

[4] BAYES T. An essay towards solving a problem in the doctrine of chances [J]. Philosophical Transactions of the Royal Society of London, 1763, 53: 370-418.

[5] BICKMORE B. Creativity in science[C/OL]. USA: Visionlearning Inc., 2010 [2023-11-30]. https://www.visionlearning.com/en/library/Process-of-Science/49/Creativity-in-Science/182.

[6] Calendars through the ages[EB/OL]. [2023-11-30]. http://www.webexhibits.org/calendars/year-text-Copernicus.html.

[7] CARROLL J B. Psychometrics, intelligence, and public perception[J]. Intelligence, 1997, 24(1): 25-52.

[8] COPERNICUS N. On the revolutions of the heavenly spheres[M]. Translated with an introduction and notes by A M DUNCAN. London: David & Charles, 1976/1543.

[9] COVER J A, CURD M, PINCOCK C. Philosophy of science: the central issues[M]. New York: W. W. Norton & Company, 1998.

[10] COWAN N. The magical number 4 in short-term memory: a reconsideration of mental storage capacity[J]. Behavioral and Brain Sciences, 2001, 24(1): 87-114, discussion 114-185.

[11] EINSTEIN A. Albert Einstein to Robert A. Thornton, 7 December 1944. EA 61-574[C]. The Collected Papers of Albert Einstein. Princeton. New Jersey: Princeton University Press, 1944.

[12] GOETZP W. Encyclopedia Britannica [Z].15th ed. Chicago: Encyclopædia Britannica, Inc., 1989.

[13] FEYERABEND P K. Against method: outline of an anarchistic theory of

knowledge[M]. Atlantic Highlands, NJ: Humanities Press, 1975.

[14] FOSTER R N. What is creativity? [EB/OL]. (2015-02-16). [2023-11-30]. https://insights.som.yale.edu/insights/what-is-creativity.

[15] GALILEO G. Dialogue concerning the two chief world systems [M]. Translated by DRAKE S. Berkeley: University of California Press, 1967.

[16] GODFREY-SMITH P. Theory and reality: an introduction to the philosophy of science[M]. Chicago: University of Chicago Press, 2003.

[17] GOODMAN N. Fact, fiction, and forecast[M]. Cambridge, MA: Harvard University Press, 1983: 74.

[18] GROSS R. Psychology: the science of mind and behaviour[M]. UK: Hachette, 2001.

[19] GUTTING G. Review of Progress and its problems by Larry Laudan[J]. Erkenntnis, 1980, 15(1): 91-103.

[20] HACKING I. The structure of scientific revolutions[M]. London: University of Chicago Press, 2012.

[21] HEMPEL C G. Studies in the logic of confirmation (I)[J]. Mind, 1945, 54(213): 1-26.

[22] HEMPEL C G. Philosophy of natural science[M]. Englewood Cliffs, NJ: Prentice-Hall Inc., 1966.

[23] HUME D. A treatise of human nature [M]. Oxford: Clarendon Press, 1896.

[24] KANT I. The critique of pure reason[M]. Translated by GUYER P and WOOD A W. Cambridge: Cambridge University Press, 1781.

[25] KASSER J L. Philosophy of science[Z/CD]. Chantilly, VA: The Teaching Company, 2006.

[26] KUHN T S. The structure of scientific revolutions[M]. Chicago: The University of Chicago Press, 1962.

[27] LAKATOS I. History of science and its rational reconstructions[J]. PSA: Proceedings of the Biennial Meeting of the Philosophy of Science Association, 1970: 91-136.

[28] LATOUR B, WOOLGAR S. Laboratory life: the construction of scientific facts[M]. 2nd ed. Princeton: Princeton University Press, 1986.

[29] LAUDAN L. A confutation of convergent realism[J]. Philosophy of Science, 1981, 48(1): 19-48.

[30] MASTERMAN M. The nature of a paradigm[C]. In LAKATOS I L &

MUSGRAVE A, Criticism and the Growth of Knowledge: Proceedings of the International Colloquium in the Philosophy of Science, London, 1965, Volume 4. Cambridge: Cambridge University Press, 1970: 59-90.

[31] MENDEL G. Versuche über Plflanzenhybriden [J]. Verhandlungen des naturforschenden Vereines in Brünn, Bd. IV für das Jahr 1865, Abhandlungen, 1866: 3-47.

[32] MERTON R K. The sociology of science: theoretical and empirical investigations [M]. Chicago: The University of Chicago Press, 1973.

[33] MILLER G A. The magical number seven, plus or minus two: some limits on our capacity for processing information [J]. Psychological Review, 1956, 63(2): 81-97.

[34] MOORE R. The "rediscovery" of Mendel's work [J]. Bioscene, 2001, 27 (2): 13-24.

[35] NATIONAL ACADEMY OF SCIENCES COMMITTEE ON THE CONDUCT OF SCIENCE. On being a scientist: responsible conduct in research [M]. Washington, DC: National Academy Press, 1995.

[36] NATURE EDITORIALS. Hard to swallow: is it possible to gauge the true potential of traditional Chinese medicine? [J] Nature, 2007, 448 (July 12): 106.

[37] NEWTON I. The mathematical principles of natural philosophy [M]. Berkeley: University of California Press, 1999.

[38] NOLA R, SANKEY H. Theories of scientific method: an introduction [M]. New York: Acumen Publishing, 2007.

[39] OKASHA S. Philosophy of science: a very short introduction [M]. Oxford: Oxford University Press, 2016.

[40] PARKER E N. The alternative paradigm for magnetospheric physics [J]. Journal of Geophysical Research, 1996, 101(A5): 10587-10625.

[41] PARKER E N. Conversations on electric and magnetic fields in the cosmos [M]. Princeton, NJ: Princeton University Press, 2007.

[42] POPPER K R. Conjectures and refutations [M]. 4th ed. London: Routledge, 1972.

[43] POPPER K R. The logic of science discovery [M]. Mansfield, CT: Martino Publishing, 2014.

[44] QUINE W V O. Two dogmas of empiricism [J]. Philosophical Review, 1951, 60: 20-43. Reprinted in From a Logical Point of View [C]. Cam-

bridge, MA: Harvard University Press, 1953: 20-46.

[45] QUINE W V O. Epistemology naturalized[C]. In QUINE W V O, Ontological relativity and other essays. New York: Columbia University Press, 1969.

[46] ROBINSON D N. The great ideas of philosophy[Z/CD]. 2nd ed. Chantilly, VA: The Teaching Company, 1993.

[47] ROSENBERG A. Philosophy of science: a contemporary introduction [M]. 2nd ed. New York: Routledge, 2005.

[48] RUSSELL B. The problems of philosophy[M]. Oxford: Oxford University Press, 1959.

[49] SIMPSON E H. The interpretation of interaction in contingency tables [J]. Journal of the Royal Statistical Society: Series B, 1951, 13(2): 238-241.

[50] SMOLIN L. There is no scientific method [EB/OL]. (2013-05-01). [2023-11-30]. https://bigthink.com/articles/there-is-no-scientific-method/.

[51] SONG P, VASYLIŪNAS V M. Inductive-dynamic coupling of the ionosphere with the thermosphere and the magnetosphere[C]. In HUBA J, SCHUNK R W, AND KHAZANOV R W (Eds.), Modeling the Ionosphere-Thermosphere System (Geophys Monograph Series). Washington, DC: American Geophysical Union, 2014: 201-215.

[52] SOUTHWOOD D J, KIVELSON M G. Magnetosheath flow near the subsolar magnetopause: Zwan-Wolf and Southwood-Kivelson theories reconciled[J]. Geophysical Research Letters, 1995, 22(23): 3275-3278.

[53] THURS D P. Myth 26: that the "scientific method" accurately reflects what scientists actually do[C]. Newton's Apple and Other Myths about Science. Harvard, MA: Harvard University Press, 2015: 210-218.

[54] WATKINS E. The laws of motion from Newton to Kant[M]. Cambridge: Cambridge University Press, 2019.

[55] VASYLIŪNAS V M. Electric field and plasma flow: what drives what? [J]. Geophysical Research Letters, 2001, 28(11): 2177-2180.

英汉术语对照表

英文术语	中文术语
abductive reasoning	回溯推理
absolute truth	绝对真理
Alvarez	阿尔瓦雷茨
Alvarez hypothesis	阿尔瓦雷茨假说
analogy	类比/类比推理
armchair speculation	(不负责任的)凭空臆测
artificial intelligence	人工智能
artificial intelligence simulations	人工智能模拟
axioms	公理
Baconian Method	培根方法
Bayesianism	贝叶斯主义
belief	观念/信念
big data	大数据
blackbody radiation	黑体辐射
Brute Force Method	穷举法/蛮力法
butterfly effect	蝴蝶效应
causal relationship	因果关系
citations	引证(法)/引用
computer simulations	计算机模拟
conceptualization	概念化
conduct (problem of)	行为(问题)
confounding variables	混杂变量
Confucius	孔子
conjecture	猜想
Construction of Scientific Facts	科学事实(非自然事实)的制造
Copernicus's monster	哥白尼提到的怪物
Correlation Analysis	相关(性)分析
Coulomb's law	库仑定律
covering law model	覆盖律模型/演绎–规律模式
creativity	创造力/创造性
credibility	可信度
crisis science	危机科学

英文术语	中文术语
critical thinking	批判性思维
Darwin's theory	达尔文理论
data mining	数据挖掘
deductive	演绎的
deductive logic	演绎逻辑
deductive-nomological (D-N) model	演绎-规律模式
Deductive Reasoning	演绎推理
demarcation	划界
Descartes's Method	笛卡尔方法
descriptive	描述性的
dialectical	辩证的
Dialectical Reasoning	辩证推理
Dialectics	辩证法
Direction of Science Progress	科学进步的方向
Doppler Shift	多普勒频移
Double-Blind Method	双盲法
Eddington's solar eclipse observation	爱丁顿的日食观测
Einstein on creativity	爱因斯坦论创造力
Einstein on philosophical thinking	爱因斯坦论哲学思维
Einstein's special relativity	爱因斯坦狭义相对论
general relativity	广义相对论
empiricism	经验主义(以经验为基础的认识论)
encode	编码
entropy	熵
Epistemology	认识论
evaluation	(定量的)评估
evidence	证据
evidence-based studies	基于证据的研究
experimentation	实验
Explanatory Inference	解释性推理
falsification	证伪
Falsificationism	证伪主义
Feynman on philosophy of science	费曼论科学哲学
Foundationalism	基础主义
Freud's psychology	弗洛伊德的心理学

续 表

英文术语	中文术语
Galilean relativity	伽利略相对性原理
general intelligence factor	通用智力因素
generalization	泛化/普遍化/推广
geocentric	以地球为中心的
g-factor theory	朗德g因子理论
governance (problem of)	治理(问题)
heliocentric	以太阳为中心的
Henry and the Barn facades	亨利和谷仓假象
holism	整体主义
Holy Grail	圣杯
Hume	休谟
hypothesis	假说/假设
hypothetico-deductive (H-D) model	假设-演绎模式
if_then_ form	if-then语句
incommensurability	不可通约性
Inductive Logic	归纳逻辑
Inductive Reasoning	归纳推理
inference to the best explanation (IBE)	最佳解释推理(IBE)
Instantial Model	直接推广模式
instrumental rationalism	工具理性主义
Intellectual Revolutions	理性革命
invisible hand	看不见的手
Justification	证实
knowledge (problem of)	知识(问题)
knowledge-how	技能知识
knowledge-that	事实知识
knowledge-understanding	理解知识
Kuhn's theory	库恩的(科学革命)理论
law of nature	自然法则
Law of Syllogisms	三段论
learning	学习
logical empiricism	逻辑经验主义
logical positivism	逻辑实证主义
long-term memory	长时记忆
lunar phases	月相

续 表

英文术语	中文术语
Marxism	马克思理论
Maxwell's theory of electromagnetism	麦克斯韦的电磁理论
mathematics in science	科学中的数学(知识)
mathematical induction	数学归纳法
memorizing	记忆
memory reconciliation	记忆协调
Mendel's experiment	孟德尔实验
Metaphysics	形而上学
Michelson-Morley experiment	迈克尔逊-莫雷实验
Mill's Methods	穆勒方法
multiple variance	多元方差/多变量拟合
naturalism	自然主义
Neptune discovery	海王星的发现
neural network	神经网络
Newton's theory	牛顿的理论
new riddle of induction	归纳法之新谜
normal science	常规科学
normative	规范性的
normative naturalism	规范自然主义
Numerical Simulations	数值模拟
observation	观察(结果)/观测(结果)
Occam's Razor	奥卡姆剃刀原理
Ontology	本体论
ornithology	鸟类学
paradigm	理论框架
paradigms in space physics	空间物理学的理论框架
Paradox of the Ravens	乌鸦悖论
peer-reviewed	同行评审
philosophical thinking	哲学思维
Planck on science revolution	普朗克论科学革命
polling	投票预测
Popper's Theory	波普尔理论
pragmatic argument	实用论证
prescriptive	规定性的
Probability Theory in Science	科学中的概率论

续表

英文术语	中文术语
problem of induction	归纳问题(泛化/推广时出现的问题)
problem of knowledge	知识问题
pseudoscience	伪科学
Quantum Theory	量子理论
randomized controlled trials (RCTs)	有控制的随机对照试验(RCTs)
rationalism	理性主义
rationality	理性
rationalization	合理化/理论解释(但可能是牵强附会)
rational reconstruction	理性重构
reconciliation of memory	记忆协调
refereed journals	同行评审的期刊
refutation	反驳
relative truth	相对真理
reliabilism	可靠性主义
retrieving	(信息)提取
revolution	革命/环绕
revolutionary science	革命性的科学
reward system	奖励制度
Rutherford's experiment	卢瑟福实验
sanity check	心智检测
science	科学
science disciplines	科学学科
Science Paradigms	科学理论框架/科学范式
Science Revolution	科学革命
scientific anarchy	科学自由主义
Scientific Deductive Reasoning	科学演绎推理
Scientific Dialectical Reasoning	科学辩证推理
Scientific Inductive Reasoning	科学归纳推理
Scientific Method	科学方法
Scientific Proofs	科学证明/科学依据
scientific realism	科学现实主义
scientific reasoning	科学推理
scientist	科学家
short-term memory	短时记忆
Skepticism	怀疑论

续 表

英文术语	中文术语
Sociology of Science	科学社会学
sophism	"智者"之道
soundness	可靠性/合理性
space physics	空间物理学
stereotyping	模式化
Taoism	道教
temporary memory	暂时记忆
theory-ladenness	理论负荷
Thinking (philosophical in science)	思维(科学哲学)
Toba catastrophe	多峇巨灾事件
Tower of Pisa experiment	比萨斜塔实验
traditional Chinese medicine (TCM)	中医
transcendental idealism	超越理性主义
truth	真理
truth-bearing beliefs	承载真理的观念
uniformity	一致性
uniformity of nature	自然的齐一性
value	值/价值
Van Leeuwenhoek's observation	范·列文虎克的观察
virtue	美德
working memory	工作记忆

译 后 记

正如作者宋普先生提到的那样,本书的拟定读者是对科学和工程学感兴趣的大众,而不仅仅是相关领域的专家学者。考虑到他的这一出发点,如何既能准确呈现大量关于科学、哲学、科学哲学、逻辑学和物理学等领域的专业知识,又能反映出作者意在结合个人经历用平实的语言全面系统地介绍和阐释科学哲学的知识,是我们一开始就思考许久的问题。为此,在本书的翻译过程中,我们秉承了这样一个原则:在行文风格与衔接手段上尽可能地接近原创汉语;在内容上,我们理想的译文,是把宋普先生经过深度思考凝练而成的文字充分完整地转换成流畅的汉语,而不应该留有太多让译者可以介入阐释的余地。因此,我们保留了个别地方作者本人在审校译文时进行的具体化阐释,并将作者审校的部分批注处理为译文脚注。至于理解和解释的权利,全权交付给读者就好。希望这样的处理结果能够达成作者的本意。书中有个别术语或文化背景知识,考虑到读者朋友或许会难以理解,我们加上了译者注。

除去英汉术语对照表中列出的术语之外,本书涉及科学、哲学、科学哲学、逻辑学和物理学等领域的术语甚多,多遵循惯例而译之。仅有个别概念,在与作者本人商讨之后,略作变通。对于此类概念的译法,我们在脚注中做了相应的解释说明。以科学哲学领域的核心术语"paradigm"为例,说明如下:"paradigm"一词贯穿全书,是构成作者思想体系的一大支柱。尽管国内涉及库恩理论的译作大多将其译为"范式",但我们与宋普先生的共识是,在本书的语境中,该词经常被用来指代"theoretical framework(理论框架)"。因此,为了便于读者理解英语原文本身的内容,在论及库恩及其理论对"paradigm"的具体定义与阐述时,将该词译为"范式"。除此之外,在英语原文中"paradigm"单独出现之时,将其译为"理论框架";若"paradigm"与"theoretical framework"或"framework"在同一句内出现,则将前者译为"范式",后者译为"理论框架"。其次,在本书正文开始翻译之前,我们便与宋普先生共同确定了英汉术语对照表中所列术语的汉语译文,随后在翻译过程中借助计算机辅助翻译工具并结合人工审校,实现了全书专业术语和人名地名等专有名词的前后一致。倘若仍有疏漏,还望读者谅解。此外,为提高译文的流畅程度,我们在审校过程中借助了通用现代汉语语料库和机器翻译引擎等翻译技术,甚至还发明了一些奇思妙"用"。比如基于DeepL、小牛翻译等机器翻译引擎,将译出的汉语回译为英文后再考虑如何译成汉语,这样的"循环翻译"对于我们加强衔接、调整汉语句式及语句顺序都有所启发。

在本书的翻译过程中,凡是涉及引用其他英文著作的引文或拉丁语术语之处,我们都尽量找到原文直接进行汉译,并加上少量译者注,敬请读者留意。考虑到原著中涉及的英语人名仅靠音译难以准确还原,译文中首次出现该人名时,我们在汉语译名后的括号里列出英语原文。鉴于原书还出现了一些与中国传统文化相关的语句,我们对其进行了回译处理,比如将英语原文"The largest thing has nothing beyond it; it is called *the One of largeness*. Similarly, the smallest thing has nothing within it; it is *the One of smallness*."回译为"至大无外,谓之大一;至小无内,谓之小一"(出自《庄子·天下》);将"The liver has an opening in the eyes and its appearance is in the fingernails."回译为"肝开窍于目,其华在爪"(分别出自《黄帝内经·素问·金匮真言论》"东方青色,入通于肝,开窍于目,藏精于肝"和《黄帝内经·素问·六节藏象论》"肝者,罢极之本,魂之居也;其华在爪,其充在筋")等。考虑到参考文献的主要价值在于为从事相关研究的读者提供进一步研究的线索,而这些读者大多具备阅读英语文献的能力,提供参考文献的原文则便于这部分读者检索感兴趣的文献,所以本书末尾参考文献均保留原文不译。此外,针对原书中极个别刊印错误之处,作者本人也进行了相应的修正。

特别感谢本书作者宋普先生对汉语译稿进行了详细的审校,对我们在翻译过程中遇到的问题给予了耐心而细致的解答,并提出了许多宝贵意见和建议。感谢安徽科学技术出版社编辑陈芳芳女士一直以来的支持、理解和辛苦工作。感谢南方科技大学地球与空间物理系王启博士在翻译过程中对物理学相关术语与知识的理解提供的热心帮助。感谢安徽大学外语学院翻译方向2022级学术型研究生李依婷同学在术语整理方面提供的帮助。

最后,作者学养深厚,思维缜密,著述旁征博引。译者虽反复斟酌选词,然而能力有限,译文难免仍有疏漏之处,还请各位读者朋友海涵,也盼诸位朋友不吝校正,可联系 liuyangpost@126.com。期待读者朋友能采取批判精神加以阅读,并能开此卷而获多益。

朱玉彬　刘　洋
2023年10月写于安徽大学